PLC

结构化文本
编程一本通

赵春生 主编

化学工业出版社

·北京·

内 容 简 介

本书通过彩色图解＋视频讲解的方式，以西门子博途编程软件（TIA Portal）V16 为主要工具，详细介绍了 PLC 结构化文本（ST）编程的相关知识。全书通过大量的实例由浅入深地介绍了 ST 语言的逻辑运算、比较和移位运算、程序控制语句、数学运算以及综合应用和 PLC 的通信。在编写实例时，通过函数和功能块的调用详细阐述了 PLC 基于 ST 语言的编程技术及结构化编程思想。同时，以三菱编程软件 GX Works2 和施耐德编程软件 SoMachine V4.3 作为辅助工具，重点介绍了 ST 语言的跨平台移植以及不同 PLC 之间 ST 语言的细微差别。

书中的实例均以西门子 TIA Portal V16 呈现，移植到三菱和施耐德中请参考视频讲解及相关程序。每个实例均通过了仿真和上机验证，且附赠程序源文件，方便读者实践。

本书内容丰富实用、讲解循序渐进，非常适合 PLC 技术人员等学习使用，也可用作职业院校及培训学校相关专业的教材及参考书。

图书在版编目（CIP）数据

PLC结构化文本编程一本通 / 赵春生主编. — 北京：化学工业出版社，2022.9（2023.7重印）

ISBN 978-7-122-41834-0

Ⅰ. ①P… Ⅱ. ①赵… Ⅲ. ①PLC技术 – 程序设计

Ⅳ. ①TM571.61

中国版本图书馆 CIP 数据核字（2022）第 122672 号

责任编辑：耍利娜	文字编辑：林 丹 吴开亮
责任校对：王 静	装帧设计：水长流文化

出版发行：化学工业出版社（北京市东城区青年湖南街 13 号　邮政编码 100011）
印　装：河北京平诚乾印刷有限公司
787mm×1092mm　1/16　印张 20¼　字数 455 千字　2023 年 7 月北京第 1 版第 2 次印刷

购书咨询：010-64518888　　　　　　　　　售后服务：010-64518899
网　　址：http://www.cip.com.cn
凡购买本书，如有缺损质量问题，本社销售中心负责调换。

定　价：99.00元　　　　　　　　　　　　　版权所有　违者必究

随着生产力的发展和科学技术的进步，对设备的控制技术要求越来越高，特别是逻辑控制和运动控制的融合越来越紧密，工艺计算也越来越复杂，编程人员都感受到传统的梯形图（Ladder Diagram，LD）编程越来越力不从心。另外，不同PLC生产厂家的梯形图程序不同，即使同一厂家的不同系列也有差异，不能进行移植，需要重新学习梯形图语言，给广大编程人员带来了诸多不便，工作效率极低。

ST（Structured Text，结构化文本）语言的出现大大简化了编程的难度，提高了工作效率，使工程技术人员能够轻松面对各种复杂的控制任务。近几年，支持ST语言的PLC越来越多，很多厂家的高、中、低档PLC都支持ST语言，例如西门子的S7-1200系列、三菱FX系列都可以使用ST语言编程，给广大PLC技术人员提供了很好的学习便利。

然而，各大PLC生产厂商提供的帮助文档和编程手册中对ST语言的讲解非常简单，没有详细的用法和说明，让初学者很难理解和掌握。因此，编写一本以实例形式讲解ST语言的教程非常有必要。

本书以西门子博途编程软件Portal V16作为主要工具，以三菱GX Works2和施耐德SoMachine V4.3作为辅助工具，通过实例讲解ST语言的应用与移植。第1章简单介绍了ST语言基础，包括ST语言的基本规则、数据类型、变量和程序组织单元；第2章在介绍编程软件和基本指令的基础上，通过实例讲解逻辑运算、IF语句、边沿指令、定时器和计数器等的应用；第3章介绍了比较运算和移位运算；第4章介绍了程序控制语句，通过实例讲解了CASE选择语句、FOR循环语句、WHILE循环语句和REPEAT循环语句等的应用；第5章介绍了数学运算和数学函数的应用；第6章为ST语言的综合应用，重点介绍了日期和时间、数据统计、数据管理、运动控制与PID等的应用；第7章介绍了PLC之间以及PLC与变频器之间的通信。

本书实例大都以函数或功能块编写，使用仿真软件或实物进行了调试。每个实例都配有视频讲解和源程序，可以通过视频和程序学习ST语言程序的编写、运行及移植。

本书由赵春生主编，第1章、第3~7章由赵春生编写，第2章由甘润生编写。

由于编者水平有限且时间仓促，书中不足之处在所难免，恳请广大读者批评指正，衷心感谢！

编者

▶扫码下载源程序◀

目录

第1章 ST语言基础

第2章 逻辑控制与IF语句

第3章 比较运算和移位运算

第4章 程序控制

第**5**章 数学运算

第**6**章 综合实例

第**7**章 PLC的通信

ST语言基础

1.1 IEC 61131标准和PLCopen组织

1.1.1 IEC 61131标准

自从1969年美国数字设备公司研制成功第一台PLC开始，PLC在工业生产中得到了广泛的应用。早期的PLC都是不同国家的不同厂商根据自己的标准生产的，编程语言和编程方式千差万别。用户使用不同公司的PLC，编制的程序完全不能通用，不同品牌PLC之间切换需要花费大量的精力。虽然不同厂家的PLC都采用梯形图编程，但梯形图的用法和形式差别也很大，在各厂商的PLC之间交换数据、共同完成大型项目时，非常困难。所以，有必要对PLC进行规范化。

早在20世纪80年代，国际电工委员会IEC（International Electro-technical Commission）就开始制定PLC的有关标准，在借鉴全世界PLC制造技术的基础上制定了PLC的国际标准IEC 61131。IEC 61131标准将信息技术领域的先进思想和技术（如软件工程、结构化编程、模块化编程、面向对象的思想及网络通信技术等）引入工业控制领域，弥补并克服了传统PLC、DCS等控制系统的弱点（如开放性差、兼容性差、应用软件可维护性差以及可再用性差等）。目前，IEC 61131标准已在发达国家得到广泛应用，不符合该标准的产品已不被最终用户接受。

1992年以后，IEC陆续颁布施行了可编程控制器国际标准IEC 61131的各个部分。我国从1995年也根据IEC 61131标准制定了国家标准GB/T 15969，并陆续进行了修订。正式颁布的可编程控制器国际标准和国家标准见表1-1。

表1-1 正式颁布的可编程控制器的国际标准和国家标准

国际标准	国家标准	功能
IEC 61131.1-2003-V2.0	GB/T 15969.1—2007	通用信息
IEC 61131.2-2007-V3.0	GB/T 15969.2—2008	设备要求和测试
IEC 61131.3-2013-V3.0	GB/T 15969.3—2017	编程语言
IEC 61131.4-2004-V2.0	GB/T 15969.4—2007	用户导则
IEC 61131.5-2000-V1.0	GB/T 15969.5—2002	通信
IEC 61131.6-2012-V1.0	GB/T 15969.6—2015	功能安全
IEC 61131.7-2000-V1.0	GB/T 15969.7—2008	模糊控制编程
IEC 61131.8-2003-V2.0	GB/T 15969.8—2007	编程语言的应用和实现导则

IEC 61131.3是IEC 61131标准的第3部分,用来规范可编程控制器的编程语言和语义,是该标准中最重要、最具代表性的部分。它一共规范了5种用于PLC编程的语言,这5种语言可分为文本语言和图形语言。其中,文本语言包括指令表IL(Instruction List)和结构化文本ST(Structured Text);图形语言包括梯形图LD(Ladder Diagram)、顺序控制功能图SFC(Sequential Function Chart)和功能块图FBD(Function Block Diagram)。

符合IEC 61131.3标准的控制器产品,即使由不同制造商生产,其编程语言也相同,使用的方法类似。因此,技术人员可以一次学习,多次使用,从而大大减少了人员培训、技术咨询、系统调试及系统维护等费用,为企业降低了成本。

1.1.2 PLCopen组织

PLCopen组织是独立于制造商和产品的国际组织,成立于1992年,总部在荷兰,在北美和日本等国家和地区设有分支机构。它是一个致力于编程语言标准化的非盈利性国际化组织。目前,PLCopen组织拥有分布在21个国家和地区的100多个会员。

PLCopen组织的宗旨是促进PLC兼容软件的开发和使用。其主要工作是支持、宣传和推广IEC 61131.3国际标准。它以解决与控制编程相关的主题和支持该领域内国际标准的使用为使命。目标是使用户通过在众多程序开发环境中应用该标准,在不同品牌产品和不同类型控制器之间移植控制程序,实现互换。为此,该组织采用如下方法。

① 采用IEC 61131.3国际标准的编程语言。

② 接受PLCopen会员的委托,生产或采用符合IEC 61131.3标准的可编程控制器产品。

③ 市场推介。采用共同的市场策略,如举行展览会或专题研讨会等。

④ 支持国际标准化委员会的工作。

⑤ 支持国家标准化委员会工作,推广和介绍有关标准化的产品等。

⑥ 建立有关编程系统的基本级、符合级和可重复使用级的认证体系,由独立机构进行测试以执行必要的检验。

为了让厂商能提供符合IEC标准的软件产品,又使用户容易辨别出符合IEC 61131.3的编程系统,PLCopen组织开展了编程系统符合IEC标准的认证工作。在制定对编程系统进行符合IEC 61131.3程度的判据时,PLCopen组织将它划分为3个等级,即基本级(Base Level,BL)、符合级(Conformity Level,CL)、可重复使用级(Reusability Level,RL)。不过,CL级是和RL级组合使用的。如果能使IL、ST、SFC、LD和FBD这5种语言均达到CL级和RL级,则该编程系统就达到了全兼容、全开放的高度。

PLCopen组织在1996年启动了运动控制功能库的制定工作,其目标是要在IEC的研发环境里加入运动控制技术,控制软件的编制则是组合了PLC和运动控制的功能。目前已形成了运动控制的5个标准:第1部分,运动控制库(2001年11月发布),现已由多家供应商实现;第2部分,扩展(2004年4月发布);第3部分,用户导则(2004年4月发布);第4部分,内插多功能协调(待公布);第5部分,回零功能(待公布)。运动控制功能库的制定给了PLCopen组织一个崭新的定位,使其在推广IEC标准的基础上,增加了重要的技术含量。PLCopen组织的运动控制部分在市场上的成功,也促使PLCopen组织的威望进一步提高。

1.2 ST语言的特点

ST语言虽然诞生很早，但一直没有大规模推广，主要原因是大部分用户习惯使用梯形图，因其直观易懂。并且早期的PLC控制比较简单，对设备的控制远没有现在复杂，通信组网也比较少，不太需要复杂的算法结构，使用ST语言反而显得累赘。随着控制要求越来越高，相对于梯形图而言，ST语言的优势越来越明显。

1.2.1 良好的跨平台移植性

遵循IEC 61131.3标准的ST语言编写的程序可以很方便地实现跨平台移植。例如，可以把三菱PLC中用ST语言编写的代码复制到西门子PLC中，也可以复制到施耐德PLC中，复制后只需要简单修改即可使用。对梯形图来说，这是不可能实现的，不同品牌的PLC之间，梯形图不能直接复制使用。甚至同一品牌不同产品系列的PLC之间的梯形图都无法直接复制，下面通过简单的例子说明ST语言跨平台移植的优越性。

图1-1为三菱GX Works2中的ST语言代码，在西门子博途软件中添加一个函数，并在接口参数中输入对应的参数，将三菱GX Works2中的ST代码复制到西门子博途中，如图1-2所示，不用修改，即可直接使用。在不同品牌的PLC之间实现了ST语言的跨平台移植，如果使用梯形图语言，这是不可能实现的。

当某项目因为各种原因更换PLC品牌时，代码移植效率将会大大提高，缩短了程序的开发周期，提高了产品的竞争力。

图 1-1 三菱 GX Works2 中的 ST 语言代码

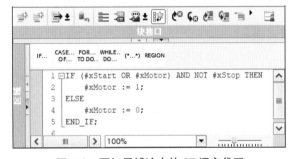

图 1-2 西门子博途中的 ST 语言代码

1.2.2 方便的数学计算

在PLC编程中，数学计算是必不可少的环节。使用梯形图实现数学计算是非常烦琐的，梯形图在逻辑控制方面比较擅长，但对数学计算（尤其是浮点数计算方面）的支持不是很友好，有时烦琐的步骤让用户无所适从。ST语言可以轻松实现各种复杂的数学计算，它不但支持加（＋）、减（－）、乘（*）、除（/）四则混合运算，还支持高级函数运算，例如SQRT（求平方根）、MOD（求余）、SIN（正弦）等。在梯形图中需要很多行语句才能实现的数学运算，在ST语言中只需要几行甚至一行语句就可以轻松实现。

例如，将压力传感器的模拟量输入线性转换为测量压力。为了提高运算精度，需要先将模拟量输入转换为浮点数，然后再进行乘除运算，最后还要将浮点数转换为整数，用梯形图编写的程序如图1-3所示。可以看到，梯形图编程非常烦琐。如果使用ST语言编写，只需要一行代码就可以完成计算，代码如下。

```
#iPressure:=REAL_TO_INT(INT_TO_REAL(#iAnalogIn)/27648.0*#rlPressureLimit);
```

ST语言使烦琐的处理过程变得非常简单，并且书写方式与数学中的计算式完全一致，使程序变得更加简洁，而且更容易理解。如果程序中有大量的数学计算，并且涉及浮点数计算，使用ST语言可以大大简化程序，几页的梯形图程序，有时用几行代码就可以实现。方便的数学计算也是ST语言深受欢迎的主要原因之一。

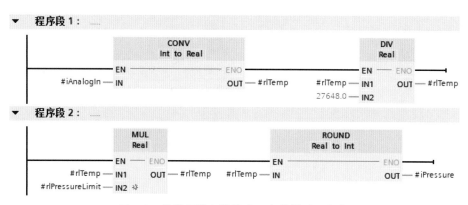

图1-3　模拟量输入换算为压力的梯形图程序

1.2.3　轻松实现复杂算法

现在的设备控制任务比以前更加复杂，控制要求也越来越高。PLC不仅要处理各种逻辑任务，还要处理运动控制、工艺计算、安全报警等。高效可靠地完成各种任务，离不开先进的算法。

实现高效的算法需要编程语言的支持，ST语言可以轻松实现各种算法以及复杂的数据结构，这是由于ST语言具有对循环、数组、指针等的高效支持。例如在恒压供水系统中切换水泵时，应该优先启动运行时间最短的水泵，使用ST语言编写经典的冒泡排序程序，可以确定哪个水泵运行时间最短，优先启动。如果使用梯形图编程，复杂程度难以想象。现在很多PLC都集成了运动控制功能，例如位置同步、电子凸轮、插补运算等。实现这些功能需要各种函数运算，特别是高阶函数运算。越高阶的函数，就越能让机械运动更加平滑，减少各种冲击，提高机械寿命。ST语言对数学运算的友好支持，可以轻松实现各种高阶数学函数，而使用梯形图是难以完成的。

1.2.4　易于数据管理

ST语言可以轻松实现数据管理、配方管理和统计任务。例如，某企业在生产过程中，根据市场需求要更换产品，由于参数比较多，很容易发生输入错误，使用配方是最佳的选择。在ST语言中可以使用三维数组来轻松实现，用数组的第一维表示配方号，第二维表示产品号，第三维表示生产产品的各个参数。

▶ 1.3 ST语言的基本规则

1.3.1 标识符

标识符用于表示变量、标识、函数、功能块、程序等的名称，它必须由字母、数字和下划线组成。使用标识符的规则如下。

① 标识符的第一个字符必须是字母或下划线，最后一个字符必须是字母或数字，中间字符可以是字母、数字或下划线，其他字符（如空格、钱币字符、小数点、括号等）都是不允许的。例如_12Y、T_123等都是有效的标识符，而1Y、Y 123、T$12、T12.3、T(12)等都是无效的标识符。

② 不区分标识符中字母的大小写。例如TW_12和tw_12是相同的标识符。

③ 标识符中不允许有两个及以上的连续下划线。例如__TW12、TW__12都是无效的标识符。另外，标识符的最后一个字符不允许使用下划线，因此，TW12_也是无效的标识符。

1.3.2 空格和注释

（1）空格

在可编程控制器程序文本中的任何地方，允许插入一个或多个"空格"。但关键字、常量、枚举值、标识符、变量或在分界符组合内不允许包含空格。例如，xMotor := TRUE;的xMotor、:=和TRUE之间的空格是允许的，而xMotor、:=内部的空格是不允许的。

（2）注释

① 单行的注释用字符"//"开始，以下一行输入、新行、换页和回车换行结束。

② 多行注释应该分别用特殊字符"（*"和"*）"表示开始和结束定界。

③ 嵌套注释应使用对应儿对"（*"和"*）"，例如：(*...(* NESTED *)...*)。只要空间容许，应该可以在程序的任何地方进行注释，字符串常量内除外。

1.3.3 关键字

关键字（Keyword）是特定的标准标识符，它被用作单独的语法元素。关键字不应包含内嵌的空格，不应区分字符的大小写。例如，关键字"FOR"和"for"在语法上等价。部分关键字配对使用，如VAR与END_VAR等。部分关键字单独使用，如TON、ABS等。关键字不能用于任何其他目的，如不能作为变量名或扩展名，即不能用TON作为变量名、不能用VAR作为扩展名等。部分关键字见表1-2。

表1-2　部分关键字

关键字	说明	关键字	说明
CONFIGURATION END_CONFIGURATION	配置段声明	TON、F_TRIG等	功能块
RESOURCE END_RESOURCE	资源声明	ARRAY OF	数组
TASK	任务	INT、REAL、BOOL等	数据类型
PROGRAM END_PROGRAM	程序段声明	AT	直接表示变量地址
FUNCTION END_FUNCTION	函数声明	EN、ENO	使能输入输出
FUNCTION_BLOCK END_FUNCTION_BLOCK	功能块声明	TRUE、FALSE	逻辑真、假
VAR END_VAR	内部变量声明	STRUCT END_STRUCT	结构
VAR_INPUT END_VAR	输入变量声明	IF THEN ELSIF ELSE END_IF	选择语句IF
VAR_OUTPUT END_VAR	输出变量声明	CASE OF END_CASE	选择语句CASE
VAR_IN_OUT END_VAR	输入输出变量声明	FOR TO BY DO END_FOR	循环语句FOR
VAR_GLOBAL END_VAR	全局变量声明	REPEAT UNTIL END_REPEAT	循环语句REPEAT
VAR_EXTERNAL END_VAR	外部变量声明	WHILE DO END_WHILE	循环语句WHILE
VAR_TEMP END_VAR	临时变量声明	RETURN	返回
VAR_CONSTANT END_VAR	常数变量声明	NOT、AND、OR、XOR	逻辑操作符
SIN、ABS、SQRT等	函数	CONTINUE、EXIT	程序控制符

▶ 1.4　数据类型

　　数据类型是一种分类，它为常量和变量定义了可能值、可做的操作及值的存储方式。数据类型可分为基本数据类型、扩展数据类型和复杂数据类型。

1.4.1　基本数据类型

　　基本数据类型是在标准中预先定义的标准数据类型，表1-3给出了各种基本数据类型的关键字、位数、取值范围和系统默认初始值，其中B表示字节BYTE。

表1-3　基本数据类型

数据类型	关键字	位数	取值范围	默认初始值
布尔	BOOL	1	0或1、TRUE或FALSE	0
字节	BYTE	8	0~16#FF	16#00
字	WORD	16	0~16#FFFF	16#0000
双字	DWORD	32	0~16#FFFF_FFFF	16#0000_0000
短整数	SINT	8	-2^7~$+2^7-1$	0
整数	INT	16	-2^{15}~$+2^{15}-1$	0
双整数	DINT	32	-2^{31}~$+2^{31}-1$	0
无符号短整数	USINT	8	0~$+2^8-1$	0
无符号整数	UINT	16	0~$+2^{16}-1$	0
无符号双整数	UDINT	32	0~$+2^{32}-1$	0
实数	REAL	32	$\pm 1.175495e-38$~$\pm 3.402823e+38$	0.0
时间	TIME	32	T#24d_20h_31m_23s_648ms~T#24d_20h_31m_23s_647ms	T#0s
日期	DATE	16	D#1990-01-01~D#2168-12-31	D#1990-01-01
日时间	TIME_OF_DATE 或TOD	32	TOD#00:00:00.0~TOD#23:59:59.999	TOD#00:00:00.0
日期和时间	DATE_AND_TIME或DT	12B	DT#1970-01-01-00:00:00.0~DT#2262-04-11-23:47:16.854775807	DT#1970-01-01-00:00:00
单字节字符	CHAR	8	—	'$00'
单字节字符串	STRING	N*8	—	' '

（1）布尔型

布尔型（BOOL型）是最基本的数据类型，它有TRUE和FALSE两种状态，或者用1和0表示。这里的1和0与整数没有关系，只是表示两种状态。为了不引起混淆，本书中的BOOL型变量都采用TRUE和FALSE表示。

有的PLC用BIT（位）表示BOOL型变量，实质是一样的。例如，在三菱GX Works2中，没有BOOL型变量，只有BIT类型。严格意义上讲，BOOL型和BIT型是不同的，BOOL型变量占用8位存储空间，而BIT型变量只占用1位存储空间，但对用户来说，没有实质的影响。对于BOOL型变量，当它的值为TRUE时，其值为2#0000_0001；当它的值为FALSE时，其值为2#0000_0000，只是最低位有效。一个BOOL型变量占用8位存储空间，也就是一个字节的长度。

PLC的位变量都定义为BOOL型，例如，定义位变量的代码如下。

```
xVar1 : BOOL;
xVar2 : BOOL := TRUE;
```

从中可以看出，ST语言中变量定义的格式如下。

变量名 ： 数据类型 ；

变量名的后面是"："，数据类型的后面是"；"，注意都是英文符号。如果定义变量的同时赋初值，可以用如下格式。

变量名 ： 数据类型 := 初始值 ；

数据类型的后面是赋值符号":="，符号后面是初始值，符号内不能有空格。

（2）字节型

一个字节（BYTE型）包含8个二进制的位，位地址是从0开始，如图1-4（a）所示，取值范围是2#0000_0000~2#1111_1111。字节只是一个位序列，表示一些离散的二进制位。例如，在通信中常以字节为单位传输数据，可以用字节的第0位表示电动机的状态，用第1位表示水泵的状态等。字节类型的变量定义如下。

```
bMessage : BYTE;
```

对于字节类型的变量，并不是所有的PLC都支持，例如三菱GX Works2中就不能定义字节类型的变量。

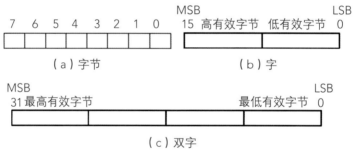

图 1-4 字节、字和双字

（3）字型

一个字型（WORD型）变量包含16个位，也就是两个字节长度，如图1-4（b）所示，取值范围是16#0000~16#FFFF。字型变量的定义如下。

```
wMessage : WORD;
```

特别注意，西门子PLC中的变量字中字节的地址顺序与其他PLC不同，在将字分解为字节时，要注意地址顺序。例如，某个字型变量地址为MW10，它包含两个字节MB10和MB11，其高8位的字节是MB10，低8位的字节是MB11。

（4）双字型

一个双字型（DWORD型）变量包含32个位，也就是两个字或四个字节长度，如图1-4（c）所示，取值范围是16#0000_0000~16#FFFF_FFFF。双字变量的定义如下。

```
dwBuffer : DWORD;
```

西门子PLC的双字变量中字节地址顺序也与其他PLC不同，例如，某个双字变量的地址为MD10，它包含四个字节MB10~MB13，其最高8位的字节是MB10，最低8位的字节是MB13。或者包含两个字，高位字为MW10，低位字为MW12。

（5）整型

在进行数学计算时，使用最多的是整型数据（INT型）。整型数据是指没有小数点的数据，其类型比较多，没有必要对关键字死记硬背，只要了解其中的规律，就非常容易记忆。下面简单说明整型前缀的规律。

① U表示无符号数据类型，它是Unsigned的缩写。

② S表示短数据类型，它是Short的缩写，数据长度8位。

③ D表示双数据类型，它是Double的缩写，数据长度32位。

④ 不带前缀符号的整型数据，其长度为16位。

例如，UINT表示无符号的整型，USINT表示无符号的短整型，DINT表示有符号的双整型，INT表示有符号的整型。整型变量的定义如下。

```
uiVar1 : UINT;
diVar2 : DINT;
udVar3 : UDINT;
```

有符号（Signed）和无符号（Unsigned）的区别是数据范围不同。有符号的数据是将最高位作为符号位，而无符号的数据是用整个存储空间存储数据。例如，INT类型的数据存储范围是 − 32768~32767，UINT类型的数据存储范围是0~65535。

（6）实数

实数（REAL型）也称浮点数，在PLC中用于处理带有小数点的数据。实数类型包含REAL类型和LREAL类型，REAL类型占32位存储空间，LREAL类型占64位存储空间。实数有两种表示形式。

① 十进制形式。由数字和小数点组成，例如1.3、3.1415926、0.0等。

② 指数形式。由数字和e（或E）组成，表示10以内的自然数与10的n次幂相乘。例如123.456用指数形式表示就是1.23456E2。注意：e（或E）之前必须有数字且e（或E）后面必须是整数，例如E3、2.1E3.5都是非法的。

以上这些基本数据类型在不同的PLC中称呼是不一样的。例如WORD型，有的PLC称为16位无符号数（16bit-Unsigned）、无符号字、16位位序列等；有的PLC称DINT型为32位有符号数（32bit-Signed）、有符号双字等，有的PLC将REAL型称为32位浮点数（32bit-Float）或单精度实数。这些只是称呼不同，实质是一样的。

上述的WORD和UINT都是无符号的16位数据、DWORD和UDINT都是无符号的32位数据，有什么不同呢？WORD和DWORD表示存储空间的大小，WORD表示16位的存储空间，DWORD表示32位的存储空间；而UINT和UDINT表示的是数值。

（7）时间

时间在PLC编程中有着非常广泛的应用。例如，在三相异步电动机的顺序启动中，第一台电动机启动后要持续一段时间，第二台电动机才启动；为了便于设备的管理，要知道电动机什么时候启动，什么时候停止以及什么时候发生了故障。这就包含了关于时间的两种需求：持续时间和某一时刻。在PLC中，有4种关于时间的数据类型。

① 时间型。时间型（TIME型）变量是指持续的时间，占用32位存储空间，精度为ms，默认单位也是ms。定义时间型的数据可以使用前缀"T#"或"t#"（或"TIME#""time#"）表示，一般使用"T#"。例如T#1000表示1000ms。时间型数据可以包含天（d）、小时（h）、分钟（m）、秒（s）和毫秒（ms），可以使用其中的一种或几种表示，例如T#4m表示4分钟，T#12h34s表示12小时34秒。为了提高可读性，各时间单位之间也可以用下划线"_"隔开，例如T#23h45m26s可以表示为T#23h_45m_26s。

在结构化文本编程中，时间型的变量定义如下。

```
tTime1 : TIME;
tTime2 : TIME := T#12m34s;
```

② 日时间型。日时间型（TIME_OF_DAY型）也称时刻型，表示某个时间点，占用32位存储空间，精度为ms。定义日时间型的数据可以使用前缀"TOD#"或"tod#"（或"TIME_OF_DAY#""time_of_day#"）表示，一般使用"TOD#"，后面使用"时:分:秒.毫秒"的格式，其中毫秒可以省略。例如TOD#10:33:34表示10点33分34秒这一时刻。

在结构化文本编程中，日时间型的变量定义如下。

```
tdTimeOfDay1 : TOD;
tdTimeOfDay2 : TOD := TOD#10:33:34;
```

③ 日期型。日期型（DATE型）是指某一天，占用16位存储空间，精度为天，在西门子PLC中表示从1990-01-01以来的天数。定义日期型的数据可以使用前缀"D#"或"d#"（或"DATE#""date#"）表示，一般使用"D#"，后面使用"年-月-日"格式。例如D#2021-07-20存储为11523，表示从1990-01-01开始经过了11523天。

在结构化文本编程中，日期型的变量定义如下。

```
dayDate1 : DATE;
dayDate2 : DATE := D#2021-07-20;
```

④ 日期和时间型。日期和时间型（DATE_AND_TIME型）是把日期和时刻合并起来，表示某一天的某个时刻。在西门子PLC中，日期和时间型数据占用12个字节的存储空间。日期和时间型的数据可以使用前缀"DT#"或"dt#"（或"DATE_AND_TIME""date_and_time"），一般使用"DT#"，在西门子S7-1200PLC中使用"DT#"，后面使用"年-月-日-时:分:秒.毫秒"格式。例如DT#2021-07-20-11:28:54.123表示2021年7月20日11点28分54秒123毫秒。

（8）单字节字符和字符串

字符（CHAR型）在存储器中占一个字节，可以存储以ASCII格式编码的单个字符。字符串（STRING型）是指由字母、数字和特殊符号等组成的字符队列。单字节字符和字符串用单引号"''"表示。例如字符'A'、'7'，字符串'PLC'、'abc12@'等。在西门子PLC中，一个字符串默认占用256个字节，其中第一个字节为指定的最大长度，第二个字节为实际的字符个数。如果声明了字符串长度，则占用字节数=声明长度+2，例如，在结构化编程中，定义变量如下。

```
sStr1 : STRING := 'a';
sStr2 : STRING[10] :='a';
```

sStr1使用默认的字符串长度，存储空间为256个字节，由于只存储了一个字符a，故首字节为254，第二个字节为1；sStr2定义了长度为10的字符串，占用存储空间12个字节。

1.4.2 扩展数据类型

扩展数据类型是对基本数据类型的扩展，以弥补在特殊应用场景下基本数据类型的不足。扩展数据类型主要有UNION（联合）、REFERENCE TO（引用）、LTIME（长时间）、WCHAR（宽字符）、WSTRING（宽字符串）、POINTER TO（指针）、LREAL（长实数）等。下面主要介绍WCHAR、WSTRING和LREAL。

（1）宽字符型

宽字符型（WCHAR型）在存储器中占一个字的空间，可包含任意双字节字符。编辑器语法在字符的前面和后面各使用一个单引号字符，例如定义宽字符wcVar的代码如下。

```
wcVar : WChAR := WCHAR#'中';
```

（2）宽字符串型

宽字符串型（WSTRING型）的最大长度为65536个字，前两个字是用来存储字符串长度信息，所以最多包含65534个字。其常数表达式为由两个单引号包括的字符串，例如定义宽字符串wsStr1的代码如下。

```
wsStr1:WString:=WSTRING#'西门子中国';
```

wsStr1字符串第1个字表示字符串中定义的最大字符长度，第2个字表示当前字符串中有效字符的个数，从第3个字开始为字符串中第1个有效字。

（3）长实数型

长实数型（LREAL型）占用64位存储空间。如果32位实数的精度或取值范围不足，可使用LREAL型，其取值范围为±2.2250738585072014E-308~±1.7976931348623158E+308。显然，它的取值范围和精度都比REAL型要高很多。

1.4.3 复杂数据类型

常用的复杂数据类型有数组、结构体、结构体和数组、自定义数据类型。

（1）数组

数组（Array型）是同一数据类型变量的组合。在PLC中，数组最大的作用是减少变量的数量。例如，需要对某设备的主轴电动机电流每个小时采集一次，按照传统的方法，需要定义24个变量，而如果使用数组就简单多了，定义数组变量如下。

```
rlAX0_Current : Array[0..23] of REAL;
```

这样，使用rlAX0_Current[0]~ rlAX0_Current[23]中的数组元素就可以完成对24个电动机电流变量的定义。

数组方括号内是数组中元素的下标，也就是每个数组元素的编号，默认从0开始。如果不习惯从0开始，可以将其定义为从1开始。of后面是数组元素的数据类型。

数组的维数最大到6维，数组中的元素可以是基本数据类型或复合数据类型（Array类型除外），例如，定义了一个变量temp，数据类型为Array[0..3, 0..5, 0..6] of Int，则定义了元素为整数，大小为4×6×7的三维数组。可以用符号加索引访问数组中的某一个元素，例如temp[1,3,2]。定义一个数组需要指明数组中元素的数据类型、维数和每维的索引范围。

在使用数组时必须注意：全部数组元素必须是同一数据类型，索引范围−32768~32767，下限必须小于或等于上限，可以使用常量和变量混合、常量表达式，不能使用变量表达式；数组可以是一维到六维数组；用逗号字符分隔多维索引的最小最大值声明；不允许使用嵌套数组或数组的数组。

（2）结构体

结构体（STRUCT型）是把不同数据类型的变量组合起来，形成一个有机的整体，用于描述事物。下面通过具体的例子来理解结构体。

PLC主要通过驱动电动机、气缸等来控制设备。以电动机为例，三相异步电动机一般使用变频器驱动，需要知道变频器的状态、变频器的输出电流、电动机的运行速度和变频器的报警信息等。为了描述这些信息，需要定义不同数据类型的变量，而这些变量又是分散的，可以使用结构体将这些变量组合起来，描述电动机的信息。例如，在西门子博途中定义三相异步电动机的结构体变量MOTOR，代码如下。

```
VAR
  Motor : Struct
    xStart : Bool;          // 启动
    xStop : Bool;           // 停止
    rlSpeed : Real;         // 速度
    rlCurrent : Real;       // 电流
    wAlarmCode : Word;      // 故障代码
  End_Struct;
END_VAR
```

MOTOR是定义的结构体类型，由5个变量xStart、xStop、rlSpeed、rlCurrent、wAlarmCode共同描述这个结构体变量。定义好这个变量后，可以整体使用，也可以单独访问结构体中的每一个元素。访问结构体元素时，结构体名和元素之间用"."分开，例如，访问结构体MOTOR的元素xStart，可以用MOTOR.xStart表示。

（3）结构体和数组

结构体和数组可以联合起来使用，定义的结构体变量可以包含数组，数组也可以由结构体变量组成。前面已经定义过结构体MOTOR，可以用它组成数组，代码如下。

```
AX : Array[1..10] of MOTOR;
```

这里定义了结构体MOTOR类型的数组AX，可以用AX[1]~AX[10]表示10台电动机的信息。也可以在结构体中定义某个元素为数组，例如定义结构体Struct1的代码如下。

```
Struct1 : Struct
  axVar1 : Array[0..10] OF Bool;
  iVar2 : Int;
  rlVar3 : Real;
End_Struct;
```

结构体Struct1中的元素axVar1就是包含11个BOOL类型元素的数组。

（4）自定义数据类型

自定义数据类型是用户在基本数据类型的基础上建立的由用户定义的数据类型。在西门子博途软件中称为UDT（User-Defined Data Type）。可用于与基本数据类型所使用的相同方法将变量声明为自定义数据类型。

在西门子博途中，可以双击PLC数据类型下的"添加新数据类型"选项，添加自定义数据类型；在三菱GX Works2中，可以在"结构体"上使用鼠标右键单击，在弹出的快捷菜单中选择"新建数据"选项，用来添加自定义数据类型；在施耐德SoMachine中，可以在全局文件夹上使用鼠标右键单击，在弹出的快捷菜单中选择"数据单元类型"选项，用来创建自定义数据类型。自定义数据类型可以看作特殊的结构体，定义后可以作为一种数据类型使用。

1.4.4 参数类型

参数类型是传递给被调用块的形参的数据类型。除前面讲述的数据类型外，它还包括以下几种数据类型。

（1）Timer和Counter类型

参数类型Timer和Counter用于指定在被调用代码块中使用的定时器和计数器。如果使用Timer和Counter参数类型的形参，其实参也必须是Timer和Counter。

（2）FB块和FC块

参数类型FB块和FC块用于指定在被调用代码块中使用的函数块或函数，参数的定义决定要使用的块的类型（例如FB、FC），它们的实参应为块的实例。

（3）Void类型

参数类型Void只在函数FC的返回值Return中定义返回数据类型时使用，用于函数不需要返回值的情况。只有西门子的函数中存在，三菱和施耐德中没有该数据类型。

（4）Variant指针

Variant类型的参数是一个可以指向不同数据类型的变量的指针，它可以指向基本数据类型，还可以指向扩展数据类型或自定义数据类型。它的实参可以是复杂的数据类型或它的元素，例如字符串、结构、数组，包括多层嵌套的复杂数据类型或它的元素（如结构中的数组或数组中的结构、结构中的DTL数据类型或它的元素）。

Variant类型的变量不是一个对象，而是对另一个对象的引用。Variant类型的单个元素只能在函数和函数块的块接口的Input、InOut和Temp参数中声明为形参。数据类型Variant不能在数据块或函数块的块接口静态部分中声明。

调用含有Variant类型参数的块时，可以将这些参数连接到任意数据类型的变量。调用某个块时，除传递变量的指针外，还会传递变量的类型信息。块代码随后可以根据运行期间传递的变量类型来执行。

1.4.5 数据类型的转换

不同的数据类型是可以相互转换的，分为隐式转换和显式转换。隐式转换由PLC自动完成，显式转换是在编写程序时使用转换指令完成。

（1）隐式转换

隐式转换只能在特定的数据类型之间进行，只能从取值范围小的数据类型到取值范围大的数据类型进行转换，但不能保证转换结果完全准确，有可能损失精度，一般在编译时，PLC会以警告的方式来提醒。常用的PLC数据类型的隐式转换见表1-4。

表1-4　常用的PLC数据类型的隐式转换

转换结果		数据类型1						
		SINT	INT	DINT	USINT	UINT	UDINT	REAL
数据类型2	SINT	SINT	INT	DINT	USINT	UINT	UDINT	REAL
	INT	INT	INT	DINT	INT	UINT	UDINT	REAL
	DINT	DINT	DINT	DINT	DINT	UINT	UDINT	REAL
	USINT	USINT	INT	DINT	USINT	UINT	UDINT	REAL
	UINT	UINT	UINT	DINT	UINT	UINT	UDINT	REAL
	UDINT	UDINT	UDINT	UDINT	UDINT	UINT	UDINT	REAL
	REAL	REAL	REAL	REAL	REAL	UINT	UDINT	REAL

表中第一行和第一列分别表示不同的数据类型，它们交叉的地方就是同时参与计算的结果。例如，USINT型的变量取值范围为0~255，当它与取值范围为0~65535的UINT型变量进行运算时，就会转换成UINT型，再参与运算。由于USINT型的取值范围小于UINT型，所以不会有精度损失。再如，一个INT型变量（-32768~+32767）与UINT型变量（0~65535）进行运算，会转换为UINT型。如果INT型变量在负数范围内，显然运算结果就不准确了。

下面以例子来具体理解，具体代码如下。

```
string_var[20] := 'example for string';
usint_var1 := 234 / 10;  //结果 23
real_var1 := 234 / 10;  //结果 23.0
real_var2 := 234 / 10.0;  //编译时 real_var2 下出现黄色的波浪线，结果
是实数 23.4
usint_var3 := 234 / 10.0;  //编译时下面出现黄色的波浪线，转换结果 23
byte_var := string_var[5]; //结果是 'p'
string_var[10] := byte_var; //结果是 'example fpr string'
```

在第2行中，没有超过范围，结果是正确的；第3行中，234和10都是整数，相除之后取整数23，再转换为实数23.0；第4行中，234转换为实数234.0，除以10.0，结果是23.4；第5行与第4行相同，将结果23.4取整数23；第6行将字符串中的第5位'p'送给变量byte_var，结果是'p'；第7行将变量byte_var的字符送给字符串的第10位，字符串最后变为'example fpr string'。

（2）显式转换

显式转换将强制改变数据类型，是通过指令完成数据类型转换的。数据类型显式转换的格式如下。

转换后的数据类型变量：=< 转换前的数据类型 >_TO_< 转换后的数据类型 >（转换前的数据类型变量 ）;

显式转换是将TO前面的数据类型转换为TO后面的数据类型。理论上所有的数据类型都可以转换，但不同PLC之间略有不同，有的PLC并不支持某些数据类型的转换，需要通过中间变量传递。例如，三菱FX系列PLC并不支持REAL_TO_WORD，需要先调用REAL_TO_DINT，然后再调用DINT_TO_WORD来完成转换。特别注意BOOL类型的转换，例如BOOL_TO_WORD是将BOOL类型的数据转换为WORD类型的最低位；而WORD_TO_BOOL在西门子中是将WORD类型的最低位转换为BOOL类型的数据，在三菱和施耐德中是将WORD中只要有位为1的值都转换为BOOL类型的1，位全为0才转换为BOOL类型的0。

从数值范围小的数据类型转换为数值范围大的数据类型没有问题，反之则会丢失精度或数据出错。错误的数据类型转换如图1-5所示，值为-1000的INT类型变量转换为WORD类型变量时，值变成了64536，这显然是不对的。转换时一定要注意取值范围，如果INT类型变量为负值时，则无论如何也不能转换为WORD类型。

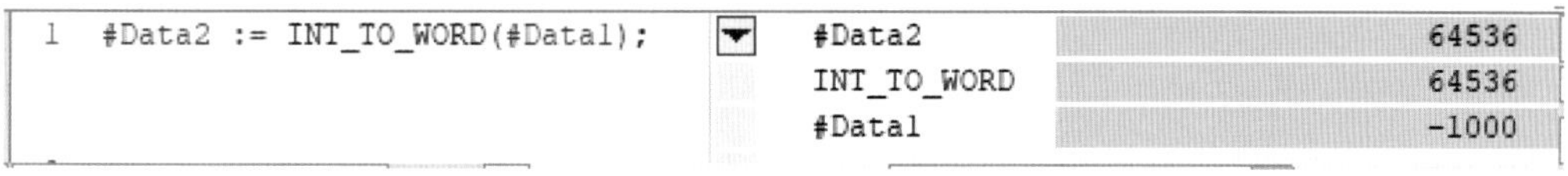

图 1-5　错误的数据类型转换

对于显式转换，PLC并不负责转换结果的正确性，而是通过参与运算的数据类型范围决定的。因此，必须保证从小的数据类型向大的数据类型转换。

▶ 1.5 常数

在可编程控制器的结构化文本语言编程中，往往需要预先给定某个值，这个给定值就是常数。数据的常数包括数字常数、字符或字符串常数和时间常数。

1.5.1 数字常数

（1）布尔型常数

布尔型常数可以用逻辑0、逻辑1或FALSE、TRUE表示。在PLC中，每个数字量输入和输出状态都可以用0或1表示，代表有或无两种状态。对于数字量输入，1表示有输入，0表示无输入。对于数字量输出，1表示有输出，0表示无输出。例如，按钮的常开点接到PLC的数字量输入，按钮按下后，PLC接收到信号，松开按钮后，PLC接收到的信号消失，PLC接收到有或无这两种信号可以用1或0表示。

（2）二进制常数

二进制（BIN）是PLC中应用最广泛的进制，二进制常数由0和1组成，使用前缀"2#"表示，例如2#011、2#1011都是二进制常数。为了便于阅读，0和1之间可以使用单下划线"_"，一般从最低位开始，每4位加一个"_"用于隔开，便于转换为十六进制，例如2#110_1011_1101。下划线"_"只是一个分隔符，没有实际的意义。

（3）八进制常数

八进制（OCT），顾名思义，就是逢八进一。西门子和三菱PLC的数字量输入/输出编号就采用八进制，例如西门子的I0.0~I0.7、Q1.0~Q1.7，三菱的X10~X17、Y0~Y7。八进制常数由0~7组成，使用前缀"8#"表示，例如8#17、8#123。可以将二进制数从最低位开始每3位写成一个八进制的位，例如2#110_011_100可以表示为8#634。八进制在PLC编程中应用较少。

（4）十进制常数

十进制（DEC）在日常生活中应用最为广泛，是最基础的进制，例如234、－45等都是十进制。也可以使用前缀"10#"表示，例如10#123、10#－45等，但使用时一般省略前缀。十进制也可以在数字之间用"_"隔开，一般从最低位开始每3位加一个"_"，例如216_000。在PLC中，不加任何前缀的常数都是十进制。

（5）十六进制常数

十六进制（HEX）是为了解决二进制在表示较大数值的常数时过长的问题而诞生的。十六进制就是逢十六进一，每个十六进制数可以表示4个二进制位。十六进制由数字0~9和字母A~F组成，使用前缀"16#"表示。例如16#45、16#789F都是十六进制常数。可以将二进制常数从最低位开始每4位表示为一个十六进制的值，例如2#110_0111_1100_1101，比较冗长，用十六进制表示为16#67CD，就比较简洁。十六进制也可以在十六进制的数之间用"_"隔开，一般从最低位开始每4位加一个"_"，便于查明所占的长度，例如16#9FE_FF45占用两个字长。

（6）实数常数

实数常数必须存在小数点，例如 – 20.0、3.1415926等。也可以表示为以10为底的幂指数形式，例如 – 134.0可以表示为 – 1.34E2，24.5可以表示为2.45E1。实数常数也可以在数字之间用"_"隔开，例如3.141_5926。

（7）类型化常数

布尔或数字常数可以通过在常数前加类型前缀表示，前缀由基本数据类型名和符号"#"组成。例如BOOL#0（布尔值0）、INT#-12（整数-12）、INT#16#4FF（整数16#4FF）、WORD#1234（字型十进制的1234）、UINT#16#45FC（无符号整数16#45FC）等。

1.5.2 字符或字符串常数

（1）单字节字符或字符串常数

单字节字符常数包含一个字符，单字节字符串常数是零个或多个字符的序列，都以单引号字符"'"开头和结尾。例如单字节字符A表示为'A'、单字节字符串abc表示为'abc'。也可以使用数据类型名和"#"表示，例如单字节字符A表示为CHAR#'A'、单字节字符串abc表示为STRING#'ABC'。

（2）双字节字符或字符串常数

双字节字符常数包含一个字类型的字符，双字节字符串常数是零个或多个字类型的字符序列，都以单引号字符"'"开头和结尾，并使用数据类型名和"#"表示，例如WCHAR#'好'、WSTRING#'中国人'。

1.5.3 时间常数

（1）持续时间常数

持续时间常数由T#或Time#作为前缀，例如T#2d3h5m6s60ms。单位之间可以使用下划线"_"隔开，例如2m_3s。

（2）日期和时间常数

日期常数由D#或DATE#作为前缀，例如D#2021-10-16。

日时间由TOD#或TIME_Of_DAY#作为前缀，例如TOD#1:20:30。

日期时间常数由DT#或DATE_AND_TIME#作为前缀。在西门子S7-1200系列PLC中只能由DT#作为前缀，例如DT#2021-10-16-14:56:20.234。

▶ 1.6 变量

1.6.1 从物理地址到变量

在传统的PLC梯形图控制中常使用物理地址编写程序，如图1-6（a）所示。单从程序本身来看，无法知道I0.1、I0.2和Q0.0这些物理地址的具体作用，给程序的维护和修改带来了麻烦。如何解决这个问题呢？可以通过给这些物理地址加上标签，便于编程人员或维修人员理解，如图1-6（b）所示，这个标签就是变量。

与图1-6（a）相比，图1-6（b）的梯形图程序更加清晰。无论是编程人员还是维修人员，都能准确地知道I0.1、I0.2和Q0.0这些地址的作用，可以快速地找到这些物理地址对应的端子。那么，既然可以通过增加标签的方法来增加程序的可读性，能不能直接用标签代替物理地址呢？例如可以用"启动"代替I0.1，用"停止"代替I0.2，用"运行"代替Q0.0，替代后的梯形图程序如图1-6（c）所示。

在图1-6（c）中，使用标签代替物理地址，也就是用变量表示物理地址，弱化了具体的物理地址概念，可读性大大增强。使用变量编程的另一种意义是实现符号化编程，在编写PLC程序时，只是用变量表达控制的关系。在使用该程序时，为变量赋予具体的物理地址，即可实现控制功能。

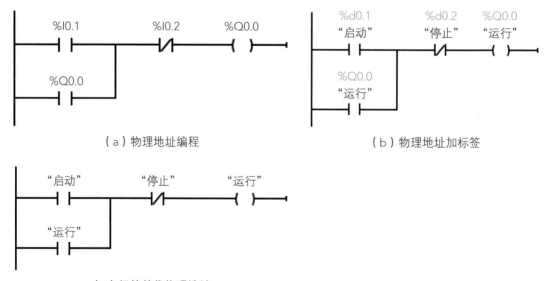

（a）物理地址编程   （b）物理地址加标签

（c）标签替代物理地址

图 1-6　PLC 的梯形图中从物理地址到标签

1.6.2 变量的属性

不同的变量具有不同的用途，可以将变量分为不同的类型，这就是变量的属性。PLC常用变量属性见表1-5。

表1-5　PLC常用变量属性

变量类型关键字	意义	变量类型关键字	意义
VAR	内部变量	VAR_IN_OUT	输入输出变量
VAR_GLOBAL	全局变量	VAR_TEMP	临时变量
VAR_INPUT	输入变量	VAR_CONSTANT	常量
VAR_OUTPUT	输出变量	VAR_RETAIN	保持型变量

变量的属性可以附加另外一种属性，使变量同时具有两种属性，例如保持型常量、全局保持型变量等。但有冲突的属性不能附加，例如不能将局部变量附加到全局变量，一个变量不能既是全局变量，又是局部变量。如何定义变量的属性，不同PLC略有差别，在变量的定义中具体讲述，下面介绍保持型变量和常量。

（1）保持型变量

保持型变量是指具有掉电保护功能的变量。PLC断电后重新上电，保持型变量的数据不会清零，仍然保持上次掉电时的值。在工程应用中，一般要将如配方一类的工艺参数定义为保持型变量。

特别注意，如果PLC采用电池的方式保存数据，一定要配备电池，只有这样定义的保持型变量才有意义。如果不配备电池，即使定义为保持型变量，也无法进行掉电保持。

（2）常量

常量是一旦确定就不会改变的量，可以看作特殊的变量。例如定义圆周率PI的代码如下。

```
VAR_GLOBAL CONSTANT
  PI : REAL := 3.1415926;
END_VAR
```

关键字VAR_GLOBAL表示定义全局变量，CONSTANT表示附加常量，也就是说将PI定义为数值不会变化的量。在程序计算中，使用PI的地方，编译时都将其代替为3.1415926。

在编程中，显然PI比3.1415926更加方便。在实际工程应用中，例如减速比、螺距、导程等参数，机械机构一旦确定之后就不会改变，可以定义为常量，简化计算程序。如果设计有所变化，只需要修改常量的值即可。

1.6.3　变量的定义

在使用变量之前，首先要定义变量。根据变量的使用范围，可分为全局变量和局部变量。在不同PLC中，变量的定义方法也不同。有的PLC编程软件支持表格和文本形式，如西门子博途、施耐德SoMachine；有的PLC编程软件只支持表格形式，如三菱GX Works2。

（1）全局变量

所谓全局变量就是在编写程序时每处代码都可以无限制使用的变量。如果定义变量为全局变量，就可以在程序块、函数或功能块中直接使用。

① 在西门子博途中定义全局变量。西门子变量划分比较细，全局变量包括变量表、数据块。变量表如图1-7（a）所示，变量表中的变量必须有对应的地址，只能用于定义I、Q、M存储区的变量。单击变量表工具栏中的"保持"按钮 📋，可以设置M存储器的保持性。单击"用户常量"选项卡，可以定义全局常量。

全局数据块DB（Data Block）是西门子PLC特有的数据区域。在添加新块时，选择"全局DB"选项，生成的数据块中定义的变量也是全局变量。全局数据块如图1-7（b）所示，所有变量的数据类型都可以在数据块中定义，也可以设置初始值。如果变量需要保持，要勾选对应变量的"保持"复选框。

（a）变量表　　　　　　　　　　　（b）全局数据块

图 1-7　西门子博途中全局变量的定义

② 在三菱GX Works2中定义全局变量。在三菱GX Works2中，变量被称为"标签"。展开导航下的全局标签，打开全局标签设置Global1，如图1-8所示，在"类"下可以选择全局变量或全局常量，单击"数据类型"后面的 ┈ 按钮可以选择数据类型。全局变量可以没有对应的物理地址，也可以在软元件下输入对应的物理地址。

③ 在施耐德SoMachine中定义全局变量。在施耐德SoMachine中，打开应用程序树下的"GVL"，如图1-9所示。在"范围"下可以选择全局关键字"VAR_GLOBAL"定义全局变量，可以将保持"RETAIN"附加在全局关键字的后面，使该变量变为保持型；也可以将"CONSTANT"附加到全局关键字的后面，将其定义为常量。在"数据类型"下可以输入或选择变量对应的数据类型。变量可以有对应的物理地址，也可以没有物理地址。单击"文本"按钮 🖹 或"表格"按钮 ⊞，可以切换定义变量的视图为文本视图或表格视图。

	类	标签名	数据类型	常量	软元件	地址
1	VAR_GLOBAL ▼	Start_SB	Bit	┈	X0	%IX0
2	VAR_GLOBAL ▼	Stop_SB	Bit	┈	X1	%IX1
3	VAR_GLOBAL ▼	Jog_SB	Bit	┈	X2	%IX2
4	VAR_GLOBAL ▼	Motor_OUT	Bit	┈	Y0	%QX0
5	VAR_GLOBAL ▼	OverLoad_IN	Bit	┈	X3	%IX3
6	VAR_GLOBAL_CONSTANT ▼	PI	FLOAT (Single Precision)	3.14159264		

图 1-8　三菱 GX Works2 中全局变量的定义

图 1-9　施耐德 SoMachine 中全局变量的定义

（2）局部变量

所谓局部变量就是只能局部使用，在程序、函数或功能块内定义的变量只能在自己的内部使用，不能用于外部，所以这些变量都是局部变量。

西门子博途中函数的局部变量定义表格视图如图1-10（a）所示，它位于函数的ST编辑区上部，接口变量表中有INPUT（输入变量）、OUTPUT（输出变量）、INOUT（输入/输出变量）、TEMP（临时变量）、CONSTANT（常量）、RETURN（返回值），各种类型的局部变量如下。

① INPUT是只读变量，用于接收调用它的程序块提供的输入数据。实参可以为常数。

② OUTPUT是只写变量，用于将处理结果传递到调用的块中。实参不能为常数。

③ INOUT是读写变量，用于将数据传递到被调用块进行处理，处理完成后，将处理结果传递到调用的块中。

④ TEMP是只能用于函数内部的中间变量，不参与数据的传递。临时变量在函数调用时生效，函数调用完成后，临时变量区的数据释放，所以临时变量不能存储中间数据。

⑤ CONSTANT是常量，可以定义某一数据类型的局部常量。

⑥ RETURN是返回值。可以是无返回（VOID），也可以是返回某一数据类型的变量。

函数块（也称功能块）的局部变量定义表格视图如图1-10（b）所示，与函数的变量的区别是，它多了一个STATIC（静态参数），可以选择为保持型。

在西门子博途中，可以切换局部变量的表格视图和文本视图。单击菜单栏中的"选项"→"设置"命令，打开设置对话框。展开"PLC编程"→"SCL"选项，在块接口中可以选择表格视图或文本视图，下一次添加新块时就会显示所选的视图。

三菱GX Works2中定义局部变量的视图与图1-8相同，函数的变量属性只有变量VAR、常量VAR_CONSTANT和输入变量VAR_INPUT。在添加函数时，必须要有某种数据类型的返回值。而功能块的变量属性与西门子函数块中的变量属性差不多一样，只不过少了一个临时变量TEMP。

施耐德SoMachine中定义局部变量的视图与图1-9相同，函数和功能块的变量属性与西门子博途中的函数块一样。在添加函数时，必须要有某种数据类型的返回值。

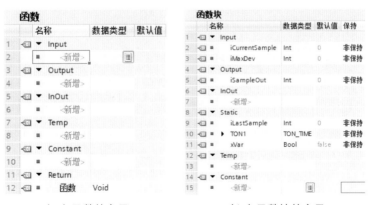

（a）函数的变量　　　　　　（b）函数块的变量

图 1-10　西门子博途中的局部变量

1.6.4 变量的前缀

为了更好地区分变量的数据类型，可以在定义变量时增加前缀。在编写程序时，看到变量就可以清楚地知道该变量的数据类型。常用的变量数据类型前缀见表1-6。

表1-6　常用的变量数据类型前缀

数据类型	变量前缀	数据类型	变量前缀
BOOL	x	LREAL	lr
BYTE	b	TIME	t
WORD	w	DATE	date
DWORD	dw	TIME_OF_DAY	tod
SINT	si	DATE_AND_TIME	dt
USINT	usi	STRING	s
UINT	ui	ARRAY	a+数据类型
DINT	di	STRUCT	st
REAL	rl	VARIANT	v

变量前缀并不是强制性的规定，读者可以根据自己的习惯自行规定。在定义数组时，可以增加数组元素的数据类型，例如定义电动机电流的数组，可以命名为arlMotorCurrent，表示实数类型的数组。

1.7 程序组织单元

程序组织单元简称POU（Programming Organization Unit），它可以是传统PLC中的程序、子程序或程序段，完整的PLC程序就是由无数个POU组成的。POU按功能可分为函数、功能块和程序，标准部分（如标准函数、标准功能块等）由PLC制造商提供。PLC控制的实质是将编写的POU组织起来通过PLC实现对设备的控制。那么这些程序如何组织的呢？这依赖于IEC 61131.3标准中定义的软件模型。

1.7.1 软件模型

软件模型用于描述基本的高级软件元素及其相互关系，这些元素包括程序组织单元（包括程序、函数和功能块）和组态元素（包括配置、资源、任务、全局变量和存取路径）。IEC 61131.3标准的软件模型如图1-11所示，它把用各种编程语言、各种组织形式编写的PLC程序同PLC硬件结合起来，再加上各种硬件外设，组成了自动控制系统。该模型从软件的角度将整个PLC系统进行了模块化处理，主要由以下几个方面组成。

（1）配置

配置是语言元素或结构元素，位于软件模型的最上层，用于定义特定应用的PLC系统的特性。

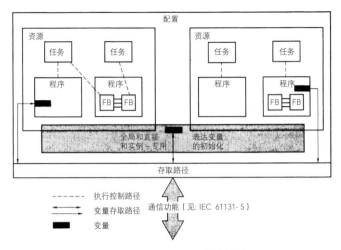

图 1-11　IEC 61131.3 标准的软件模型

（2）任务

任务（Task）是PLC给POU指派的各种工作，最常见的任务是循环扫描任务。此外，还有事件中断任务、恒定周期任务等。只有分配任务的POU才会执行，如果不分配任务，程序不会执行。大多数PLC都没有任务的概念，或者概念比较模糊。在西门子博途中，各种组织块OB（Organization Block）就是已经指定好的任务POU，例如OB1是分配了循环扫描任务的POU。

（3）程序

程序（Program）就是用PLC的编程语言编写的代码，在西门子博途中称为组织块OB，在施耐德SoMachine中称为PRG。程序和POU之间的概念是模糊的，例如，三相异步电动机的顺序启动可以编写为一段程序，也可以封装成函数或功能块。

（4）函数和功能块

函数（Function，FC）也称功能，三菱和施耐德PLC中称为FUN；功能块（Function Block，FB），西门子PLC中称为函数块。无论如何命名，功能都是一样的。在IEC 61131.3标准中，PLC所有的控制都通过调用函数和功能块实现的，并且制定了标准的函数和功能块，例如定时器、计数器、边沿触发、函数运算等。无论是函数还是功能块，其实质是一个POU。在PLC中，也可以由用户自定义函数和功能块，函数和功能块将贯穿本书ST语言编程的始终。

1.7.2　函数和功能块中的变量

函数和功能块的意义是只要给定输入，然后获取输出即可，无需关心它是如何处理输入的。以定时器为例，只要给定定时时间和触发信号，定时器到了定时时间就会有输出，用户根本不需要知道定时器是如何实现定时功能的，只需要引用定时器的输出引脚即可。

（1）形参和实参

为了便于说明形参和实参，以定时器的调用为例，调用定时器功能块的代码如下。

```
"TON1".TON(IN := xVar1, PT := tTime1, Q => xVar2, ET =>tTime2);
```

调用定时器的目的是把变量xVar1和tTime1赋值给定时器的输入引脚，并获取定时器的输出引脚的值，然后赋值给变量xVar2和tTime2，这是通过形参和实参之间的传递实现的。

形参是形式参数的简称，是函数和功能块的输入输出引脚，它是在接口参数区进行声明，属于局部变量，也就是在函数或功能块中定义的形参只能在该块中使用。在定时器TON中，它的引脚IN、PT、Q、ET就是形参。

实参是实际参数的简称，调用函数和功能块时，分配给引脚的变量或各种表达式就是实参。在调用定时器TON时，分配给定时器输入/输出引脚的变量xVar1、tTime1、xVar2、tTime2就是实参。实参和形参的数据类型必须一致，如果不一致，编译时会提示。形参和实参的概念同样适用于自定义函数和功能块。

（2）变量属性

① 输入变量。输入变量（Input）是函数和功能块的形参，它用于在调用函数和功能块时接收实参。输入变量是只读变量，在函数和功能块中，不能为输入变量赋值，只能使用它的值。形参只有在调用函数和功能块时才分配存储空间，一旦调用完毕立即释放。实参是变量，会为实参分配存储空间。

② 输出变量。输出变量（Output）是函数和功能块的形参，它用于把函数和功能块的运算结果传递给实参。定时器的引脚Q就是输出变量，它把运算结果赋值给实参xVar2。获取函数或功能块的运算结果才是调用函数和功能块的目的。输出变量是只写变量，同输入变量一样，输出变量离开了函数和功能块也就失去了意义。

③ 输入输出变量。输入输出变量（InOut）是函数和功能块的形参，它融合了输入变量和输出变量的特点，既可以读又可以写，因此它的使用比较自由。调用函数和功能块时，实参先传递给输入输出变量，然后函数和功能块把运算结果传递给实参。因此，调用函数和功能块时，值的传递是一个先读取输入输出变量，经过运算后，再写入输入输出变量的过程。

④ 临时变量。临时变量（Temp）是指在调用函数或功能块过程中临时存储运算结果的变量。当调用结束时，临时变量保存的数据将丢失。

在理解临时变量时，首先介绍变量的两个重要特征——生命周期和作用域。生命周期是指变量存在的时间。一旦定义了变量，系统就会给变量分配一定的存储空间，意味着变量的诞生；系统把分配给变量的存储空间释放掉，意味着变量生命的结束。作用域是指变量的使用范围，全局变量和局部变量就是根据作用域对变量进行的分类。全局变量可以在所有的POU中使用，而局部变量只能在当前的POU中使用。临时变量用于一些无需永久占用存储空间的变量，特别是程序运行时产生的一些中间变量，程序运行结束立即释放，所以临时变量的生命只存在于调用时，调用结束其生命就结束。另外，临时变量属于局部变量。

⑤ 静态变量。静态变量（Static）是指在PLC运行期间其值始终保存的变量。只有功能块有静态变量，函数内无法定义静态变量。

静态变量的存储空间永远不会释放，即它的生命周期是永久的。静态变量的"静态"

是指变量存储空间的分配方式。一旦定义了变量，系统就会分配固定的存储空间，在程序运行期间，分配的存储空间是不变的。系统对存储空间的分配处于静止状态，这就是"静态"的意义。如果为每个变量都分配固定存储空间，一旦PLC程序中的变量增多，就会出现资源的浪费，所以可以将一个扫描周期执行的变量分配为临时变量。例如，计算多个模拟量的和，然后取平均值，可以使用如下代码实现。

```
rlSum := rlAI1 + rlAI2 + rlAI3 + rlAI4 ;
rlAver := rlSum / 5;
```

在上面的代码中，变量rlSum只是一个中间值，它只活动在调用该代码的过程中，对于用户来说意义不大，可以将其声明为临时变量；而rlAver是真正需要的变量，可以将其声明为静态变量。

1.7.3 函数

IEC 61131.3标准制定了大量的标准函数供用户使用，例如SIN函数、COS函数、MIN函数和MAX函数等。各个品牌的PLC也提供了大量的属于自己的自定义系统函数供用户使用，同时也可以根据控制要求由用户自己定义函数。对于标准函数或系统函数，用户参考PLC手册，了解函数的功能和输入输出引脚，就可以在编程时使用。对于用户自定义的函数，需要用户根据控制要求设计函数的接口参数。

（1）自定义函数

自定义函数（FC或FUN）实质上也是一个程序块，它可以将反复利用的一段程序封装起来，构成一个程序块。一个函数包括定义局部变量的接口参数区和程序编辑区，接口参数区定义的变量相当于高级语言中函数的输入输出变量和函数内部的变量。PLC没有为函数分配专用的存储空间，调用函数时，只是将其局部变量压入局部堆栈中，调用结束局部变量值会丢失。函数运行结果的输出称为返回值，在西门子博途中，返回值可以是无返回（VOID）或者返回某数据类型的值，而在三菱和施耐德编程软件中，必须返回某种数据类型的值。

在ST语言中调用函数与数学中的函数类似，例如要计算圆面积$S= \pi d^2/4$，d是自变量，作为函数的输入；S是因变量，作为函数的返回值。使用ST语言编写的函数如图1-12所示，添加REAL类型的变量（直径）rlDim和常数PI，返回值为REAL类型，在下部的编辑区可以编写ST语言代码。该函数根据输入的直径值进行运算，并把运算结果返回给调用该函数的实参。

图 1-12 计算圆面积的函数

（2）自定义函数的注意事项

使用自定义函数时，要注意以下几点。

① 函数可以有多个输入变量，也可以有多个输出变量，例如施耐德SoMachine和西门子博途中可以声明多个输出变量，但施耐德SoMachine中要求必须有返回值，该返回值实际上就是一个输出变量。三菱GX Works2中的函数也要求有返回值，没有输出变量，这个返回值就是它的输出变量。

② 函数可以直接调用，无需实例化，也无法实例化。

③ 函数中可以调用函数和功能块，但不能调用程序（或组织块）。

④ 由于函数没有存储空间，在调用时必须为每个输入输出参数指定实参。

⑤ 可以巧妙利用InOut的特性实现类似静态变量的作用。因为函数运行结束后，InOut变量的值将由它的实参保存，再次调用时，它的值就是确定的。

⑥ 函数的调用格式。

在西门子博途中，如果FC没有返回值，调用格式如下。

函数名（形参1:= 实参1，形参 2 => 实参 2，形参 n := 实参 n）；

将函数拖放到编辑区时，自动带有函数的形参，只需为形参指定对应的实参即可。在函数参数中，":="表示为输入变量或输入输出变量赋值，"=>"表示将变量值输出给实参。

如果FC有返回值，调用格式如下。

变量 := 函数名（形参1:= 实参1，形参 2 => 实参 2，形参 n := 实参 n）；

如果函数没有返回值，它充当的是子程序或功能块的角色，调用方法与功能块类似，只是不需要分配背景数据块。如果有返回值，它充当的就是函数的角色，需要使用赋值语句来获取它的返回值。

三菱和施耐德PLC中调用函数与西门子中有返回值的函数类似，只不过在三菱中不需要带形参，在施耐德中可以带形参，也可以不带形参。

1.7.4 功能块

功能块（FB）即"函数+存储空间"，在西门子博途中，FB=FC+DB。在三菱GX Works2和施耐德SoMachine中，没有数据块DB的概念，它是通过命名功能块型变量（即实例化）的方式来分配存储空间。

功能块是在执行时能够产生一个或多个值的程序组织单元。功能块也称函数块，由于本书是以西门子博途为主进行讲述的，所以在以博途编程的实例中都称为函数块。

功能块的实质也是一段程序，将其封装起来，可以反复使用，既能提高编程效率，又能减少错误的发生。例如，某项目中有100个电动机均需要点动和自锁控制，传统的方法是为每个电动机编写一段程序，那就需要100段程序。其实这些电动机的控制都是相同的，都需要启动、停止、点动等。可以把这些相同的部分提取出来，那么就可以反复调用这段程序，只需要在调用时，指定哪台电动机在使用这段程序即可。由于点动和自锁是两个控制结果，需要保存中间数据，所以可以使用功能块实现。

为了区分调用功能块的对象，要为功能块分配一块存储空间，用于存储运算结果，这称为功能块的实例化。这些分配的存储空间，在西门子博途中称为背景数据块。实际上，实例化就是为功能块取一个名字，实例名和结构体类似，是一种数据类型，可以在其他POU中使用。

例如，两台电动机顺序启动控制的功能块如图1-13所示，功能块视图和函数视图一样，都包含上部的接口参数区和下部的编辑区，接口参数区用于定义功能块的局部变量，编辑区用于ST语言编程。程序的第1行是电动机1的启动停止控制，第2~5行是标准功能块定时器的调用。当电动机1启动后，经过5s电动机2启动。从中可以看出，功能块可以调用标准功能块、标准函数或自定义的功能块和函数。

图 1-13　两台电动机顺序启动控制的功能块

1.7.5　函数和功能块的区别

函数与功能块的区别是，函数一般用于一个扫描周期完成的任务，不需要保存中间数据；功能块具有自己的存储空间，可以将接口数据区（TEMP类型除外）以及函数块运算的中间数据存储于背景数据块中，其他逻辑程序可以直接使用背景数据块存储的数据。功能块没有像函数那样的返回值，通常将功能块作为具有存储功能的函数使用。

如何区分一个块是函数还是功能块呢？可以通过是否分配存储空间来进行区分。例如，定时器有背景数据块（在西门子中）或实例名（在三菱或施耐德中），为定时器分配了一个存储空间，那么定时器就是一个功能块；MAX块没有背景数据块或实例名，没有分配存储空间，它就是一个函数。

绝大多数PLC的控制功能都是通过调用功能块实现的，函数只占很少一部分。但在三菱GX Works2中，只有少量的功能块，大部分都是函数。例如，ModbusRTU的实现，在施耐德SoMachine和西门子博途中都是调用功能块，而在三菱GX Works2中，是调用函数实现的，即ADPRW函数。伺服定位、PID等功能，也都是调用函数实现的。在调用时，一旦系统为它分配了存储空间，那么它一定是功能块，否则它一定是函数。

不同的PLC，自定义功能块的方法不太一样，但大同小异。ST语言由于具有跨平台移植的特性，自定义功能块成为最好的选择。在定义函数或功能块时，封装时尽量做到与外部隔绝，也就是使用函数或功能块内部的变量来运算，不使用外部变量，这样使用ST语言建立的函数或功能块，可以保存在文本文件中，实现跨平台移植。

第2章 逻辑控制与IF语句

◎ 2.1 ST语言的编程软件

市面上流行的PLC编程软件大多数支持ST语言编程，例如西门子的博途、三菱的GX Works2、施耐德的SoMachine等。这些编程软件都是先组态PLC硬件，然后使用ST语言编写程序、函数或功能块。在实际应用中，一般情况下逻辑运算使用梯形图语言编程，涉及数学运算、复杂算法或数据管理的部分使用ST语言编程。为了更快地学习ST语言编程，熟悉函数和功能块的编写与调用，本书中所有的程序代码都尽可能在函数或功能块中使用ST语言编写。

2.1.1 西门子博途编程软件

西门子全集成自动化博途软件（Totally Integrated Automation Portal）简称TIA Portal，用于西门子PLC、人机界面HMI等的编程与仿真，最新版本号为V16，下面以博途V16为例说明如何创建ST语言开发环境。

（1）博途V16软件的安装要求

安装TIA博途V16推荐的计算机硬件配置如下：处理器主频3.4GHz或更高，内存16GB（最小8GB），固态硬盘SSD（最小50GB的自由空间），15.6"（15.6英寸）宽屏显示器（分辨率1920×1080或更高）。

TIA博途V16要求的计算机操作系统为非家用版的64位的Windows 7 SP1、64位的Windows 10以及64位的Windows Server 2012版本以上。

（2）设置起始视图

双击桌面上的 图标，打开启动画面，进入博途视图，如图2-1所示。单击左下角的"项目视图"选项，可打开项目视图。或单击菜单栏中的"选项"→"设置"→"常规"命令，选择起始视图下的"项目视图"选项，则重新打开博途软件就可直接进入项目视图。

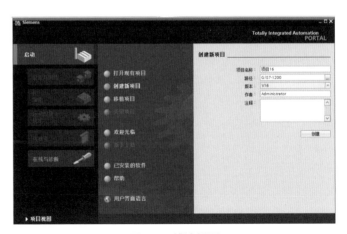

图 2-1　博途视图

（3）新建项目

单击"项目视图"工具栏中的"新建项目"按钮，弹出"创建新项目"对话框，如图2-2所示。可以重新命名项目名称，单击"路径"右侧的...按钮，更改保存路径。单击"创建"按钮，则创建了一个项目。

图2-2　博途中的新建项目

（4）添加新设备

双击"项目树"下的"添加新设备"选项，打开"添加新设备"对话框，如图2-3所示。可以看出，博途支持西门子S7-1200、S7-1500、S7-300、S7-400共4种PLC，每种PLC又包含多个系列，根据自己使用的PLC型号和版本号进行选择。展开SIMATIC S7-1200系列的"CPU 1214C AC/DC/Rly"，选择"订货号"为"6ES7 214-1BG40-0XB0"，选择"版本"为"V4.2"，单击"确定"按钮，则会打开如图2-4所示的项目视图。

（5）项目视图

在项目视图2-4中，标有①的区域为菜单栏，标有②的区域为工具栏。

图2-3　博途中的添加新设备　　　　　　　图2-4　博途中的项目视图

① 项目树。区域③为"项目树"，可以通过它访问所有的设备和项目数据、添加新设备、报警已有的设备、打开处理项目数据的编辑器。

项目的各组成部分在"项目树"中以树状结构显示，分为项目、设备、文件夹和对象4个层次。"项目树"的使用方式与Windows资源管理器相似。

单击"项目树"右上角的◀按钮，"项目树"和下面标有④的"详细视图"隐藏，同时最左边的垂直条上出现▶按钮，单击它可以再次展开"项目树"和"详细视图"。可以用类似的方法隐藏和显示右边标有⑦的任务卡（图2-4为硬件目录）。

将光标放到相邻的两个窗口的垂直分界线上，出现带有双向箭头的✛光标时，按住鼠标的左键可以移动分界线，调节分界线两边窗口的大小。可以用同样的方法调节水平分界线。

单击"项目树"右上角的"自动折叠"按钮▥，该按钮变为▯（永久展开）。单击

"项目树"之外的区域，"项目树"自动消失。单击最左边垂直条上的■按钮，"项目树"立即展开。单击■按钮，该按钮变为■，自动折叠功能被取消。

可以用类似的方法启动或关闭区域⑥（巡视窗口）和区域⑦（任务卡）的自动折叠功能。

② 详细视图。项目树下面的区域④为"详细视图"，打开"项目树"中的"PLC变量"→"默认变量表"选项，"详细视图"窗口显示该变量表中的变量。在编写程序时，用鼠标左键按住某个变量并移动光标，开始时光标的形状为◎（禁止放置）。当光标进入用红色问号表示的地址域时，光标变为▯（允许放置），松开左键，该变量地址被放在了地址域，这个操作称为"拖曳"。拖曳到已设置的地址上时，将替换原来的地址。

单击"详细视图"上的❤按钮或"详细视图"标题，"详细视图"关闭，只剩下紧靠左下角的"详细视图"标题，标题左边的按钮变为❭。单击该按钮或标题，重新显示详细视图。

③ 工作区。区域⑤为工作区，可以同时打开几个编辑器，但在工作区一般只能显示当前打开的编辑器。在最下面标有⑨的选项卡中显示当前被打开的编辑器，单击另外的选项卡可以更换工作区显示的编辑器。

单击工具栏上的▤、▥按钮，可以垂直或水平拆分工作区，同时显示两个编辑器。在工作区同时显示程序编辑器和设备视图时，将设备视图放大到200%或以上，可以将模块上的I/O点拖曳到程序编辑器中的地址域，这样不仅能快速设置指令的地址，还能在PLC变量表中创建相应的变量。使用同样的方法，也可以将模块上的I/O点拖曳到PLC变量表中。

单击工作区右上角的"最大化"按钮▯，将会关闭其他所有的窗口，工作区被最大化。单击工作区右上角的"浮动"按钮▯，工作区浮动，可以用鼠标左键拖动工作区到任意位置。工作区被最大化或浮动时，单击工作区右上角的"嵌入"按钮▯，工作区将恢复原状。

在"设备视图"选项卡中可以组态硬件，单击"网络视图"选项卡，打开网络视图，可以组态网络。可以将区域⑦中需要的设备或模块拖曳到设备视图或网络视图中。

④ 巡视窗口。区域⑥为巡视窗口，用来显示工作区中选中对象的信息，设置选中对象的属性。

"属性"选项卡显示和修改工作区中所选中对象的属性。巡视窗口左边为浏览窗口，选中某个参数组，在右边窗口中显示和编辑对应的信息或参数。

"信息"选项卡显示所选对象和操作的详细信息，以及编译后的结果。

"诊断"选项卡显示系统诊断事件和组态的报警事件。

巡视窗口有两级选项卡，图2-4选中了第一级的"属性"选项卡和第二级的"常规"选项卡左边浏览窗口中的"以太网地址"，将它简记为选中"属性"→"常规"→"以太网地址"选项。单击巡视窗口右上角的▾按钮或▴按钮，可以隐藏或显示巡视窗口。

⑤ 任务卡。区域⑦为任务卡，任务卡的功能与编辑器有关。通过任务卡可以做进一步或附加的操作。例如从库或硬件目录中选择对象，搜索与替代项目中的对象，将预定义

的对象拖曳到工作区。

通过最右边竖条上的按钮可以切换任务卡显示的内容。图2-4中的任务卡显示的是硬件目录，任务卡下面标有⑧的"信息"窗口是显示硬件目录中所选对象的图形、版本号的选择和对它的简单描述。

⑥ 设备概览。在"设备视图"中，可以单击工作区最右边的向左箭头 ◂ 按钮，查看设备数据。默认地址是以字节为单位排序的，数字量输入地址为IB0~IB1，数字量输出地址为QB0~QB1，模拟量输入地址为IW64、IW66，6个高速计数器地址为ID1000~ID1020，4个高速脉冲发生器地址为QW1000~QW1006。单击向右箭头 ▸ 按钮，可以隐藏设备数据。

（6）创建ST语言开发环境

西门子的结构化控制语言SCL（Structured Control Language）就是ST语言。在博途软件中，程序和数据都是以块的形式存在。数据块DB类似于其他PLC的数据寄存器，组织块OB、函数FC和函数块FB（即功能块）类似于其他PLC的POU。组织块OB1默认编程语言为梯形图，如果需要部分程序段使用ST语言编程，可以在编辑区使用鼠标右键单击，插入SCL程序段即可；如果组织块OB1全部使用ST语言编程，可以直接将OB1删除，再添加新组织块OB，选择语言为SCL即可。

以函数块FB的ST语言编程为例，双击"项目树"下的"添加新块"命令，打开"添加新块"对话框，如图2-5所示。选择"函数块FB"，可以重新对该函数块命名，选择"语言"为"SCL"，单击"确定"按钮。创建的ST语言开发环境如图2-6所示，其中上部为表格视图的接口参数，可以用于声明该函数块的局部变量。下部为ST语言编辑区域，①为侧边栏，可以用来设置书签和断点；②为行号，显示程序代码所处在哪一行；③是轮廓视图，在轮廓视图中将突出显示相应的代码部分，例如图中显示注释部分范围、IF语句的范围等；④是代码区，可使用ST语言编写程序。在使用ST语言编写程序时，要求每一条语句的后面必须有"；"。如果没有"；"，会以红色的波浪号进行提示。

接口参数的视图也可以文本视图

图2-5 博途中的添加新块

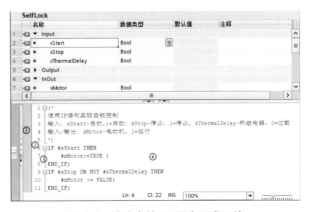

图2-6 博途中的 ST 语言开发环境

显示，单击菜单栏中的"选项"→"设置"命令，展开"PLC编程"选项，单击"SCL（结构化控制语言）"选项，选择块接口为"文本视图"，则新建的块接口将以文本视图显示。

（7）ST程序的运行

可以添加全局数据块DB，在其中定义变量供函数、函数块、组织块调用；也可以在"项目树"下的PLC变量表中添加变量，这些变量也是全局变量，供这些块调用。由于循环组织块OB是循环执行的，必须在循环组织块中调用ST语言编写的函数或函数块，函数或函数块才会执行，默认的循环组织块为OB1。可以从"项目树"下将函数或函数块拖放到循环组织块中，连接对应的实参，即可执行。

2.1.2 三菱GX Works2编程软件

目前，三菱PLC的编程软件有GX Developer、GX Works2、GX Works3，均支持ST语言。GX Works2和GX Works3不是版本升级关系，只是支持的PLC的型号不同。下面以GX Works2为例介绍如何创建ST开发环境。

（1）新建工程

GX Works2支持"结构化工程"和"简单工程"两种模式，只有结构化工程模式才支持ST语言编程。

打开GX Works2，单击左上角的"新建工程"按钮，弹出"新建"对话框，如图2-7所示。"系列（S）"选择"FXCPU"，"机型（T）"选择"FX3U/FX3UC"，"工程类型（P）"选择"结构化工程"，"程序语言（G）"选择"ST"，单击"确定"按钮，打开的界面如图2-8所示。其中导航栏中的"程序"相当于西门子中的组织块，"FB/FUN"相当于西门子中的函数和函数块，"全局标签"相当于西门子中的PLC变量表和数据块。

图 2-7 "新建"对话框

（2）创建ST语言开发环境

以功能块（即西门子中的函数块）的ST语言编程为例，在"FB/FUN"上使用鼠标右键单击，在弹出的快捷菜单中选择"新建数据"选项，弹出"新建数据"对话框，如图2-9所示。选择"数据类型"为"FB"，对"数据名"进行命名，选择"程序语言"为"ST"，单

图 2-8 GX Works2 的主界面

击"确定"按钮，则添加了一个功能块，界面如图2-10所示。

单击"函数/FB标签设置"选项卡，显示该功能块表格类型的变量视图，可以设置该功能块的接口变量；单击"[FB]程序本体"选项卡，可以使用ST语言编写程序。

图2-9　GX Works2 中添加块　　图2-10　GX Works2 函数块界面

（3）ST程序的运行

功能块编写完成后，需要在循环程序中进行调用才能执行。程序"POU_01"为默认的循环程序，可以从导航栏中将功能块拖放到程序"POU_01"中，连接对应的实参，即可运行。

2.1.3 施耐德SoMachine编程软件

（1）施耐德SoMachine V4.3软件的安装要求

安装施耐德SoMachine V4.3推荐的计算机硬件配置如下：处理器Intel Core i7或更高，内存16GB（最小8GB），固态硬盘SSD（最小15GB的自由空间），显示器分辨率1680×1050或更高。

安装施耐德SoMachine V4.3要求的计算机操作系统为专业版的32位/64位的Windows 7 SP1、Windows 8.1或Windows 10。要有网络接口，软件注册需要接入Internet。

（2）新建项目

打开SoMachine V4.3软件，依次选择"新建项目"→"空项目"命令，打开"新建空白项目"对话框，如图2-11所示。将"项目名称"修改为"SoMachineST"，单击右下角的"创建项目"按钮，即可完成项目的创建，并打开如图2-12所示对话框。

图2-11　SoMachine 软件的新建项目　　图2-12　SoMachine 中的工作流程

（3）添加硬件

创建完成项目后还需要添加硬件。单击图2-12右下角的"打开配置"按钮，打开的项目如图2-13所示。单击左下角的"设备树"选项卡，展开右边控制器下的"Logic Controller"→"M241"选项，将"TM241CEC24T/U"拖放到项目"SoMachineST"下，即可添加该项目的PLC硬件。

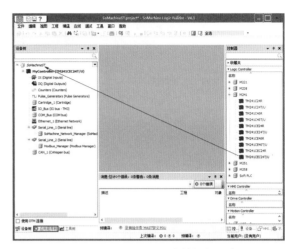

图2-13　SoMachine中的添加设备

从图2-13可以看出，SoMachine V4.3支持M221、M238、M241、M251、M258共5个系列的PLC，每个系列又包含多个机型，均支持ST语言编程。

（4）创建ST语言开发环境

单击左下角的"应用程序树"选项卡，打开"应用程序树"界面，如图2-14所示。打开"GVL"可以定义所需要的全局变量，相当于三菱PLC中的"全局标签"。将鼠标指针放置在"Application（MyController:TM241CEC24T/U）"上（或者使用鼠标右键单击，然后单击出现的 按钮），实现语言，会弹出快捷菜单，单击"POU"选项，弹出如图2-15所示对话框，可以选择程序、功能块、函数，创建对应的程序组织单元。这里"名称"使用默认的"POU"，选中"程序"单选按钮，"方法实现语言"选择"结构化文本（ST）"，单击"添加"按钮，则添加了一个"POU（PRG）"的循环程序。也可以添加功能块或函数，在循环程序中调用功能块和函数来执行。

图2-14　SoMachine中添加POU

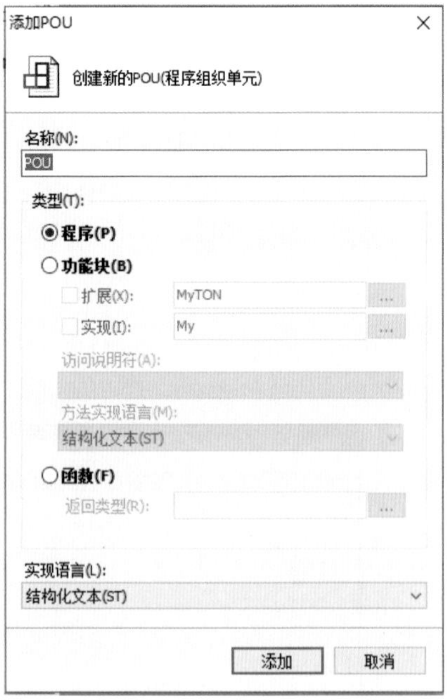

（5）ST程序的运行

添加的循环程序POU需要分配到任务中才能运行。在"应用程序树"界面下，将"POU"拖放到"MAST"中，这样就为POU分配了循环扫描任务，如图2-16所示。

在"POU"中，上部为接口参数变量的定义区，以表格视图显示。单击右边的"文本视图"按钮 和"表格视图"按钮 ，可以切换文本视图和表格视图；下部为程序代码编辑区。功能块和函数的视图与此相同。

图2-15　SoMachine中的"添加POU"对话框

图 2-16　SoMachine 中为 POU 分配任务

▶ 2.2　赋值与逻辑运算

2.2.1　赋值运算和逻辑表达式

2.2.1.1　赋值运算

赋值运算符为"**:=**"，其格式如下。

变量名 := 表达式 ；

通过赋值运算，可以将一个表达式的值分配给一个变量。赋值表达式的左侧为变量，右侧为表达式的值。函数名称也可以作为表达式，在调用函数时通过赋值运算将其返回值赋给左侧的变量。在使用赋值运算符"**:=**"时，应特别注意，中间不能有空格。

赋值运算的数据类型取决于左边变量的数据类型。右边表达式的数据类型必须与该数据类型一致。赋值操作举例如下。

```
MyTag1:=MyTag2;// 变量赋值
MyTag1:=MyTag2*MyTag3; // 表达式赋值
MyStruct.MyStructElement1:=MyTag; // 将一个变量赋值给一个结构元素
MyTag:=MyFUN(MyTag1); // 调用一个函数，并将函数值赋给 MyTag 变量
MyArray[2]:=MyTag; // 将一个变量赋值给一个 ARRAY 元素
MyTag:=MyArray[4]; // 将一个 ARRAY 元素赋值给一个变量
MyString:=MyOtherString; // 将一个 STRING 赋给另一个 STRING
```

2.2.1.2　逻辑表达式

逻辑运算的表达式由两个操作数和逻辑运算符（AND、OR或XOR）组成或取反运算符（NOT）和一个操作数组成。

逻辑运算符可以处理当前CPU所支持的各种数据类型。如果两个操作数都是BOOL数据类型，则逻辑表达式的结果也为BOOL数据类型。如果两个操作数中至少有一个是位字符串，则结果也为位字符串，而且结果是由最高操作数的类型决定。例如，当逻辑表达式

的两个操作数分别是BYTE类型和WORD类型时，结果为WORD类型。

逻辑表达式中一个操作数为BOOL类型而另一个为位字符串时，必须先将BOOL类型的操作数显式转换为位字符串类型。逻辑运算符及其操作结果关系见表2-1。

表2-1　逻辑运算符及其操作结果关系

运算	运算符	变量a	变量b	结果
取反（求反码）	NOT	BOOL	—	BOOL
		位字符串	—	位字符串
"与"运算	AND或&	BOOL	BOOL	BOOL
		位字符串	位字符串	位字符串
"或"运算	OR	BOOL	BOOL	BOOL
		位字符串	位字符串	位字符串
"异或"运算	XOR	BOOL	BOOL	BOOL
		位字符串	位字符串	位字符串

（1）位逻辑运算NOT

NOT就是"取反"的意思，在梯形图中常把常开触点作为正常状态，常闭触点作为反状态。梯形图中的常闭触点如图2-17所示，变量xVar1为常闭触点，当它的值为FALSE时，变量xResult的值才为TRUE，可以使用下面ST语言的赋值语句实现。

图 2-17　梯形图中的常闭触点

```
xResult := NOT xVar1;
```

（2）位逻辑运算AND

逻辑"与"（AND）就是"并且"的意思，即当两个条件都满足时逻辑运算结果才为真。梯形图中触点的串联就是

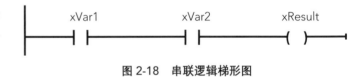

图 2-18　串联逻辑梯形图

逻辑"与"关系，串联逻辑梯形图如图2-18所示。只有当变量xVar1和xVar2都为TRUE时，变量xResult才为TRUE，可以使用下面ST语言来实现。

```
xResult := xVar1 AND xVar2;
```

由于部分编程软件不支持逻辑"与"符号&，编写程序时最好使用AND。

（3）位逻辑运算OR

位逻辑"或"（OR）就是"或者"的意思，即当两个条件中的任意一个满足时逻辑结果为真。梯形图中触点的并联就是逻辑"或"的关系，并联逻辑梯形图如图2-19所示。当变量xVar1

图 2-19　并联逻辑梯形图

或xVar2为TRUE时，变量xResult为TRUE，可以使用下面ST语言实现。

```
xResult := xVar1 OR xVar2;
```

（4）位逻辑运算XOR

位逻辑"异或"（XOR）就是当两个条件相异时逻辑结果为TRUE，相同时结果为FALSE。实现逻辑"异或"控制的梯形图如图2-20所示，当变量xVar1和xVar2都为FALSE或者都为TRUE时，xResult的值为FALSE；当这两个变量中的一个为TRUE，另一个为FALSE时，xResult的值为TRUE。分析梯形图可知，常开触点xVar1与常闭触点xVar2为串联关系，逻辑结果可以用xVar1 AND NOT xVar2表示；常闭触点xVar1与常开触点xVar2也为串联关系，逻辑结果可以用NOT xVar1 AND xVar2表示。这两个结果为并联关系，可以用下面的ST语言实现。

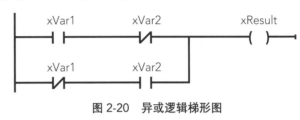

图 2-20　异或逻辑梯形图

```
xResult := (xVar1 AND NOT xVar2) OR (NOT xVar1 AND xVar2);
```

在ST语言中提供了异或运算关系符XOR，更加简单的方法可以用下面的代码实现。

```
xResult := xVar1 XOR xVar2;
```

（5）复杂的逻辑运算

在逻辑控制电路中，无论多么复杂，都可以用逻辑运算符写出逻辑代码。一个复杂的逻辑梯形图如图2-21所示，编写的ST语言逻辑代码如下。

```
xResult1 := (xVar1 XOR xVar2) AND (xVar3 OR xVar4);
xResult2 := NOT xResult1;
```

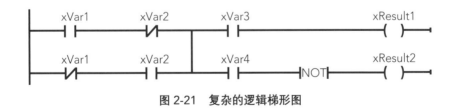

图 2-21　复杂的逻辑梯形图

2.2.2 [实例1]　**电动机的自锁控制**

2.2.2.1　控制要求

① 当按下"启动"按钮时，电动机通电运转。

② 当按下"停止"按钮或电动机发生过载故障时，电动机断电停止。

本实例使用西门子博途V16、三菱GX Works2和施耐德SoMachine V4.3实现，自锁控制的I/O端口分配见表2-2。

▶扫一扫　看视频◀

表2-2　自锁控制的I/O端口分配表

输入					输出				
输入点			输入器件	作用	输出点			输出器件	控制对象
西门子 S7-1200	三菱 FX	施耐德 M241			西门子 S7-1200	三菱 FX	施耐德 M241		
I0.0	X0	%IX0.0	SB1常开触点	启动	Q0.0	Y0	%QX0.0	接触器KM	电动机M
I0.1	X1	%IX0.1	SB2常开触点	停止					
I0.2	X2	%IX0.2	KH常闭触点	过载保护					

2.2.2.2　自锁控制梯形图转换为ST语言

电动机自锁控制的梯形图程序如图2-22所示，在进行过载保护时，一般使用热继电器的常闭触头，故在梯形图程序中xThermalDelay应使用常开触点，上电时该常开触点接通，为自锁控制做准备。

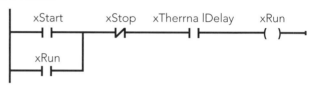

图 2-22　自锁控制的梯形图程序

根据控制逻辑关系，转换后的ST语言代码如下。

```
xRun := (xStart OR xRun) AND NOT xStop AND xThermalDelay;
```

2.2.2.3　西门子博途软件编程与仿真

（1）西门子SCL代码的书写形式

再次强调，西门子博途中的SCL语言就是ST语言。西门子的SCL语言代码和大多数PLC的ST语言形式不太一样，图2-23是它的一个例子，a所指的变量xMotor是变量表中定义的变量，要有对应的地址，用双引号""表示全局变量。b所指的"DB1".xStart是数据块DB中定义的变量，也就是在数据块DB1中定义了变量xStart，可以将全局数据块DB看作特殊的变量表。c所指的变量xStop，前面多了一个#号，表示此变量为局部变量，只能在本块中使用。无论双引号或#号，都是博途软件自动添加的，不需要自己添加。双引号和#号用于区分变量所在的区域，不同区域的变量名可以相同，例如，可以在数据块DB1、变量表和函数块中分别定义变量xStart，虽然名称相同，但DB1中的变量为"DB1".xStart，变量表中为"xStart"，函数块中为#xStart，所以不影响使用。三菱和施耐德PLC编程中就不能这样使用。

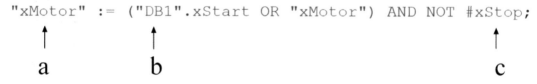

```
"xMotor" := ("DB1".xStart OR "xMotor") AND NOT #xStop;
      ↑                ↑                        ↑
      a                b                        c
```

图 2-23　西门子博途中使用 SCL 编写的代码

（2）创建函数"SelfLock"

函数"SelfLock"用于实现电动机的自锁控制。打开西门子博途V16，新建一个项目，添加新设备CPU1214C AC/DC/Rly，版本号V4.2，生成了一个站点"PLC_1"。展开"项目树"下的程序块，双击"添加新块"命令，添加一个"函数FC"，命名为"SelfLock"，语言选择"SCL"，单击"确定"按钮，打开的函数如图2-24所示。在上部的接口参数区定义该函数的局部变量，可以是Input、Output、InOut、Temp或Return参数。

在图2-24的Input下创建BOOL类型的输入变量xStart（启动）、xStop（停止）和xThermalDelay（热继电器）。由于要使用xRun作为输入参与逻辑运算，所以要将变量xRun定义为InOut变量。在Return下将该函数的返回值设为VOID。然后直接将自锁控制的ST代码粘贴到图2-24下部所示的编辑区即可。

为了使函数或函数块能够反复使用或者便于在不同PLC之间移植，编写程序时所使用变量最好做到与外部隔绝，即在函数或函数块中避免使用变量表或全局数据块中的变量，只使用该块的局部变量。

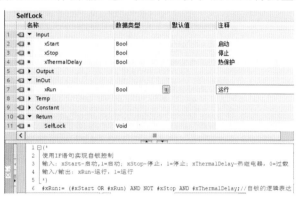

图 2-24　博途中创建的函数"SelfLock"

（3）在循环程序中调用函数

在PLC变量表中按照图2-25创建变量。打开"OB1"，从"项目树"下将函数"SelfLock"拖放到程序区。单击PLC变量表，从"详细视图"中将变量拖放到函数"SelfLock"对应的引脚，编写后的代码如下。

```
"SelfLock"(xStart:="xStart_M1",
        xStop:="xStop_M1",
        xThermalDelay:="xThermalDelay_M1",
        xRun:="xMotor_M1");
```

在程序中，热继电器的常闭触点"xThermalDelay_M1"作为xThermalDelay的实参，运行时为TRUE，为自锁控制做准备。"启动"按钮"xStart_M1"作为xStart的实参，"停止"按钮"xStop_M1"作为xStop的实参，电动机"xMotor_M1"作为xRun的实参。在对多台电动机进行自锁控制时，可以直接调用函数SelfLock，连接对应的实参即可。

（4）西门子博途中的仿真运行

在"项目树"下的项目上使用鼠标右键单击，在弹出的快捷菜单中选择"属性"→"保护"选项，勾选"块编译时支持仿真"复选框。单击站点"PLC_1"，再单击工具栏中的"启动仿真"按钮，打开仿真器。新建一个仿真项目，并将"PLC_1"站点下载到仿真器中。单击工具栏中的按钮，使PLC运行。

打开仿真器项目树下的"SIM表格_1"选项卡，单击表格工具栏中的  按钮，将项目变量加载到表格中，如图2-25所示。

勾选变量"xThermalDelay_M1（热继电器常闭触点接通）"，单击变量"xStart_M1"，再单击下面出现的"xStart_M1"按钮，变量"xMotor_M1"为"TRUE"，电动机启动运行。

单击变量"xStop_M1"按钮或取消勾选变量"xThermalDelay_M1"，变量"xMotor_M1"为"FALSE"，电动机停止。

图 2-25 西门子博途中的自锁控制仿真

2.2.2.4 三菱GX Works2编程与仿真

打开三菱编程软件GX Works2，新建一个项目，选择系列"FXCPU"，机型选择"FX3U/FX3UC"，工程类型选择"结构化工程"，程序语言选择"ST"。

（1）使用ST语言编写函数

在导航栏的"FB/FUN"上使用鼠标右键单击，在弹出的快捷菜单中选择"新建数据"选项，打开"新建数据"对话框。数据类型选择"函数"，数据名输入"SelfLock"，程序语言选择"ST"。由于三菱的函数要求必须有返回值，可以将逻辑运算结果作为返回值，所以返回值类型选择"Bit"。

单击"函数/FB标签设置SelfLock"选项卡，可以创建的变量类型有VAR_INPUT（输入）、VAR_CONSTANT（常量）、VAR（变量）。创建变量如图2-26上部所示，"xRun"作为函数局部变量"VAR"，它并不是临时变量，所以可以作为自锁控制中的自锁变量使用。单击"SelfLock程序本体"选项卡，将西门子函数SelfLock中的代码粘贴到Word中，使用替换指令将#去掉，再粘贴到编辑区，将xRun赋值给函数的

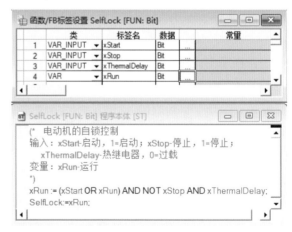

图 2-26 GX Works2 中创建的函数"SelfLock"

返回值SelfLock，编写的ST代码如图2-26下部所示。

（2）在循环程序中调用函数

按照表2-2在全局标签Global1中添加全局变量，打开程序POU_01（默认的循环程序），从导航栏下将函数"SelfLock"拖放到编辑区，编写ST语言代码如下。

```
xMotor_M1:= SelfLock(xStart_M1 , xStop_M1 , xThermalDelay_M1 );
```

（3）三菱GX Works2中的仿真运行

单击工具栏中的"转换编译"按钮📇，编译后应显示没有错误。再单击"模拟"按钮
📇，将项目下载到仿真器中。单击"当前值更改"按钮🈸，打开的对话框如图2-27所示。

单击变量"xThermalDelay_M1"，再单击对话框中的"ON"按钮，该变量的底色变为蓝色，热继电器预先接通。

单击变量"xStart_M1"，再依次单击
"ON"和"OFF"按钮，使"启动"按钮
通断一次，变量"xMotor_M1"的底色变为
蓝色，电动机启动。

单击变量"xStop_M1"，再依次单击
"ON"和"OFF"按钮，使"停止"按钮
通断一次；或者单击变量"xThermalDelay_
M1"，再单击"OFF"按钮，使热继电器
断开，"xMotor_M1"的底色消失，电动机
停止。

图 2-27　三菱 GX Works2 中的自锁控制仿真

2.2.2.5　施耐德SoMachine编程与仿真

打开施耐德编程软件SoMachine，新建一个项目并添加硬件。

（1）使用ST语言编写函数

在"应用程序树"选项卡中添加POU，名称修改为"SelfLock"，类型选择"函数"，实现语言选择"结构化文本（ST）"，返回类型选择"BOOL"。

在接口参数中创建变量如图2-28上部所示，在函数中可以使用的变量有VAR_INPUT、VAR_OUTPUT、VAR_IN_OUT、VAR_STAT（静态变量）、VAR（临时变量）。静态变量在执行后会进行存储，而临时变量在执行后立即释放。xRun要进行自锁，在执行时要记忆它的状态，所以将xRun作为静态变量VAR_STAT，不能作为临时变量VAR。将三菱的自锁控制代码粘贴到下部的编程区，编写的程序代码如图2-28下部所示。

（2）在循环程序中调用函数

再添加一个POU，选择"程序"，在

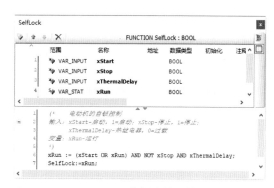

图 2-28　SoMachine 中创建的函数 "SelfLock"

"应用程序树"中将新建的POU拖放到任务"MAST"。打开全局变量表"GVL",按照表2-2创建变量。将三菱POU_01程序中的代码复制粘贴到POU中。

（3）施耐德SoMachine中的仿真运行

单击菜单栏中的"在线"→"仿真"命令,再单击工具栏中的"登录"按钮📎（或者按"Alt+F8"组合键）,将项目下载到仿真器中。单击工具栏中的▶按钮,使仿真器运行。

打开全局变量表GVL,仿真界面如图2-29所示,单击变量"xThermalDelay_M1"的"准备值"列,出现"TRUE",按"Ctrl+F7"组合键,则该变量值变为"TRUE",热继电器预先接通。

单击变量"xStart_M1"的"准备值"列,出现"TRUE",按"Ctrl+F7"组合键,该变量的值变为"TRUE",相当于按下"启动"按钮,同时"xMotor_M1"也变为"TRUE",电动机启动;再单击一次"xStart_M1"的"准备值"列,出现"FALSE",按"Ctrl+F7"组合键,"xStart_M1"的值变为"FALSE",松开"启动"按钮。

单击变量"xStop_M1"的"准备值"列,出现"TRUE"。按"Ctrl+F7"组合键,该变量值变为"TRUE","xMotor_M1"的值变为"FALSE"。相当于按下"停止"按钮,电动机停止。或者单击变量"xThermalDelay_M1"的"准备值"列,出现"FALSE",按"Ctrl+F7"组合键,使"xThermalDelay_M1"的值变为"FALSE",热继电器断开,电动机也会停止。

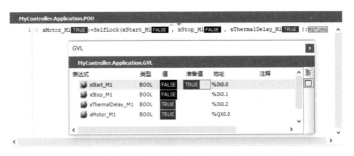

图 2-29　施耐德 SoMachine 中的自锁控制仿真

2.2.2.6　三种PLC函数的区别

（1）西门子PLC的函数

西门子PLC的函数可以没有返回值,也可以带有返回值。如果没有返回值,函数可以看作一个子程序使用;如果带有返回值,作为一个函数使用。函数的接口参数类型有Input、Output、InOut、Temp、Constant和Return。在循环程序中调用函数时,函数必须带有形参。调用结束后,存储空间立即释放,不能保存中间变量的值。

（2）三菱PLC的函数

三菱PLC的函数必须有返回值。函数的接口参数类型有VAR_INPUT、VAR_CONSTANT和VAR。调用函数时,PLC为VAR变量分配M存储器,所以变量VAR可以存储中间变量。在循环程序中调用函数时,不能带有形参,否则会出现编译错误。

（3）施耐德PLC的函数

施耐德PLC的函数必须有返回值。函数的接口参数类型有VAR_INPUT、VAR_OUTPUT、VAR_IN_OUT、VAR_STAT（静态变量）、VAR（临时变量），参数类型中有静态变量，所以可以存储中间变量。在循环程序中调用函数时，可以带有形参，也可以不带形参。

2.2.3 [实例2] 点动与自锁控制

▶扫一扫 看视频◀

2.2.3.1 控制要求

① 当按下"点动"按钮时，电动机通电运转；松开"点动"按钮后，电动机断电停止。

② 当按下"启动"按钮时，电动机通电运转。

③ 当按下"停止"按钮或电动机发生过载故障时，电动机断电停止。

本实例使用西门子博途V16、三菱GX Works2和施耐德SoMachine V4.3实现，点动与自锁控制的I/O端口分配见表2-3。

表2-3 点动与自锁控制的I/O端口分配表

输入					输出				
输入点			输入器件	作用	输出点			输出器件	控制对象
西门子 S7-1200	三菱 FX	施耐德 M241			西门子 S7-1200	三菱 FX	施耐德 M241		
I0.0	X0	%IX0.0	SB1常开触点	启动	Q0.0	Y0	%QX0.0	接触器KM	电动机M
I0.1	X1	%IX0.1	SB2常开触点	停止					
I0.2	X2	%IX0.2	KH常闭触点	过载保护					
I0.3	X3	%IX0.3	SB3常开触点	点动					

2.2.3.2 点动与自锁控制梯形图转换为ST语言

点动与自锁控制的梯形图程序如图2-30所示，上电时，xThermalDelay有输入，其常开触点预先接通。由于点动与自锁控制不能使用双线圈，即xMotor线圈不能使用两次，所以用点动标志和自锁标志进行表示，将点动与自锁分开。

根据控制逻辑关系，转换后的ST语言代码如下。

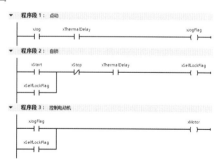

图 2-30 点动与自锁控制的梯形图程序

```
xJogFlag := xJog AND xThermalDelay;
xSelfLockFlag := (xStart OR xSelfLockFlag) AND NOT xStop AND
xThermalDelay;
xMotor := xJogFlag OR xSelfLockFlag;
```

2.2.3.3 西门子博途软件编程与仿真

打开西门子博途V16，新建一个项目，添加新设备CPU1214C AC/DC/Rly，版本号V4.2，生成了一个站点"PLC_1"。

（1）创建函数块"JogAndSelfLock"

由于需要存储自锁运行标志"xSelfLockFlag"和点动运行标志"xJogFlag"的状态，函数中只有临时变量"TEMP"，不能进行存储，所以只能使用函数块。函数块"JogAndSelfLock"用于电动机的点动与自锁控制。展开"项目树"下的程序块，双击"添加新块"命令，添加一个"函数块FB"，命名为"JogAndSelfLock"，语言选择"SCL"。

打开该函数块，新建变量如图2-31上部表格所示。然后直接将点动与自锁控制的ST代码粘贴到图2-31下部所示的编辑区即可。

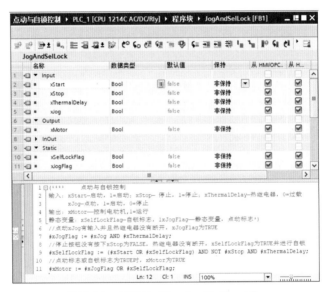

图 2-31 函数块"JogAndSelfLock"

（2）在循环程序中调用函数块

在PLC变量表中按照图2-32创建变量，打开"OB1"，从"项目树"下将函数块"JogAndSelfLock"拖放到程序区，弹出"调用选项"对话框，单击"确定"按钮，添加了该函数块的背景数据块"JogAndSelLock_DB"。单击PLC变量表，从"详细视图"中将变量拖放到该背景数据块对应的引脚，编写后的代码如下。

```
"JogAndSelLock_DB"(xStart      := "xStart_M1", //M1 电动机的启动
                   xStop       := "xStop_M1", //M1 电动机的停止
                   xThermalDelay := "xThermalDelay_M1", //M1 电动机的
过载保护
                   xJog        := "xJog_M1",  //M1 电动机的点动
                   xMotor      => "xMotor_M1"); //M1 电动机
```

（3）仿真运行

在"项目树"下的项目上使用鼠标右键单击，在弹出的快捷菜单中选择"属性"→"保护"选项，勾选"块编译时支持仿真"复选框。单击站点"PLC_1"，再单击工具栏中的"启动仿真"按钮![icon]，打开仿真器。新建一个仿真项目，并将"PLC_1"站点下载到仿真器中。单击工具栏中的![icon]按钮，使PLC运行。

打开仿真器项目树下的"SIM表格_1"选项卡，单击表格工具栏中的![icon]按钮，将项目变量加载到表格中，如图2-32所示。

① 点动控制。勾选变量"xThermalDelay_M1（热继电器常闭触点接通）"，单击变量"xJog_M1"，再单击下面出现的"xJog_M1"按钮，变量"xMotor_M1"为"TRUE"，电动机启动。松开该按钮，变量"xMotor_M1"为"FALSE"，电动机停止。

图2-32　西门子博途中的点动与自锁控制仿真

② 自锁控制。单击变量"xStart_M1"按钮，变量"xMotor_M1"为"TRUE"，电动机启动运行。

单击变量"xStop_M1"按钮或取消勾选变量"xThermalDelay_M1"复选框，变量"xMotor_M1"为"FALSE"，电动机停止。

2.2.3.4　三菱GX Works2编程与仿真

（1）使用ST语言编写功能块

打开三菱编程软件GX Works2，新建一个项目，选择系列"FXCPU"，机型选择"FX3U/FX3UC"，工程类型选择"结构化工程"，程序语言选择"ST"。

在导航栏的"FB/FUN"上使用鼠标右键单击，在弹出的快捷菜单中选择"新建数据"选项，打开"新建数据"对话框。数据类型选择"FB"，数据名输入"JogAndSelfLock"，程序语言选择"ST"。

单击"函数/FB标签设置JogAndSelfLock"选项卡，创建变量如图2-33上部所示。单击"JogAndSelfLock程序本体"选项卡，然后直接将点动与自锁控制的ST代码粘贴到图2-33下部所示的编辑区。

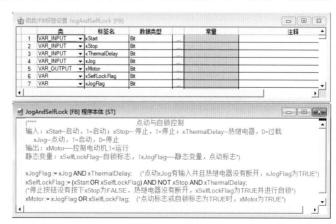

图2-33　三菱PLC中的功能块"JogAndSelfLock"

（2）在循环程序中调用功能

按照表2-3在全局标签Global1中添加全局变量，打开程序POU_01（默认的循环程序），将功能块"JogAndSelfLock"从左边的导航栏向下拖放到编辑区，弹出"标签登录/选择"对话框，默认标签名为"JogAndSelfLock_1"，单击"应用"按钮，再单击"关闭"按钮，则在"POU_01"的局部标签中添加了一个名为"JogAndSelfLock_1"的实例。然后为实例的形参引脚连接对应的实参，编写ST语言代码如下。

```
JogAndSelfLock_1(xStart:= xStart_M1,     (*M1 电动机的启动 *)
                 xStop:= xStop_M1,       (*M1 电动机的停止 *)
                 xThermalDelay:= xThermalDelay_M1, (*M1 电动机的热保护 *)
                 xJog:= xJog_M1,  (*M1 电动机的点动 *)
                 xMotor:=xMotor_M1); (*M1 电动机 *)
```

在三菱的程序中，调用功能块时，必须带有功能块的引脚，也就是要带有形参。不管是输入还是输出，形参和实参之间均使用符号":="。

（3）三菱GX Works2中的仿真运行

单击工具栏中的"转换编译"按钮![](），编译后应显示没有错误。再单击"模拟"按钮![](），将项目下载到仿真器中。单击"当前值更改"按钮![](），打开的对话框如图2-34所示。

单击变量"xThermalDelay_M1"，再单击对话框中的"ON"按钮，该变量的底色变为蓝色，热继电器预先接通。

①点动控制。单击变量"xJog_M1"，再单击"ON"按钮，变量"xMotor_M1"的底色变为蓝色，电动机启动。单击"OFF"按钮，变量"xMotor_M1"的蓝色底色消失，电动机停止。

②自锁控制。单击变量"xStart_M1"，再依次单击"ON"和"OFF"按钮，使"启动"按钮通断一次，变量"xMotor_M1"的底色变为蓝色，电动机启动。

单击变量"xStop_M1"，再依次单击"ON"和"OFF"按钮，使

图2-34　GX Works2 中的点动与自锁仿真

"停止"按钮通断一次；或者单击变量"xThermalDelay_M1"，再单击"OFF"按钮，使热继电器断开，"xMotor_M1"的底色消失，电动机停止。

2.2.3.5　施耐德SoMachine编程与仿真

（1）使用ST语言编写功能块

打开施耐德编程软件SoMachine，新建一个项目并添加硬件。在"应用程序树"选项卡中添加POU，名称修改为"JogAndSelfLock"，类型选择"功能块"，实现语言选择"结构化文本（ST）"。

在接口参数中添加变量如图2-35上部所示，从三菱GX Works2中将点动与自锁控制代码粘贴到图2-35下部的编程区即可。

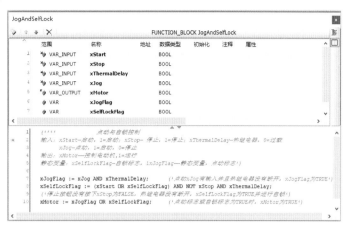

图 2-35　施耐德 PLC 中功能块"JogAndSelfLock"

（2）在循环程序中调用函数

添加一个POU，选择"程序"，在"应用程序树"中将新建的POU拖放到"MAST"。打开全局变量表"GVL"，按照表2-3创建变量。在"POU"的接口参数中新建一个变量"JogAndSelfLock_1"，双击数据类型，输入"JogAndSelfLock"，则创建了一个实例。在施耐德PLC中，功能块的输出形参与实参之间是使用符号"=>"。将三菱循环程序"POU_01"中的代码复制粘贴到POU中，并将输出形参xMotor后的赋值符号":="修改为输出符号"=>"。

（3）施耐德SoMachine中的仿真运行

单击菜单栏中的"在线"→"仿真"命令，再单击工具栏中的"登录"按钮（或者按"Alt+F8"组合键），将项目下载到仿真器中。单击工具栏中的▶按钮，使仿真器运行。

打开全局变量表GVL，仿真界面如图2-36所示，单击变量"xThermalDelay_M1"的"准备值"列，出现"TRUE"，按"Ctrl+F7"组合键，则该变量值变为"TRUE"，热继电器预先接通。

①点动控制。单击变量"xJog_M1"的"准备值"列，出现"TRUE"，按"Ctrl+F7"组合键，"xJog_M1"的值变为"TRUE"，相

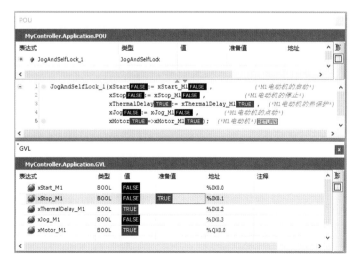

图 2-36　SoMachine 中的点动与自锁控制仿真

当于按下"点动"按钮，同时"xMotro_M1"也为"TRUE"，电动机启动；再单击一次"xJog_M1"的"准备值"列，出现"FALSE"，按"Ctrl+F7"组合键，"xJog_M1"的值变为"FALSE"，同时"xMotro_M1"也为"FALSE"，相当于松开点动按钮，电动机停止。

② 自锁控制。单击变量"xStart_M1"的"准备值"列，出现"TRUE"，按"Ctrl+F7"组合键，"xMotro_M1"为"TRUE"，电动机启动；再单击一次"xStart_M1"的"准备值"列，出现"FALSE"，按"Ctrl+F7"组合键，"xStart_M1"的值变为"FALSE"，松开"启动"按钮。

单击变量"xStop_M1"的"准备值"列，出现"TRUE"。按"Ctrl+F7"组合键，"xStop_M1"的值变为"TRUE"，"xMotor_M1"的值变为"FALSE"，相当于按下"停止"按钮，电动机停止。或者单击变量"xThermalDelay_M1"的"准备值"列，出现"FALSE"，按"Ctrl+F7"组合键，"xThermalDelay_M1"的值变为"FALSE"，热继电器断开，电动机也会停止。

2.2.3.6 三种PLC功能块的异同

三种PLC功能块（函数块）的接口参数的区别是，西门子PLC的函数块区分了静态变量和临时变量；三菱PLC的功能块没有区分静态变量和临时变量，统一作为VAR类型参数；施耐德PLC的功能块有变量VAR，也有静态变量和临时变量。

在循环程序中调用功能块时，西门子和三菱PLC可以直接通过拖放生成背景数据块或实例。而施耐德PLC必须先在循环程序块接口参数中生成功能块的实例，然后在编辑区输入功能块的调用。三种PLC功能块的调用都必须带有形参，区别在于西门子和施耐德PLC调用实例时输出类型的符号使用"=>"，而三菱PLC调用实例时输出类型使用符号":="。

2.2.4 [实例3] 字中取位

▶扫一扫 看视频◀

2.2.4.1 控制要求

在工业控制系统中，主站PLC需要读取远程PLC的信息，包括各种状态信息、生成数据、工艺参数等。这些数据包含BOOL类型、INT类型、REAL类型等多种数据类型。信息交互的数据一般都是WORD类型，主站PLC读取信息后，需要进行解析。

本实例的远程PLC控制16台电动机，主站需要读取这16台电动机的运行状态，读取的信息由一个WORD类型变量来存储。该变量包含16个位，每一个位可以表示一台电动机的运行状态，1表示运行，0表示停止。从该变量进行字中取位，来判断某一台电动机的运行状态。

2.2.4.2 西门子的字中取位方式

（1）将通信字送给M存储器的字

例如，将通信字wBuffer赋值给M存储器的字MW10，则MW10字中的位M11.7~M11.0、M10.7~M10.0可以分别表示远程电动机的状态。这种方式是梯形图编程中常常采用的方式。

（2）用AT指令将字声明为含有16个位元素的数组

使用AT指令的函数块必须取消优化的块访问。新建一个函数块"WordToBool2"，语言选择"SCL"。在"项目树"下的该函数块上使用鼠标右键单击，在弹出的快捷菜单中选择"属性"选项。在弹出的对话框中，单击"属性"命令，取消"优化的块访问"的勾选。

创建变量如图2-37上部的接口参数所示。"wBuffer"为输入字，"axArrayMotor"为输出位数组，静态变量"wBufferAux"为辅助输入字，"axArrayMotorAux"为辅助输出数组。在创建静态变量"axArrayMotorAux"时，单击"数据类型"列，选择"AT"，然后单击静态变量"wBufferAux"即可添加"AT"，然后将"数据类型"修改为数组"Array[1..16] of Bool"。

编写的SCL程序如图2-37下部编辑区所示。由于在西门子的字中

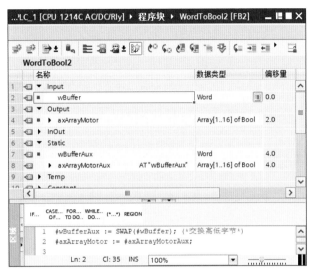

图 2-37　博途中将字 AT 添加为 BOOL 类型的数组

低位字节占高8位，高位字节占低8位，例如，MW10的高8位为MB10，低8位为MB11，所以使用SWAP指令进行高低字节交换，然后赋值给变量"wBfferAux"。变量数组"axArrayMotorAux"已经用AT指令重新声明了"wBufferAux"，则数组中每一个元素对应"wBufferAux"的每一个位，直接将该数组赋值给"axArrayMotor"进行输出。

（3）编写程序

由于使用AT指令实现字中取位没有通用性，不能直接移植到其他品牌的PLC中，为了使编写的程序具有通用性，可以使用逻辑运算中的"与"指令自己编写程序。取字中某一位时，将一个字的该位设为1，其余位设为0，然后和所取的字进行相"与"，即可将该位取出。例如，取字wBuffer的第5位，可以使用2#10000 AND wBuffer，然后将运算结果与16#0010（即2#10000）进行比较。如果相等，表明该位为1；如果不相等，该位为0。

为了使编写的程序具有通用性，本实例使用了自己编写的程序。

2.2.4.3　西门子博途软件编程与仿真

打开西门子博途V16，新建一个项目，添加新设备CPU1214C AC/DC/Rly，版本号V4.2，生成了一个站点"PLC_1"。

（1）创建函数块"WordToBool"

函数块"WordToBool"用于将输入的Word类型数据转换为Bool类型的数组输出。展开在"项目树"下的程序块，双击"添加新块"命令，添加一个"函数块FB"，命名为"WordToBool"，语言选择"SCL"。打开该函数块，新建变量如图2-38所示。输入变量

"wBuffer"为WORD类型的变量，输出变量"axArrayMotor"为包含16个BOOL类型元素的数组。

图2-38　博途中的函数块"WordToBool"接口参数

在编辑区编写的ST代码如下。

```
#axArrayMotor[1] := ((16#0001 AND #wBuffer) = 16#0001);(* 取 wBuffer
的最低位，判断该位是否为 1*)
#axArrayMotor[2]  := ((16#0002 AND #wBuffer) = 16#0002);
#axArrayMotor[3]  := ((16#0004 AND #wBuffer) = 16#0004);
#axArrayMotor[4]  := ((16#0008 AND #wBuffer) = 16#0008);
#axArrayMotor[5]  := ((16#0010 AND #wBuffer) = 16#0010);
#axArrayMotor[6]  := ((16#0020 AND #wBuffer) = 16#0020);
#axArrayMotor[7]  := ((16#0040 AND #wBuffer) = 16#0040);
#axArrayMotor[8]  := ((16#0080 AND #wBuffer) = 16#0080);
#axArrayMotor[9]  := ((16#0100 AND #wBuffer) = 16#0100);
#axArrayMotor[10] := ((16#0200 AND #wBuffer) = 16#0200);
#axArrayMotor[11] := ((16#0400 AND #wBuffer) = 16#0400);
#axArrayMotor[12] := ((16#0800 AND #wBuffer) = 16#0800);
#axArrayMotor[13] := ((16#1000 AND #wBuffer) = 16#1000);
#axArrayMotor[14] := ((16#2000 AND #wBuffer) = 16#2000);
#axArrayMotor[15] := ((16#4000 AND #wBuffer) = 16#4000);
#axArrayMotor[16] := ((16#8000 AND #wBuffer) = 16#8000);(* 取
wBuffer 的最高位，判断该位是否为 1*)
```

编写的代码虽然看起来比较烦琐，但实际使用时可能只用到其中的几位。后面讲到FOR循环，用FOR指令编写的代码就比较简单了。

（2）在循环程序中调用函数块

双击"添加新块"命令，添加一个全局数据块。在数据块中添加WORD类型的变量"wBufferIn"和Array[1..16] of Bool类型的数组"axArrayMotorOut"，如图2-39所示。打开"OB1"，从"项目树"下将函数块"WordToBool"拖放到程序区，弹出"调用选项"对话框，单击"确定"按钮，添加了该函数块的背景数据块"WordToBool_DB"。单击数据块，从"详细视图"中将变量拖放到该背景数据块对应的引脚，编写后的代码如下。

```
"WordToBool_DB"(wBuffer      := "数据块_1".wBufferIn,
               axArrayMotor => "数据块_1".axArrayMotorOut);
```

（3）仿真运行

在"项目树"下的项目上使用鼠标右键单击，在弹出的快捷菜单中选择"属性"→"保护"选项，勾选"块编译时支持仿真"复选框。单击站点"PLC_1"，再单击工具栏中的"启动仿真"按钮，将"PLC_1"站点下载到仿真器中。单击工具栏中的按钮，使PLC运行。

单击数据块工具栏中的"监视"按钮，双击"wBufferIn"的"监视值"，将其修改为"16#1237"，结果如图2-39所示。"axArrayMotorOut[16]"~"axArrayMotorOut[1]"为"2#0001_0010_0011_0111"，即"16#1237"。

		名称	数据类型	起始值	监视值
1		▼ Static			
2		wBufferIn	Word	16#0	16#1237
3		▼ axArrayMotorOut	Array[1..16] of Bool		
4		axArrayMotorOut[1]	Bool	false	TRUE
5		axArrayMotorOut[2]	Bool	false	TRUE
6		axArrayMotorOut[3]	Bool	false	TRUE
7		axArrayMotorOut[4]	Bool	false	FALSE
8		axArrayMotorOut[5]	Bool	false	TRUE
9		axArrayMotorOut[6]	Bool	false	TRUE
10		axArrayMotorOut[7]	Bool	false	FALSE
11		axArrayMotorOut[8]	Bool	false	FALSE
12		axArrayMotorOut[9]	Bool	false	TRUE
13		axArrayMotorOut[10]	Bool	false	TRUE
14		axArrayMotorOut[11]	Bool	false	FALSE
15		axArrayMotorOut[12]	Bool	false	FALSE
16		axArrayMotorOut[13]	Bool	false	TRUE
17		axArrayMotorOut[14]	Bool	false	FALSE
18		axArrayMotorOut[15]	Bool	false	FALSE
19		axArrayMotorOut[16]	Bool	false	FALSE

图 2-39　博途中数据块的监视

2.2.4.4 三菱GX Works2编程与仿真

在GX Works2中，按照[实例2]中的过程步骤编写程序和仿真，仿真监视如图2-40所示。单击工具栏中的"监看窗口"按钮，打开"监看1"窗口，输入数组标签名"axArrayMotorOut"，可以监视该数组的各个元素值。双击"POU_01"程序本体中的变量"wBufferIn"，弹出"当前值更改"对话框。选中"16进制"单选按钮，输入"1237"，单击"设置"按钮，则监看1中的数组"axArrayMotorOut"显示"2#0001_0010_0011_0111"，即"16#1237"。

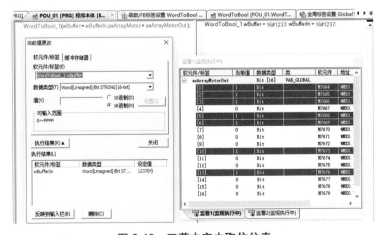

图 2-40　三菱中字中取位仿真

2.2.4.5 施耐德SoMachine编程与仿真

在SoMachine V4.3中，按照[实例2]中的过程步骤编写程序和仿真，仿真监视如图2-41所示。双击全局变量表GVL中变量"wBufferIn"后的"准备值"列，输入"16#1237"，按"Ctrl+F7"组合键，则其值变为4663（16#1237的十进制值），数组"axArrayMotorOut"的值为"2#0001_0010_0011_0111"，即"16#1237"。

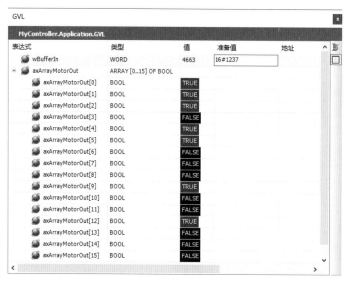

图 2-41　SoMachine 中的字中取位仿真

2.3　IF选择语句

2.3.1　IF语句

IF语句是非常重要的语句，几乎所有的计算机高级语言都有IF语句。同样，在ST语言中，IF语句也扮演着非常重要的角色。IF语句有以下几种形式。

2.3.1.1　IF...END_IF

IF...END_IF语句的格式如下。

```
IF <判断条件> THEN
<语句>;
END_IF;
```

其执行过程：如果判断条件为TRUE，则执行语句；否则，不执行语句。判断条件可以是表达式或变量，但是表达式的运算结果必须是BOOL类型，变量也必须是BOOL类型。

在西门子博途和三菱GX Works2中，END_IF后面加";"，而在施耐德SoMachine中，END_IF后面可以不加";"，加上也没有问题。为了格式统一，便于移植，本书中所有END_IF后面都加";"。

在梯形图程序中，经常用到置位复位指令，置位复位梯形图如图2-42所示。当变量xVar1为TRUE时，xResult为

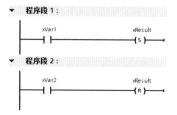

图 2-42　置位复位梯形图

TRUE；当变量xVar2为TRUE时，xResult为FALSE。该梯形图转换为ST语言的代码如下。

```
IF xVar1 THEN
    xResult := TRUE; // 相当于置位
END_IF;
IF xVar2 THEN
    xResult := FALSE;// 相当于复位
END_IF;
```

2.3.1.2　IF...ELSE...END_IF

IF...ELSE...END_IF语句的格式如下。

```
IF <判断条件> THEN
    <语句1>;
ELSE
    <语句2>;
END_IF;
```

其执行过程是，如果判断条件为TRUE，则执行语句1；否则，执行语句2。

在梯形图程序中，常常控制线圈的通电和断电，如何用ST语言编写呢？以点动控制梯形图为例（图2-43），转换后的ST语言代码如下。

图 2-43　点动梯形图

```
IF xVar THEN
    xResult := TRUE;// 线圈通电
ELSE
    xResult := FALSE;// 线圈断电
END_IF;
```

当 xVar 为 TRUE 时，xResult 为 TRUE；否则，xResult 为 FALSE。

2.3.1.3　IF语句的嵌套

（1）IF语句的二级嵌套

IF语句的二级嵌套可以使用IF...ELSIF...END_IF语句，其格式如下。

```
IF <判断条件1> THEN
    <语句1>;
ELSIF <判断条件2> THEN
    <语句2>;
END_IF;
```

其执行过程是，如果判断条件1为TRUE，则执行语句1；否则，如果判断条件2为TRUE，则执行语句2。二级嵌套也可以使用多级嵌套中的二级嵌套格式。

（2）IF语句的多级嵌套

IF语句的多级嵌套格式如下。

```
IF <判断条件 1> THEN
    <语句 1>;
ELSE
    IF <判断条件 2> THEN
        <语句 2>;
        …
    END_IF;
END_IF;
```

其执行过程是，如果判断条件1为TRUE，则执行语句1；否则，如果判断条件2为TRUE，则执行语句2，以此类推。在使用IF多级嵌套时，要注意将IF与END_IF配对使用，判断条件要覆盖全范围。

例如，根据不同的计数值来决定不同的指示灯状态，编写的ST语言代码如下。

```
IF iCounter<15 THEN
    xLamp := TRUE;
ELSE
    IF iCounter >= 15 AND iCounter <= 20 THEN
        xLamp := xPuls1s;
    ELSE
        IF #iCounter > 20 THEN
        xLamp := FALSE;
        END_IF;
    END_IF;
END_IF;
```

当计数值iCounter小于15时，指示灯常亮；当计数值iCounter在15~20时，指示灯闪烁；当计数值iCounter大于20时，指示灯熄灭。如果没有iCounter > 20这个判断，计数值大于20时，指示灯会一直闪烁。

2.3.2 [实例4] 使用IF语句实现自锁控制

2.3.2.1 控制要求

使用IF语句实现电动机的自锁控制，控制要求如下。

① 当按下"启动"按钮时，电动机通电运转。

▶扫一扫 看视频◀

② 当按下"停止"按钮或电动机发生过载故障时,电动机断电停止。

本实例采用西门子的博途软件进行组态与编程,使用的PLC为S7-1200,其输入/输出端口分配见表2-4。三菱和施耐德PLC的实现请参考视频与程序。

表2-4 使用IF语句实现自锁控制的I/O端口分配表

输入			输出		
输入点	输入器件	作用	输出点	输出器件	控制对象
I0.0	SB1常开触点	启动			
I0.1	SB2常开触点	停止	Q0.0	接触器KM	电动机M
I0.2	KH常闭触点	过载保护			

2.3.2.2 西门子博途软件编程与仿真

打开西门子博途V16,新建一个项目,添加新设备CPU1214C AC/DC/Rly,版本号V4.2,生成了一个站点"PLC_1"。

(1)创建函数"SelfLock"

函数"SelfLock"用于电动机的自锁控制,使用IF语句编写。展开"项目树"下的程序块,双击"添加新块"命令,添加一个"函数FC",命名为"SelfLock",语言选择"SCL",单击"确定"按钮。打开该函数,创建接口参数如图2-44上部表格所示,编写的ST语言代码如图2-44下部所示。当热继电器没有动作、没有按下"停止"按钮时,按下"启动"按钮"xStart","xMotor"为"TRUE",电动机启动。当热继电器常闭触点断开或按下"停止"按钮时,"xMotor"为"FALSE",电动机停止。

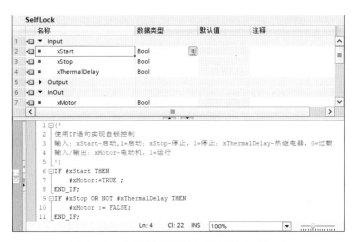

图2-44 使用IF语句编写的函数SelfLock

(2)在循环程序中调用函数

在PLC变量表中按照图2-25创建变量,打开"OB1",从"项目树"下将函数"SelfLock"拖放到程序区。单击PLC变量表,从"详细视图"中将变量拖放到该函数对应的引脚,编写后的代码如下。

```
"SelfLock"(xStart        := "xStart_M1",
           xStop         := "xStop_M1",
           xThermalDelay := "xThermalDelay_M1",
           xMotor        := "xMotor_M1");
```

该实例请按照[实例1]进行仿真。

2.3.3 [实例5] 使用IF语句实现点动与自锁控制

2.3.3.1 控制要求

使用IF语句实现电动机的点动与自锁控制，控制要求如下。

① 当按下"点动"按钮时，电动机通电运转；松开"点动"按钮后，电动机断电停止。

② 当按下"启动"按钮时，电动机通电运转。

③ 当按下"停止"按钮或电动机发生过载故障时，电动机断电停止。

本实例采用西门子的博途软件进行组态与编程，使用的PLC为S7-1200，其输入/输出端口分配见表2-5。三菱和施耐德PLC的实现请参考视频与程序。

表2-5　使用IF语句实现点动与自锁控制的I/O端口分配表

输入			输出		
输入点	输入器件	作用	输出点	输出器件	控制对象
I0.0	SB1常开触点	启动	Q0.0	接触器KM	电动机M
I0.1	SB2常开触点	停止			
I0.2	KH常闭触点	过载保护			
I0.3	SB3常开触点	点动			

2.3.3.2 西门子博途软件编程

打开西门子博途V16，新建一个项目，添加新设备CPU1214C AC/DC/Rly，版本号V4.2，生成了一个站点"PLC_1"。

（1）编写函数块"JogAndSelfLock"

函数块"JogAndSelfLock"用于电动机的点动与自锁控制，使用IF语句编写程序。展开"项目树"下的程序块，双击"添加新块"命令，添加一个"函数块FB"，命名为"JogAndSelfLock"，语言选择"SCL"。

打开函数块"JogAndSelfLock"，新建变量如图2-45上部表格所示。然后在编辑区编写ST语言代码，如图2-45下部所示。在程序中，如果按下"启动"按钮xStart，则自锁标志xSelfLockFlag为TRUE。如果按下"停止"按钮xStop或发生过载（xThermalDelay为FALSE），xSelfLockFlag为FALSE。没有出现过载时（xThermalDelay为TRUE），如果按下"点动"按钮xJog，点动标志xJogFlag为TRUE，否则为FALSE。最后将点动标志与自锁标志进行相或，结果赋值给输出xMotor，对电动机进行控制。

图2-45 使用IF编写的函数块"JogAndSelfLock"

（2）在循环程序中调用函数块

在PLC变量表中按照图2-32创建变量。打开"OB1"，从"项目树"下将函数块"JogAndSelfLock"拖放到程序区，弹出"调用选项"对话框，单击"确定"按钮，添加了该函数块的背景数据块"JogAndSelLock_DB"。单击PLC变量表，从"详细视图"中将变量拖放到该背景数据块对应的引脚。编写后的代码如下。

```
"JogAndSelfLock_DB"(xStart        := "xStart_M1",
                    xStop         := "xStop_M1",
                    xThermalDelay := "xThermalDelay_M1",
                    xJog          := "xJog_M1",
                    xMotor        => "xMotor_M1");
```

该实例请按照[实例2]进行仿真。

2.3.4 [实例6] 位组合成字

2.3.4.1 控制要求

在工业控制系统中，常常需要将位组合成字。例如，每一个离散量报警可以用一个字的某一位表示，该位为1，报警发生；该位为0，报警消失。那么需要将离散的位组合成字，通过通信发送到上位机或主站，以供上位机触发报警。本实例用16个位组合成字，最多可以组态16个离散量报警。

▶扫一扫 看视频◀

本实例采用西门子的博途软件进行组态与编程，使用的PLC为S7-1200，三菱和施耐德PLC的实现请参考视频与程序。

2.3.4.2 西门子位组合成字的方式

西门子的位组合成字实际上是字中取位的逆向过程，同样有3种方式。

（1）使用M存储器中的字

例如，将各个离散量报警赋值给M存储器中的字MW10中的各个位M11.0~M11.7、M10.0~M10.7，则可以使用字MW10在上位机中触发报警。这种方式是梯形图编程中常常采用的方式。

（2）用AT指令重新声明

新建一个函数块"BoolToWord2"，语言选择"SCL"。在"项目树"下该函数块上使用鼠标右键单击，在弹出的快捷菜单中选择"属性"选项。在弹出的对话框中，单击"属性"命令，取消"优化的块访问"的勾选。

创建变量如图2-46上部的接口参数所示，AT指令只能在Output、InOut和Static中使用。在创建变量"wOutputWordAux"时，选择"数据类型"下的"AT"，单击"axInputArrayAux"，就可以添加"AT "axInputArrayAux""，然后选择"数据类型"下的"Word"，则WORD类型中的每一位都与数组中的每一个位元素相对应。编写的SCL程序如图2-46下部编辑区所示。先将输入位数组axInputArray赋值给辅助位数组axInputArrayAux。由于西门子的低位字节占字的高8位，高位字节占字的低8位，故将输出辅助字wOutputWordAux的高低8位交换，赋值给输出字wOutputWord。

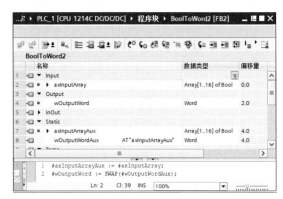

图 2-46　博途中将 BOOL 类型的数组 AT 为字

（3）编写程序

使用AT指令实现位组合成字没有通用性，不能直接移植到其他品牌的PLC中。为了使编写的程序具有通用性，可以使用逻辑运算中的"或"和"与"，将离散量的位组合到字中某一位。如果某一个离散量为1，则取要组合的位为1、其余位为0的字与输出字进行相"或"，那么该位就变为1，其余位不变；如果该离散量为0，则取该位为0、其余位为1的字与输出字进行相"与"，那么该位变为0，其余位不变。例如，需要将某一离散量的状态组合到字wBuffer的第5位，如果该离散量为1，可以使用2#10000 OR wOutputWord；如果该离散量为0，则用2#10000的反状态与wOutputWord进行相"与"。

为了使编写的程序具有通用性，本实例使用了自己编写的程序。

2.3.4.3 西门子博途软件编程

打开西门子博途V16，新建一个项目，添加新设备CPU1214C AC/DC/Rly，版本号V4.2，生成了一个站点"PLC_1"。

（1）编写函数"BoolToWord"

函数"BoolToWord"用于将输入的位数组组合成字。展开在"项目树"下的程序块，双击“添加新块”命令，添加一个“函数FC”，命名为“BoolToWord”，语言选择“SCL”。打开该函数，创建变量如图2-47所示。

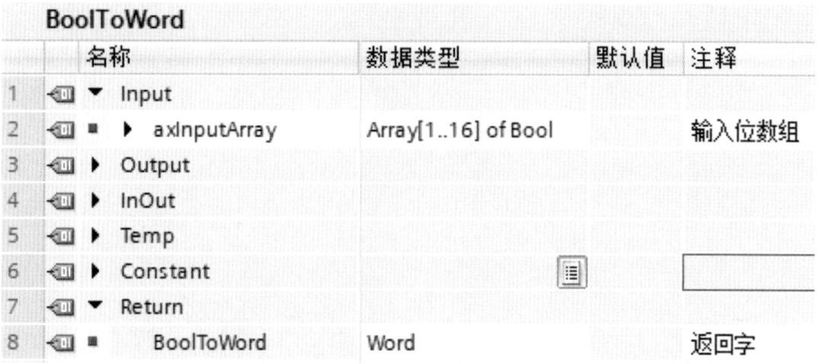

BoolToWord

	名称	数据类型	默认值	注释
1	▼ Input			
2	▸ axInputArray	Array[1..16] of Bool		输入位数组
3	▸ Output			
4	▸ InOut			
5	▸ Temp			
6	▸ Constant			
7	▼ Return			
8	BoolToWord	Word		返回字

图 2-47　博途中的函数“BoolToWord”接口参数

在编辑区编写的ST代码如下。

```
IF #axInputArray[1] THEN #BoolToWord := (#BoolToWord OR 16#0001);
    ELSE #BoolToWord := (#BoolToWord AND (NOT 16#0001));END_IF;
IF #axInputArray[2] THEN #BoolToWord := (#BoolToWord OR 16#0002);
    ELSE #BoolToWord := (#BoolToWord AND (NOT 16#0002));END_IF;
IF #axInputArray[3] THEN #BoolToWord := (#BoolToWord OR 16#0004);
    ELSE #BoolToWord := (#BoolToWord AND (NOT 16#0004));END_IF;
IF #axInputArray[4] THEN #BoolToWord := (#BoolToWord OR 16#0008);
    ELSE #BoolToWord := (#BoolToWord AND (NOT 16#0008));END_IF;
IF #axInputArray[5] THEN #BoolToWord := (#BoolToWord OR 16#0010);
    ELSE #BoolToWord := (#BoolToWord AND (NOT 16#0010));END_IF;
IF #axInputArray[6] THEN #BoolToWord := (#BoolToWord OR 16#0020);
    ELSE #BoolToWord := (#BoolToWord AND (NOT 16#0020));END_IF;
IF #axInputArray[7] THEN #BoolToWord := (#BoolToWord OR 16#0040);
    ELSE #BoolToWord := (#BoolToWord AND (NOT 16#0040));END_IF;
IF #axInputArray[8] THEN #BoolToWord := (#BoolToWord OR 16#0080);
    ELSE #BoolToWord := (#BoolToWord AND (NOT 16#0080));END_IF;
```

```
     IF  #axInputArray[9] THEN        #BoolToWord := (#BoolToWord OR
16#0100);
     ELSE    #BoolToWord := (#BoolToWord AND (NOT 16#0100));END_IF;
   IF  #axInputArray[10] THEN         #BoolToWord := (#BoolToWord OR
16#0200);
     ELSE    #BoolToWord := (#BoolToWord AND (NOT 16#0200));END_IF;
   IF  #axInputArray[11] THEN         #BoolToWord := (#BoolToWord OR
16#0400);
     ELSE    #BoolToWord := (#BoolToWord AND (NOT 16#0400));END_IF;
   IF  #axInputArray[12] THEN         #BoolToWord := (#BoolToWord OR
16#0800);
     ELSE    #BoolToWord := (#BoolToWord AND (NOT 16#0800));END_IF;
   IF  #axInputArray[13] THEN         #BoolToWord := (#BoolToWord OR
16#1000);
     ELSE    #BoolToWord := (#BoolToWord AND (NOT 16#1000));END_IF;
   IF  #axInputArray[14] THEN         #BoolToWord := (#BoolToWord OR
16#2000);
     ELSE    #BoolToWord := (#BoolToWord AND (NOT 16#2000));END_IF;
   IF  #axInputArray[15] THEN         #BoolToWord := (#BoolToWord OR
16#4000);
     ELSE    #BoolToWord := (#BoolToWord AND (NOT 16#4000));END_IF;
   IF  #axInputArray[16] THEN         #BoolToWord := (#BoolToWord OR
16#8000);
     ELSE    #BoolToWord := (#BoolToWord AND (NOT 16#8000));END_IF;
```

编写的代码虽然看起来比较烦琐，但实际使用时可能只用到其中的几位。后面讲到FOR循环，用FOR指令编写的代码就比较简单了。

（2）在循环程序中调用函数

双击"添加新块"命令，添加一个全局数据块，添加Array[1..16] of Bool类型的数组"axInputBitArray"和Word类型的变量"wOutputWord"，如图2-48所示。删除组织块"OB1"，添加一个循环组织块"OB1"，语言选择"SCL"。打开"OB1"，单击数据块，从"详细视图"中将变量拖放到该函数对应的引脚，编写后的代码如下。

```
"数据块_1".wOutputWord := "BoolToWord"("数据块_1".axInputBitArray);
```

2.3.4.4 仿真运行

在"项目树"下的项目上使用鼠标右键单击，在弹出的快捷菜单中选择"属性"→"保护"选项，勾选"块编译时支持仿真"复选框。单击站点"PLC_1"，再单击工具栏中的"启动仿真"按钮▣，将"PLC_1"站点下载到仿真器中。单击工具栏中的▣ 按钮，使PLC运行。

单击数据块工具栏中的"监视"按钮▣，双击"axInputBitArray[16]"～"axInputBitArray[1]"的监视值，将其修改为"2#1000_0101_0011_0001"，监视结果如图2-48所示，则输出字"wOutputWord"为"16#8531"。

	名称	数据类型	起始值	监视值
1	▼ Static			
2	▼ axInputBitArray	Array[1..16] of Bool		
3	axInputBitArray[1]	Bool	false	TRUE
4	axInputBitArray[2]	Bool	false	FALSE
5	axInputBitArray[3]	Bool	false	FALSE
6	axInputBitArray[4]	Bool	false	FALSE
7	axInputBitArray[5]	Bool	false	TRUE
8	axInputBitArray[6]	Bool	false	TRUE
9	axInputBitArray[7]	Bool	false	FALSE
10	axInputBitArray[8]	Bool	false	FALSE
11	axInputBitArray[9]	Bool	false	TRUE
12	axInputBitArray[10]	Bool	false	FALSE
13	axInputBitArray[11]	Bool	false	TRUE
14	axInputBitArray[12]	Bool	false	FALSE
15	axInputBitArray[13]	Bool	false	FALSE
16	axInputBitArray[14]	Bool	false	FALSE
17	axInputBitArray[15]	Bool	false	FALSE
18	axInputBitArray[16]	Bool	false	TRUE
19	wOutputWord	Word	16#0	16#8531

图 2-48 博途中位组合成字的数据块监视

2.3.5 [实例7] 传送带传送方向指示

2.3.5.1 控制要求

传送带传送工件示意图如图2-49所示，PEB1和PEB2为光电开关，用来检测工件；左箭头和右箭头为传送方向指示灯，控制要求如下。

① 当光电开关PEB1先检测到工件、PEB2后检测到工件时，左箭头指示灯亮。

② 当光电开关PEB2先检测到工件、PEB1后检测到工件时，右箭头指示灯亮。

本实例采用西门子的博途软件进行组态与编程，使用的PLC为S7-1200，其输入/输出端口分配见表2-6。三菱和施耐德PLC的实现请参考视频与程序。

▶扫一扫 看视频◀

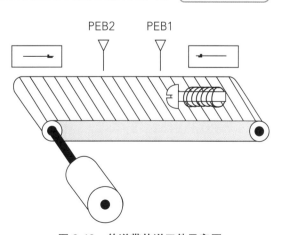

图 2-49 传送带传送工件示意图

表2-6　传送方向指示的I/O端口分配表

输入			输出	
输入点	输入器件	作用	输出点	控制对象
I0.0	光电开关PEB1	辨别方向1	Q0.0	左箭头指示灯HL1
I0.1	光电开关PEB2	辨别方向2	Q0.1	右箭头指示灯HL2

2.3.5.2 西门子博途软件编程

打开西门子博途V16，新建一个项目，添加新设备CPU1214C AC/DC/Rly，版本号V4.2，生成了一个站点“PLC_1”。

（1）创建函数块“TransferDirection”

函数块“TransferDirection”用于根据两个光电开关接通的先后顺序判别传送方向。展开在“项目树”下的程序块，双击“添加新块”命令，添加一个“函数块FB”，命名为“TransferDirection”，语言选择“SCL”。打开该函数块，添加接口参数如图2-50所示，“xPEB1”和“xPEB2”为光电开关的输入，“xLeft”和“xRight”为传送方向输出。

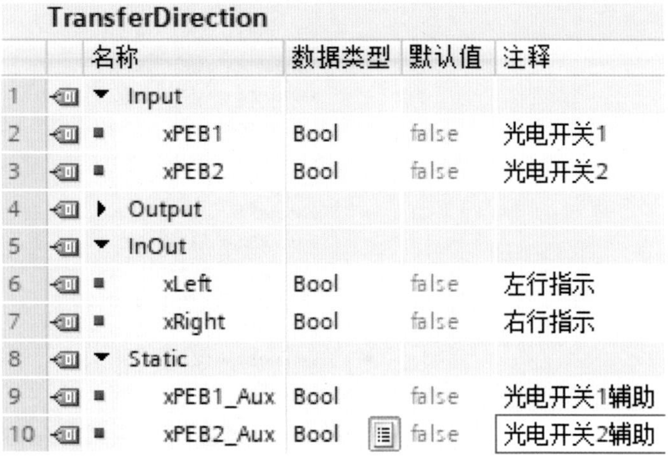
TransferDirection

	名称	数据类型	默认值	注释
1	▼ Input			
2	xPEB1	Bool	false	光电开关1
3	xPEB2	Bool	false	光电开关2
4	▶ Output			
5	▼ InOut			
6	xLeft	Bool	false	左行指示
7	xRight	Bool	false	右行指示
8	▼ Static			
9	xPEB1_Aux	Bool	false	光电开关1辅助
10	xPEB2_Aux	Bool	false	光电开关2辅助

图 2-50　函数块“TransferDirection”的接口参数

在编辑区编写的ST语言代码如下。

```
// 向左传送
IF #xPEB1 = TRUE AND #xPEB2_Aux = FALSE THEN
   #xPEB1_Aux := TRUE; // 为 PEB1 设置辅助标记
   #xLeft := FALSE; // 左箭头指示灯熄灭
   #xRight := FALSE; // 右箭头指示灯熄灭
END_IF;
IF #xPEB1_Aux = TRUE AND #xPEB2 = TRUE THEN // 传送带向左传送
   #xLeft := TRUE; //左箭头指示灯亮
   #xRight := FALSE;//右箭头指示灯熄灭
END_IF;
IF #xLeft = TRUE AND #xPEB2 = FALSE THEN // 复位 PEB1 的辅助标记
   #xPEB1_Aux := FALSE;
END_IF;
```

```
// 向右传送
IF #xPEB2 = TRUE AND #xPEB1_Aux = FALSE THEN
    #xPEB2_Aux := TRUE; // 为 PEB2 设置辅助标记
    #xLeft := FALSE; // 左箭头指示灯熄灭
    #xRight := FALSE; // 右箭头指示灯熄灭
END_IF;
IF #xPEB2_Aux = TRUE AND #xPEB1 = TRUE THEN // 传送带向右传送
    #xLeft := FALSE;// 左箭头指示灯熄灭
    #xRight := TRUE;// 右箭头指示灯亮
END_IF;
IF #xRight = TRUE AND #xPEB1 = FALSE THEN // 复位 PEB2 的辅助标记
    #xPEB2_Aux := FALSE;
END_IF;
```

在程序中，如果右边的光电开关xPEB1先为TRUE，将xPEB1的辅助标记xPEB1_Aux赋值为TRUE。如果xPEB1_Aux为TRUE且左边的光电开关xPEB2为TRUE，则传送带向左传送，xLeft赋值为TRUE，左箭头指示灯亮。如果左边的光电开关xPEB2先为TRUE，将PEB2的辅助标记xPEB2_Aux赋值为TRUE。如果xPEB2_Aux为TRUE且右边的光电开关xPEB1为TRUE，则传送带向右传送，xRight赋值为TRUE，右箭头指示灯亮。

（2）在循环程序中调用函数块

在PLC变量表中按照图2-51所示添加变量。打开"OB1"，从"项目树"下将函数块"TransferDirection"拖放到程序区，弹出"调用选项"对话框，单击"确定"按钮，添加了该函数块的背景数据块"TransferDirection_DB"。单击变量表，从"详细视图"中将变量拖放到该背景数据块对应的引脚，编写后的代码如下。

```
"TransferDirection_DB"(xPEB1  := "xPEBRight",
                       xPEB2  := "xPEBLeft",
                       xLeft  => "xLeftLamp",
                       xRight => "xRightLamp");
```

2.3.5.3　仿真运行

在"项目树"下的项目上使用鼠标右键单击，在弹出的快捷菜单中选择"属性"→"保护"选项，勾选"块编译时支持仿真"复选框。单击站点"PLC_1"，再单击工具栏中的"启动仿真"按钮，打开仿真器。新建一个仿真项目，并将"PLC_1"站点下载到仿真器中。单击工具栏中的按钮，使PLC运行。

打开仿真器项目树下的"SIM表格_1"，单击表格工具栏中的按钮，将项目变量加载到表格中，如图2-51所示。

先单击"xPEBRight"按钮，模拟右边的光电开关先检测到工件，再单击

"xPEBLeft"按钮，左边的光电开关后检测到工件，则"xLeftLamp"为"TRUE"，左箭头指示灯亮，传送带左行。

先单击"xPEBLeft"按钮，模拟左边的光电开关先检测到工件，再单击"xPEBRight"按钮，右边的光电开关后检测到工件，则"xRightLamp"为"TRUE"，右箭头指示灯亮，传送带右行。

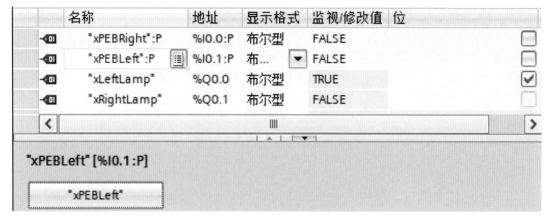

图 2-51　传送方向指示仿真

▶ 2.4　边沿触发

2.4.1　边沿触发指令

边沿触发包括上升沿触发和下降沿触发，捕捉的是BOOL型变量从低电平到高电平或从高电平到低电平变化的瞬间。由于PLC采用循环扫描工作方式，扫描周期一般是毫秒级。因此，当操作人员按下按钮或接近开关、光电开关等传感器检测到工件时，虽然时间很短，但已经循环了很多个周期。有时需要指令只执行一次，例如，使用光电开关检测工件数量，一个工件只计数一次即可。如果检测到一个工件，PLC的计数指令执行了很多次，计数显然是不准确的。可以捕捉从无到有的光电开关信号的这一瞬间，计数指令执行一次，就能实现正确的计数。这就是边沿触发，捕捉的是电平的变化。

2.4.1.1　上升沿

（1）上升沿的梯形图程序

上升沿（R_TRIG）是BOOL型变量从低电平变化到高电平的那一瞬间，在图2-52（a）中，当变量xForwardStart从FALSE变为TRUE时，xForwardOut接通一个扫描周期，并将xForwardStart的本次状态保存到变量xRisingLastStatus中。

图2-52（b）中使用了按IEC 61131.3标准制定的专门函数块R_TRIG（R是Rise的首字母，TRIG是触发的意思），实现的功能与图2-52（a）相同。

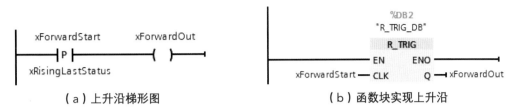

（a）上升沿梯形图　　　　　　　　　（b）函数块实现上升沿

图 2-52　上升沿的梯形图程序

（2）自编标准程序

由于不同PLC之间在使用上升沿功能块指令时需要调用参数实例，并且参数指令之间有所差异，例如，西门子PLC的上升沿ST语言指令为

```
"R_TRIG_DB_1"(CLK := <变量或表达式>, Q =><变量>);
```

三菱PLC的上升沿ST语言指令为

```
R_TRIG_1(_CLK:= <变量或表达式>,Q:= <变量>);
```

从中可以看出，CLK参数和Q输出的符号都是不同的，不便于程序的移植。可以根据上升沿指令的原理，自己编写程序。编写的上升沿ST语言代码如下。

```
xRisingOutput:=xCurrentStatus AND NOT xLastStatus;  // 捕捉上升沿
xLastStatus:=xCurrentStatus; // 更新最后一次状态
```

如果当前信号状态xCurrentStatus为TRUE，最后一次状态xLastStatus为FALSE，表明出现了上升沿，变量xRisingOutput输出为TRUE一个扫描周期，同时将当前信号状态保存到最后一次状态。

2.4.1.2　下降沿

（1）下降沿的梯形图程序

下降沿（F_TRIG）是BOOL型变量从高电平变化到低电平的那一瞬间，在图2-53（a）中，当变量xForwardStart从TRUE变为FALSE时，xForwardOut接通一个扫描周期，并将xForwardStart的本次状态保存到变量xFallingLastStatus中。

图2-53（b）中使用了按IEC 61131-3标准制定的专门函数块F_TRIG（F是Fall的首字母，TRIG是触发的意思），实现的功能与图2-53（a）相同。

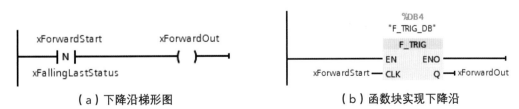

（a）下降沿梯形图　　　　　　　　　（b）函数块实现下降沿

图 2-53　下降沿的梯形图程序

（2）自编标准程序

与上升沿的ST语言指令一样，由于不同PLC之间的ST语言指令存在差异，不便于程序的移植，可以根据下降沿指令的原理，自己编写程序。编写的下降沿ST语言代码如下。

```
xFallingOutput:=NOT xCurrentStatus AND xLastStatus;// 捕捉下降沿
xLastStatus:=xCurrentStatus; // 更新最后一次状态
```

如果当前信号状态xCurrentStatus为FALSE，最后一次状态xLastStatus为TRUE，表明出现了下降沿，变量xFallingOutput输出为TRUE一个扫描周期，同时将当前信号状态保存到最后一次状态。

2.4.2 [实例8] 电动机的正反转控制

▶扫一扫 看视频◀

2.4.2.1 控制要求

电动机的正反转控制是电气控制系统的常见控制之一，本任务应用边沿脉冲指令对电动机进行正反转控制，控制要求如下。

① 当按下"正转"按钮时，电动机正转启动运行。

② 当按下"反转"按钮时，电动机反转启动运行。

③ 当按下"停止"按钮或电动机发生过载故障时，电动机断电停止。

④ 为了减轻正反转换向瞬间电流对电动机的冲击，适当延长变换过程，即在正转转反转时，按下"反转"按钮，先停止正转，延缓片刻松开"反转"按钮时，再接通反转。反转转正转的过程同理。

本实例采用西门子的博途软件进行组态与编程，使用的PLC为S7-1200，其输入/输出端口分配见表2-7。三菱和施耐德PLC的实现请参考视频与程序。

表2-7 电动机正反转控制的I/O端口分配表

输入			输出		
输入点	输入器件	作用	输出点	输出器件	控制对象
I0.0	SB1常开触点	正转	Q0.0	正转接触器KM1	电动机正转
I0.1	SB2常开触点	反转			
I0.2	SB3常开触点	停止	Q0.1	反转接触器KM2	电动机反转
I0.3	KH常闭触点	过载保护			

2.4.2.2 正反转控制梯形图转换为ST语言

根据控制要求设计的梯形图程序如图2-54所示，xThermalDelay使用热继电器的常闭触头输入，上电时其常开触点预先接通。

在程序段1中，当按下"正转"按钮xForwardStart时，下降沿触点没有接通。当松开"正转启动"按钮时，下降沿触点接通一个扫描周期，xForwardOut线圈通电自锁，电动机正转。

在程序段2中，当按下"反转"按钮xBackwardStart时，程序段1中的该变量的常闭触点断开，正转停止。当松开"反转"按钮时，程序段2中的下降沿触点接通一个扫描周期，xBackwardOut线圈通电自锁，电动机反转。反转转正转道理一样。

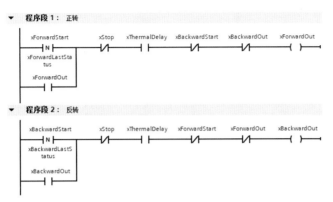

图2-54 正反转控制的梯形图程序

由图2-54的梯形图程序编写的ST语言代码如下。

```
(* 正转启动按钮松开产生的下降沿 *)
xForwardFallingOutput := NOT xForwardStart AND xForwardLastStatus;
xForwardLastStatus := xForwardStart;
(* 正转控制 *)
xForwardOut := (xForwardFallingOutput OR xForwardOut) AND NOT xStop
          AND xThermalDelay AND NOT xBackwardStart AND NOT
xBackwardOut;
(* 反转启动按钮松开产生的下降沿 *)
xBackwardFallingOutput := NOT xBackwardStart AND xBackwardLastStatus;
xBackwardLastStatus := xBackwardStart;
(* 反转控制 *)
xBackwardOut := (xBackwardFallingOutput OR xBackwardOut) AND NOT
xStop
          AND xThermalDelay AND NOT xForwardStart AND NOT
xForwardOut;
```

2.4.2.3 西门子博途软件编程

打开西门子博途V16，新建一个项目，添加新设备CPU1214C AC/DC/Rly，版本号V4.2，生成了一个站点"PLC_1"。

（1）编写函数块"ForwardAndBackward"

函数块"ForwardAndBackward"用于控制电动机的正反转。展开"项目树"下的程序块，双击"添加新块"命令，添加一个"函数块FB"，命名为"ForwardAndBackward"，语言选择"SCL"。

打开该函数块，新建变量如图2-55上部表格所示。然后直接将正反转控制的ST代码粘贴到图2-55下部所示的编辑区即可。

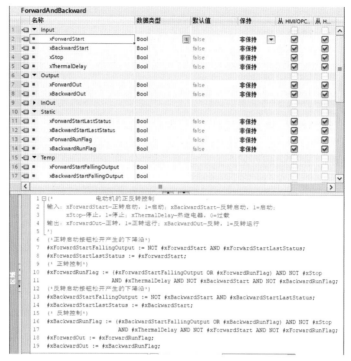

图2-55　正反转控制的函数块"ForwardAndBackward"

（2）在循环程序中调用函数块

在PLC变量表中按照图2-56创建变量。打开"OB1"，从"项目树"下将函数块"ForwardAndBackward"拖放到程序区，弹出"调用选项"对话框，单击"确定"按钮，添加了该函数块的背景数据块"ForwardAndBackward_DB"。单击PLC变量表，从"详细视图"中将变量拖放到该数据块对应的引脚，编写后的代码如下。

```
"ForwardAndBackward_DB"(xForwardStart  := "xForwardStart_M1",
                        xBackwardStart := "xBackwardStart_M1",
                        xStop          := "xStop_M1",
                        xThermalDelay  := "xThermalDelay_M1",
                        xForwardOut    => "xForward_M1",
                        xBackwardOut   => "xBackward_M1");
```

2.4.2.4　仿真运行

在"项目树"下的项目上使用鼠标右键单击，在弹出的快捷菜单中选择"属性"→"保护"选项，勾选"块编译时支持仿真"复选框。单击站点"PLC_1"，再单击工具栏中的"启动仿真"按钮，打开仿真器。新建一个仿真项目，并将"PLC_1"站点下载到仿真器中。单击工具栏中的按钮，使PLC运行。

打开仿真器项目树下的"SIM表格_1"，单击表格工具栏中的 按钮，将项目变量加载到表格中，如图2-56所示。

勾选变量"xThermalDelay_M1（热继电器常闭触点接通）"，按下变量"xForwardStart_M1"按钮，无输出；松开该按钮，变量"xForward_M1"为"TRUE"，电动机正转启动。

按下变量"xBackwardStart_M1"按钮，变量"xForward_M1"为"FALSE"，正转停止；松开该按钮，变量"xBackward_M1"为"TRUE"，电动机反转启动。正转转反转同样道理。

单击变量"xStop_M1"按钮或取消勾选变量"xThermalDelay_M1"，变量"xForward_M1"和"xBackward_M1"均为"FALSE"，电动机停止。

图 2-56　博途中正反转控制的仿真

2.4.3　[实例9]　单按钮启停控制程序

2.4.3.1　控制要求

在实际的设备控制中，由于控制台面积有限，不能安排更多的按钮；同时使用较多按钮会占用更多的PLC输入点，增加成本，这时可以考虑使用单按钮。使用单按钮实现对电动机启动和停止控制的要求如下。

① 第一次按下按钮，电动机启动；第二次按下按钮，电动机停止。

② 当电动机发生过载故障时，电动机断电停止。

本实例采用西门子的博途软件进行组态与编程，使用的PLC为S7-1200，其输入/输出端口分配见表2-8。三菱和施耐德PLC的实现请参考视频与程序。

表2-8　单按钮启动/停止控制的I/O端口分配表

输入			输出		
输入点	输入器件	作用	输出点	输出器件	控制对象
I0.0	SB常开触点	启动/停止	Q0.0	接触器KM	电动机M1
I0.1	KH常闭触点	过载保护			

2.4.3.2 西门子博途软件编程

打开西门子博途V16，新建一个项目，添加新设备CPU1214C AC/DC/Rly，版本号V4.2，生成了一个站点"PLC_1"。

（1）编写函数块"OneButtonStartAndStop"

函数块"OneButtonStartAndStop"用于单按钮启动/停止控制。展开在"项目树"下的程序块，双击"添加新块"命令，添加一个"函数块FB"，命名为"OneButtonStartAndStop"，语言选择"SCL"。打开该函数块，新建变量如图2-57上部表格所示。在编辑区编写的单按钮启动/停止控制的ST代码如图2-57下部所示。

第6~7行用于获取按钮按下时的上升沿。

第9~13行用于启动和停止控制。热继电器没有动作（xThermalDelay为TRUE），如果电动机没有运行（xRunFlag为FALSE），则在按钮按下的上升沿，xButtonRisingEdge与xRunFlag相异，结果为TRUE，电动机启动（xRunFlag为TRUE）。

如果电动机正在运行（xRunFlag为TRUE），第二次按钮按下，xButtonRisingEdge与xRunFlag相同，结果为FALSE，电动机停止（xRunFlag为FALSE）；或者发生了过载（xThermalDelay为FALSE），电动机也停止。

第14行将xRunFlag赋值给输出xMotor，对电动机进行控制。

图 2-57 博途中的函数块"OneButtonStartAndStop"

（2）在循环程序中调用函数块

在PLC变量表中按照图2-58创建变量。打开"OB1"，从"项目树"下将函数块"OneButtonStartAndStop"拖放到程序区，弹出"调用选项"对话框，单击"确定"按钮，添加了该函数块的背景数据块"OneButtonStartAndStop_DB"。单击PLC变量表，从"详细视图"中将变量拖放到背景数据块对应的输入引脚，编写后的代码如下。

```
"OneButtonStartAndStop_DB"(xButton        := "xButton_M1",
                          xThermalDelay := "xThermalDelay_M1",
                          xMotor        => "xMotor_M1");
```

2.4.3.3 仿真运行

在"项目树"下的项目上使用鼠标右键单击，在弹出的快捷菜单中选择"属性"→"保护"选项，勾选"块编译时支持仿真"复选框。单击站点"PLC_1"，再单击工具栏中的"启动仿真"按钮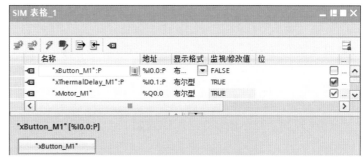，打开仿真器。新建一个仿真项目，并将"PLC_1"站点下载到仿真器中。单击工具栏中的按钮，使PLC运行。

打开仿真器项目树下的"SIM表格_1"，单击表格工具栏中的按钮，将项目变量加载到表格中，如图2-58所示。

勾选变量"xThermalDelay_M1"，单击变量"xButton_M1"的按钮，变量"xMotor_M1"为"TRUE"，电动机启动；第二次单击该按钮，变量"xMotor_M1"为"FALSE"，电动机停止，如此反复。

电动机运行时，取消勾选变量"xThermalDelay_M1"，模拟发生了过载，电动机停止。

图 2-58　单按钮启停控制仿真

2.5 定时器

2.5.1 定时器指令

在IEC 61131.3标准中，制定了脉冲定时器TP、接通延时定时器TON、关断延时定时器TOF和时间累加器TONR。这些定时器实际上是具有背景数据块的函数块。其中，使用最多的是接通延时定时器TON。

2.5.1.1 脉冲定时器TP

脉冲定时器TP的ST语言代码如下。

```
"TP1".TP(IN := _bool_in_, PT := _time_in_, Q => _bool_out_, ET
=> _time_out_);
```

代码中使用的背景数据块为TP1，其工作过程是，当IN输入端出现上升沿时启动定时器，Q输出端在PT设定的时间内为TRUE；延时时间到，Q输出变为FALSE。输出端ET为当前时间。在延时期间，如果IN再出现上升沿，延时不受影响。

2.5.1.2 接通延时定时器TON

接通延时定时器TON的ST代码如下。

```
"TON1".TON(IN := _bool_in_, PT := _time_in_, Q => _bool_out_, ET
=>_time_out_);
```

代码中使用的背景数据块为TON1，其工作过程是，在IN输入端的上升沿开始延时。当当前时间ET等于设定时间PT时，Q输出为TRUE。当IN无输入时，Q变为FALSE。

2.5.1.3 关断延时定时器TOF

关断延时定时器TOF的ST语言代码如下。

```
"TOF1".TOF(IN := _bool_in_,PT := _time_in_, Q => _bool_out_,ET
=> _time_out_);
```

代码中使用的背景数据块为TOF1，其工作过程是，在IN输入端的上升沿，当前时间ET清零，Q输出为TRUE。当IN输入端断开时，以PT设定的时间开始延时。延时时间到，Q输出变为FALSE。如果在关断延时期间，IN输入端接通，ET被清零，Q输出保持为TRUE。

2.5.1.4 时间累加器TONR

时间累加器TONR的ST语言代码如下。

```
"TONR1".TONR(IN := _bool_in_,R:= _bool_in_,PT := _time_in_, Q =>
_bool_out_,ET => _time_out_);
```

代码中使用的背景数据块为TONR1，其工作过程是，在IN输入端的上升沿，当前时间ET开始计时。在延时期间，如果IN输入断开，当前时间ET保持不变。当IN重新接通时，在当前时间ET的基础上继续延时，直到当前时间等于设定时间PT，Q输出变为TRUE。当R输入端有输入时，TONR被复位，ET被清零，Q输出变为FALSE。

2.5.1.5 定时器引脚的使用

在ST语言中，定时器的引脚使用非常灵活，可以使用以下几种方式。

（1）全引脚赋值

```
"TON1".TON(IN :="xTimerIN",PT :="tTimerPT",Q => "xTimerQ",ET =>
"tTimerET");
```

（2）部分引脚赋值

```
"TON1".TON(IN := "xTimerIN",PT := "tTimerPT");
        "xTimerQ" := "TON1".Q;
        "tTimerET" := "TON1".ET;
```

（3）直接在其他语句中调用输出引脚

```
"TON1".TON(IN := "xTimerIN", PT := "tTimerPT");
IF "TON1".Q THEN
    "xVar1" := TRUE;
END_IF;
```

（4）产生振荡脉冲

```
"TON1".TON(IN := NOT "TON1".Q, PT := "tTimerPT");
```

2.5.1.6 使用定时器的注意事项

（1）定时器输出Q应在定时器前面使用

例如，在使用振荡脉冲时，要将"TON1".Q放在TON定时器前面。如果放在定时器后面，输出Q不起作用。以每5s变量加1为例，图2-59（a）为"TON1".Q在定时器后面的执行结果，变量iVar2一直没有执行加1运算。这是因为如果放在TON定时器后面，延时时间到，下一个扫描周期定时器已经复位，输出Q会一直为FALSE。图2-59（b）为"TON1".Q在定时器前面的执行结果，变量iVar2执行了每5s加1运算。

（a）"TON1".Q 在定时器后面   （b）"TON1".Q 在定时器前面

图 2-59　"TON1".Q 在定时器前后的执行结果

在编写程序时，根据逻辑关系习惯于将定时器输出Q放在定时器后面，可以使用如下代码实现。

```
"TON1".TON(IN:=NOT "xVar",
           PT:=T#5S,
           Q=>"xVar");
IF "xVar" THEN
    "iVar2" := "iVar2" + 1;
END_IF;
```

程序中使用了变量xVar进行过渡，延时时间到，xVar为TRUE。下一个扫描周期，定时器复位，由于还没有刷新存储器，xVar仍然为TRUE，变量iVar2执行加1运算。

（2）不能在IF语句中使用定时器

定时器的触发是通过IN输入端来实现的，如果定时器在IF语句中使用，当判断条件为FALSE时，定时器不会复位。这是因为当判断条件为FALSE时，定时器指令不再继续执行，也就无法复位。例如，要实现xVar1为TRUE时，xVar2为TRUE，经过5s，xVar3为TRUE；xVar1为FALSE时，xVar2和xVar3均为FALSE。编写代码如图2-60所示，定时器放在IF语句中，xVar1为FALSE时，定时器的IN输入并没有断开，定时器没有复位，xVar3仍然为TRUE。要实现该控制功能，只需将定时器指令放在IF语句外面即可。

图2-60　定时器在IF语句中使用的执行结果

2.5.2　[实例10]　任意周期脉冲输出

2.5.2.1　控制要求

当接通启动开关时，按照设定的高低电平时间输出脉冲。

本实例采用西门子的博途软件进行组态与编程，使用的PLC为晶体管输出的CPU1212C DC/DC/DC，版本号为V4.4，其输入/输出端口分配见表2-9。三菱和施耐德PLC的实现请参考视频与程序。

表2-9　任意周期脉冲输出的I/O端口分配表

输入			输出	
输入点	输入器件	作用	输出点	控制对象
I0.0	SA开关	启动停止	Q0.0	输出脉冲

2.5.2.2　西门子博途软件编程

打开西门子博途V16，新建一个项目，添加新设备CPU1212C DC/DC/DC，版本号V4.4，生成了一个站点"PLC_1"。

（1）编写函数块"PulsOut"

函数块"PulsOut"用于输出任意周期脉冲。展开在"项目树"下的程序块，双击"添加新块"命令，添加一个"函数块FB"，命名为"PulsOut"，语言选择"SCL"。

打开该函数块，创建变量如图2-61上部表格所示。在编辑区编写的ST代码如图2-61下部所示。在编写程序时，将接通延时定时器"TON"拖放到编辑区，弹出"调用选项"对话框，选择"多重实例"，修改实例名称为"T1"，则在接口

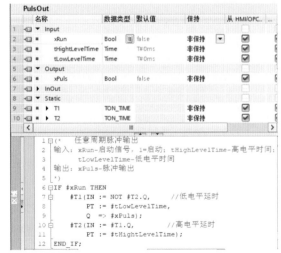

图2-61　函数块"PulsOut"

参数区的"Static"下自动添加了该实例名T1。程序控制原理如下。

如果xRun为TRUE，定时器T1开始延时，xPuls输出低电平，延时时间为低电平时间tLowLevelTime；延时时间到，xPuls输出高电平，同时T2开始延时，延时时间为高电平时间tHighLevelTime。T2延时时间到，T1的IN断开，T1、T2都复位，开始进入下一个周期。

（2）在循环程序中调用函数块

在PLC变量表中按照图2-62创建变量。打开"OB1"，从"项目树"下将函数块"PulsOut"拖放到程序区，弹出"调用选项"对话框，单击"确定"按钮，添加了该函数块的背景数据块"PulsOut_DB"。单击PLC变量表，从"详细视图"中将变量拖放到背景数据块对应的引脚，编写的ST语言代码如下。

```
"PulsOut_DB"(xRun          := "xStart",
            tHightLevelTime := T#10s,
            tLowLevelTime  := T#20s,
            xPuls           => "xPulsOut");
```

程序中设置高电平时间为10s，低电平时间为20s。

2.5.2.3 仿真运行

在"项目树"下的项目上使用鼠标右键单击，在弹出的快捷菜单中选择"属性"→"保护"选项，勾选"块编译时支持仿真"复选框。单击站点"PLC_1"，再单击工具栏中的"启动仿真"按钮🖳，打开仿真器。新建一个仿真项目，并将"PLC_1"站点下载到仿真器中。单击工具栏中的🖳按钮，使PLC运行。

打开仿真器项目树下的"SIM表格_1"，单击表格工具栏中的🖳按钮，将项目变量加载到表格中，如图2-62所示。

勾选变量"xStart"，定时器T1开始延时，输出变量"xPulsOut"为"FALSE"，低电平输出。T1延时20s时间到，"xPulsOut"为"TRUE"，高电平输出，同时T2开始延时10s。T2延时时间到，进入下一个周期。

名称	地址	显示格	监视/修改值	位
"PulsOut_DB".T1.ET		时间	T#20S	
"PulsOut_DB".T2.ET		时间	T#5S_957MS	
"xStart":P	%I0.0:P	布… ▼	TRUE	☑
"xPulsOut"	%Q0.0	布尔型	TRUE	☑

图 2-62 任意周期脉冲输出仿真

2.5.3 [实例11] 停机时风机对主电机延时冷却

2.5.3.1 控制要求

某设备有主电动机和冷却风机，要求启动时主电动机和冷却风机同时启动；停止时主电动机先停止，冷却风机延时一段时间后再停止。

本实例采用西门子的博途软件进行组态与编程，使用的PLC为S7-

1200，其输入/输出端口分配见表2-10。三菱和施耐德PLC的实现请参考视频与程序。

表2-10　主电动机停止风机冷却控制的I/O端口分配表

输入			输出		
输入点	输入器件	作用	输出点	输出器件	控制对象
I0.0	SB1常开触点	启动	Q0.0	接触器KM1	主电机M1
I0.1	SB2常开触点	停止	Q0.1	接触器KM2	风机M2
I0.2	KH常闭触点	过载保护			

2.5.3.2 西门子博途软件编程

打开西门子博途V16，新建一个项目，添加新设备CPU1214C AC/DC/Rly，版本号V4.2，生成了一个站点“PLC_1”。

（1）编写函数块“MainMotorCooling”

函数块“MainMotorCooling”用于对主电动机和冷却风机的控制。展开“项目树”下的程序块，双击“添加新块”命令，添加一个“函数块FB”，命名为“MainMotorCooling”，语言选择“SCL”。打开该函数块，新建变量如图2-63所示。在编写程序时，将关断延时定时器“TOF”拖放到编辑区，弹出“调用选项”对话框，选择“多重实例”，修改实例名称为“TOF1”，则在接口参数区的“Static”下自动添加了该实例名“TOF1”。

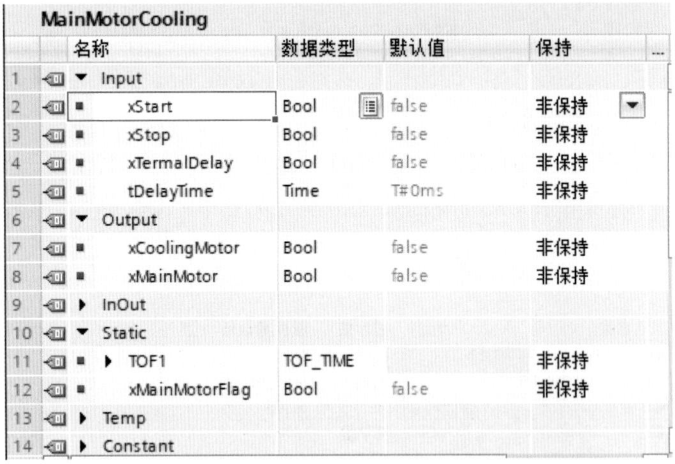
MainMotorCooling

	名称	数据类型	默认值	保持
1	▼ Input			
2	xStart	Bool	false	非保持
3	xStop	Bool	false	非保持
4	xTermalDelay	Bool	false	非保持
5	tDelayTime	Time	T#0ms	非保持
6	▼ Output			
7	xCoolingMotor	Bool	false	非保持
8	xMainMotor	Bool	false	非保持
9	▶ InOut			
10	▼ Static			
11	▶ TOF1	TOF_TIME		非保持
12	xMainMotorFlag	Bool	false	非保持
13	▶ Temp			
14	▶ Constant			

图2-63　函数块“MainMotorCooling”接口参数

在编辑区编写的ST代码如下。

```
(*              停机时风机对主电动机延时冷却
输入：xStart—启动，1=启动；xStop—停止，1=停止；
      xThermalDelay—热继电器，0=过载；tDelayTime—延时冷却时间
输出：xCoolingMotor—冷却风机，1=运行；xMainMotor—主电机，1=运行
```

```
*)
// 启动停止控制
IF #xStart AND #xTermalDelay THEN
    #xMainMotorFlag := TRUE;
ELSIF #xStop OR NOT #xTermalDelay THEN
    #xMainMotorFlag := FALSE;
END_IF;
#xMainMotor := #xMainMotorFlag;
// 主电动机启动, 风机启动; 主电动机停止, 风机延时停止
#TOF1(IN := #xMainMotorFlag,
      PT := #tDelayTime,
      Q  => #xCoolingMotor);
```

在程序中, 当热继电器接通时 (xThermalDelay为TRUE), 按下"启动"按钮 xStart, 主电动机标志xMainMotorFlag为TRUE。当按下"停止"按钮xStop或热继电器断开, xMainMotorFlag为FALSE。将xMainMotorFlag赋值给xMainMotor, 输出控制主电动机。

然后调用关断延时定时器TOF。当主电动机标志xMainMotorFlag为TRUE时, 风机 xCoolingMotor也为TRUE, 主电动机和风机同时启动。停止时, 主电动机先停止, 延时 tDelayTime设定的时间对主电动机进行冷却, 延时到, 风机才停止。

(2) 在循环程序中调用函数块

在PLC变量表中按照图2-64创建变量。打开"OB1", 从"项目树"下将函数块"MainMotorCooling"拖放到程序区, 弹出"调用选项"对话框, 单击"确定"按钮, 添加了该函数块的背景数据块"MainMotorCooling_DB"。单击PLC变量表, 从"详细视图"中将变量拖放到背景数据块对应的引脚, 编写后的代码如下。

```
"MainMotorCooling_DB"(xStart       := "xStartM",
                xStop        := "xStopM",
                xTermalDelay := "xThermalDelayM",
                tDelayTime   := T#10s,
                xCoolingMotor => "xCoolingMotorM",
                xMainMotor   => "xMainMotorM");
```

2.5.3.3 仿真运行

在"项目树"下的项目上使用鼠标右键单击, 在弹出的快捷菜单中选择"属性"→"保护"选项, 勾选"块编译时支持仿真"复选框。单击站点"PLC_1", 再单击工具栏中的"启动仿真"按钮█, 打开仿真器。新建一个仿真项目, 并将"PLC_1"站点下载到仿真器中。单击工具栏中的█按钮, 使PLC运行。

打开仿真器项目树下的"SIM表格_1"，单击表格工具栏中的 按钮，将项目变量加载到表格中，如图2-64所示。

勾选变量"xThermalDelayM"，单击变量"xStartM"按钮，变量"xMainMotorM"和"xCoolingMotorM"同时为"TRUE"，主电动机和风机同时启动。

单击变量"xStopM"按钮或取消勾选变量"xThermalDelayM"，变量"xMainMotorM"为"FALSE"，主电动机停止，同时定时器开始延时。延时时间到，"xCoolingMotorM"为"FALSE"，风机停止。

图2-64　风机对主电动机延时冷却仿真

2.5.4　[实例12]　电动机的顺序启动控制

▶扫一扫　看视频◀

2.5.4.1　控制要求

某生产设备有三台电动机，控制要求如下。

① 当按下"启动"按钮时，电动机M1启动；当电动机M1运行5s后，电动机M2启动；当电动机M2运行10s后，电动机M3启动。

② 当按下"停止"按钮时，3台电动机同时停止。

③ 在启动过程中，指示灯HL常亮，表示"正在启动中"；启动过程结束后，指示灯HL熄灭；当某台电动机出现过载故障时，全部电动机均停止，指示灯HL闪烁，表示"出现过载故障"。

本实例采用西门子的博途软件进行组态与编程，使用的PLC为S7-1200，其输入/输出端口分配见表2-11。三菱和施耐德PLC的实现请参考视频与程序。

表2-11　电动机顺序启动控制的I/O端口分配表

输入			输出		
输入点	输入器件	作用	输出点	输出器件	控制对象
I0.0	SB1常开触点	启动	Q0.0	接触器KM1	电动机M1
I0.1	SB2常开触点	停止	Q0.1	接触器KM2	电动机M2
I0.2	KH1~KH3常闭触点串联	过载保护	Q0.2	接触器KM3	电动机M3
—	—	—	Q0.3	指示灯HL	启动和故障指示灯

2.5.4.2 自编定时器代码

使用各自厂家的PLC定时器编写程序，移植代码时非常麻烦，需要修改很多地方。各自厂家的PLC都有时钟脉冲，例如西门子PLC有默认的M0.0（周期100ms）、M0.5（周期1s）等，三菱FX PLC有M8011（周期10ms）、M8012（周期100ms）、M8013（周期1s）等。施耐德使用函数块"BLINK"能够产生任意周期的脉冲。可以利用这些时钟脉冲编写定时器代码，便于移植。编写以1s脉冲输入的TON定时器的代码如下。

```
(*                        1s 脉冲输入的 TON 定时器
输入: xTimerIN—输入, BOOL; iTimerPT_S—设定值, INT; xPuls1s—1s 脉冲, BOOL
输入 / 输出: iTimerET—当前值, INT
输出: xTimerQ—输出, BOOL    * )
// 获取秒脉冲上升沿
#xPuls1sRisingEdge := #xPuls1s AND NOT #xPuls1sLastStatus;
#xPuls1sLastStatus := #xPuls1s;
// 每秒当前计数值加 1
IF (NOT #xTimerIN) THEN
    #iTimerET := 0;
    #xTimerQ := FALSE;
ELSIF (#xTimerIN AND #xPuls1sRisingEdge AND NOT #xTimerQ) THEN
    #iTimerET := #iTimerET + 1;
    #xTimerQ := #iTimerET >= #iTimerPT_S;
END_IF;
```

在程序中，首先获取秒脉冲的上升沿。如果定时器xTimerIN没有输入，当前值iTimerET清零，输出xTimerQ为FALSE。否则，如果定时器xTimerIN有输入，在秒脉冲的上升沿定时器当前值iTimerET加1。当前值iTimerET大于等于设定值iTimerPT_S时，输出xTimerQ为TRUE。为了避免计数溢出，判断条件加了NOT #xTimerQ，延时时间到，不再计数。

2.5.4.3 西门子博途软件编程

打开西门子博途V16，新建一个项目，添加新设备CPU1214C AC/DC/Rly，版本号V4.2，生成了一个站点"PLC_1"。在设备视图的巡视窗口中，单击"系统和时钟存储器"选项，勾选"启用时钟存储器字节"复选框。

（1）编写函数块"SequenceStartup"

函数块"SequenceStartup"用于控制电动机的顺序启动。展开"项目树"下的程序块，双击"添加新块"命令，添加一个"函数块FB"，命名为"SequenceStartup"，语言选择"SCL"。

打开该函数块，新建接口参数变量如图2-65所示。输入参数"xStart"为启动、"xStop"为停止、"xThermalDelay"为热继电器、"xPuls1s"为秒脉冲、"iTimerPT1_

S"为第一台电动机启动后到第二台电动机启动的时间、"iTimerPT2_S"为第二台电动机启动后到第三台电动机启动的时间;输出参数"xMotor1"~"xMotor3"用于控制三台电动机,"xLamp"用于控制启动和故障指示灯。

		名称	数据类型	默认值	保持
		SequenceStartup			
1	▼	Input			
2	■	xStart	Bool	false	非保持
3	■	xStop	Bool	false	非保持
4	■	xThermalDelay	Bool	false	非保持
5	■	xPuls1s	Bool	false	非保持
6	■	iTimerPT1_S	Int	0	非保持
7	■	iTimerPT2_S	Int	0	非保持
8	▼	Output			
9	■	xMotor1	Bool	false	非保持
10	■	xMotor2	Bool	false	非保持
11	■	xMotor3	Bool	false	非保持
12	■	xLamp	Bool	false	非保持
13	▶	InOut			
14	▼	Static			
15	■	xMotor1Flag	Bool	false	非保持
16	■	xMotor2Flag	Bool	false	非保持
17	■	xMotor3Flag	Bool	false	非保持
18	■	xPuls1sLastStatus	Bool	false	非保持
19	■	iTimerET1	Int	0	非保持
20	■	xTimerQ1	Bool	false	非保持
21	■	iTimerET2	Int	0	非保持
22	■	xTimerQ2	Bool	false	非保持
23	▼	Temp			
24	■	xPuls1sRisingEdge	Bool		

图2-65 函数块"SequenceStartup"的接口参数

在编辑区编写的ST代码如下。

```
(*                          三台电动机顺序启动
输入:xStart—启动,1=启动;xStop—停止,1=停止;
      xThermalDelay—热继电器,0=过载;xPlus1s—秒脉冲;
      iTimerPT1—定时时间1,整数;iTimerPT2—定时时间2,整数
输出:xLamp—指示灯;输入/输出:xMotor1~xMotor3—三台电动机,BOOL
*)
(* 第一台电动机启动停止控制。当热继电器接通时按下"启动"按钮xStart,电动
机xMotor1Flag为TRUE。当按下"停止"按钮xStop或热继电器断开时,
xMotor1Flag为FALSE。*)
IF #xStart AND #xThermalDelay THEN
    #xMotor1Flag := TRUE;
ELSIF #xStop OR NOT #xThermalDelay THEN
    #xMotor1Flag := FALSE;
END_IF;
```

// 第二台电动机的延时启动控制

// 获取秒脉冲上升沿

```
#xPuls1sRisingEdge := #xPuls1s AND NOT #xPuls1sLastStatus;
#xPuls1sLastStatus := #xPuls1s;
```

// 如果第一台电动机没有启动，定时器当前值和输出都清零

```
IF (NOT #xMotor1Flag) THEN
    #iTimerET1 := 0;
    #xTimerQ1 := FALSE;
```

(* 否则，如果第一台电动机启动、定时器没有输出，每秒当前值加 1。如果当前值大于等于设定值，定时器输出 xTimerQ1 为 TRUE，不再计数。*)

```
ELSIF (#xMotor1Flag AND #xPuls1sRisingEdge AND NOT #xTimerQ1) THEN
    #iTimerET1 := #iTimerET1 + 1;
    #xTimerQ1 := #iTimerET1 >= #iTimerPT1_S;
END_IF;
#xMotor2Flag := #xTimerQ1;// 定时器输出控制第二台电动机
```

// 第三台电动机的延时启动

```
IF (NOT #xMotor2Flag) THEN
    #iTimerET2 := 0;
    #xTimerQ2 := false;
ELSIF (#xMotor2Flag AND #xPuls1sRisingEdge AND NOT #xTimerQ2) THEN
    #iTimerET2 := #iTimerET2 + 1;
    #xTimerQ2 := #iTimerET2 >= #iTimerPT2_S;
END_IF;
#xMotor3Flag := #xTimerQ2;
```

(* 启动过程指示和报警指示。如果热继电器没有输入，包括发生了过载，指示灯秒闪烁。如果第一台电动机启动同时第三台电动机还没有启动，说明正在启动过程中，指示灯常亮。第三台电动机启动后，启动过程结束，指示灯熄灭。*)

```
IF NOT #xThermalDelay THEN
    #xLamp := #xPuls1s;
ELSE
    IF #xMotor1Flag AND NOT #xMotor3Flag THEN
        #xLamp := TRUE;
    ELSE
        #xLamp := FALSE;
    END_IF;
END_IF;
```

```
// 将三台电动机的运行标志赋值给输出。
#xMotor1 := #xMotor1Flag;
#xMotor2 := #xMotor2Flag;
#xMotor3 := #xMotor3Flag;
```

在程序中，首先是启动停止控制。在未过载情况下，如果按下"启动"按钮（xStart为TRUE），第一台电动机的状态xMotor1Flag为TRUE，电动机启动。如果按下"停止"按钮（xStop为TRUE），或者发生过载（xThermalDelay为FALSE），第一台电动机的状态xMotor1Flag为FALSE，电动机停止。

如果第一台电动机启动，开始使用自编定时器对秒脉冲计数。如果计数到设定值iTimerPT1_S，则延时时间到，第二台电动机的状态xMotor2Flag为TRUE，第二台电动机启动。

如果第二台电动机启动，开始使用自编定时器对秒脉冲计数。如果计数到设定值iTimerPT2_S，则延时时间到，第三台电动机的状态xMotor3Flag为TRUE，第三台电动机启动，顺序启动完成。

然后是对启动和过载指示灯的控制。如果发生过载（xThermalDelay为FALSE），xLamp为秒脉冲闪烁。否则，如果第一台电动机启动（xMotor1Flag为TRUE）而第三台电动机未启动（xMotor3Flag为FALSE），则xLamp为TRUE，指示灯常亮；如果第三台电动机启动，则顺序启动结束，指示灯熄灭。

最后将三台电动机的运行状态赋值给输出，控制三台电动机的启动和停止。

（2）在循环程序中调用函数块

在PLC变量表中按照图2-66创建变量。打开"OB1"，从"项目树"下将函数块"SequenceStartup"拖放到程序区，弹出"调用选项"对话框，单击"确定"按钮，添加了该函数块的实例"SequenceStartup_DB"。单击PLC变量表，从"详细视图"中将变量拖放到函数块"SequenceStartup"对应的引脚，编写后的代码如下。

```
"SequenceStartup_DB"(xStart        := "xStart_M",
                     xStop         := "xStop_M",
                     xThermalDelay := "xThermalDelay_M",
                     xPuls1s       := "Clock_1Hz",
                     iTimerPT1_S   := 5,
                     iTimerPT2_S   := 10,
                     xLamp         => "xStartAndFaultLamp",
                     xMotor1       => "xMotor_M1",
                     xMotor2       => "xMotor_M2",
                     xMotor3       => "xMotor_M3");
```

2.5.4.4 仿真运行

在"项目树"下的项目上使用鼠标右键单击，在弹出的快捷菜单中选择"属性"→"保护"选项，勾选"块编译时支持仿真"复选框。单击站点"PLC_1"，再单击工具栏中的"启动仿真"按钮█，打开仿真器。新建一个仿真项目，并将"PLC_1"站点下载到仿真器中。单击工具栏中的█按钮，使PLC运行。

打开仿真器项目树下的"SIM表格_1"，单击表格工具栏中的█按钮，将项目变量加载到表格中，如图2-66所示。

勾选变量"xThermalDelay_M"，单击变量"xStart_M"按钮，变量"xMotor_M1"为"TRUE"，第一台电动机启动。同时"xStartAndFaultLamp"为"TRUE"，正在启动过程中指示灯亮。经过5s，变量"xMotor_M2"为"TRUE"，第二台电动机启动；再经过10s，变量"xMotor_M3"为"TRUE"，第三台电动机启动，同时"xStartAndFaultLamp"为"FALSE"，启动过程结束，指示灯熄灭。

单击变量"xStop_M"的按钮，变量"xMotor_M1"～"xMotor_M3"均为"FALSE"，三台电动机同时停止。

运行时，取消勾选变量"xThermalDelay_M"，三台电动机同时停止，"xStartAndFaultLamp"开始闪烁，过载保护报警。

图 2-66 顺序启动控制仿真

2.5.5 [实例13] 电动机的Y-△降压启动控制

2.5.5.1 控制要求

电动机的Y-△降压启动控制也是电气控制系统常见的控制，某Y-△降压启动控制要求如下。

① 当按下"启动"按钮SB1时，电动机Y形连接启动，6s后自动转为△形连接运行。

② 当按下"停止"按钮SB2时，电动机停机。

③ 指示灯在启动过程中亮，启动结束时灭。如果电动机发生过载，停机并且灯光闪烁报警。

本实例采用西门子的博途软件进行组态与编程，使用的PLC为S7-1200，其输入/输出端口分配见表2-12。三菱和施耐德PLC的实现请参考视频与程序。

表2-12　电动机Y-△降压启动控制的I/O端口分配表

输入			输出		
输入端子	输入元件	作用	输出端子	输出元件	作用
I0.0	SB1常开触点	启动	Q0.0	接触器KM1	电源接触器
I0.1	SB2常开触点	停止	Q0.1	接触器KM2	Y形启动
I0.2	KH常闭触点	过载保护	Q0.2	接触器KM3	△形运行
—	—	—	Q0.3	指示灯HL	启动/过载保护报警

2.5.5.2 西门子博途软件编程

打开西门子博途V16，新建一个项目，添加新设备CPU1214C AC/DC/Rly，版本号V4.2，生成了一个站点"PLC_1"。在设备视图的属性窗口中，单击"系统和时钟存储器"选项，勾选"启用时钟存储器字节"复选框。

（1）编写函数块"StarToTriangleStartup"

函数块"StarToTriangleStartup"用于对电动机进行Y-△降压启动控制。展开"项目树"下的程序块，双击"添加新块"命令，添加一个"函数块FB"，命名为"StarToTriangleStartup"，语言选择"SCL"。

打开该函数块，新建接口参数变量如图2-67所示。输入参数"xStart"为启动、"xStop"为停止、"xThermalDelay"为热继电器、"xPuls1s"为秒脉冲、"iTimerPT_S"为电动机Y形启动后转换为△形运行的时间；输出参数"xMainContactor"用于主接触器控制、"xStarContactor"用于Y形接触器控制、"xTriangleContactor"用于△形接触器控制，"xLamp"用于控制启动和故障指示灯。

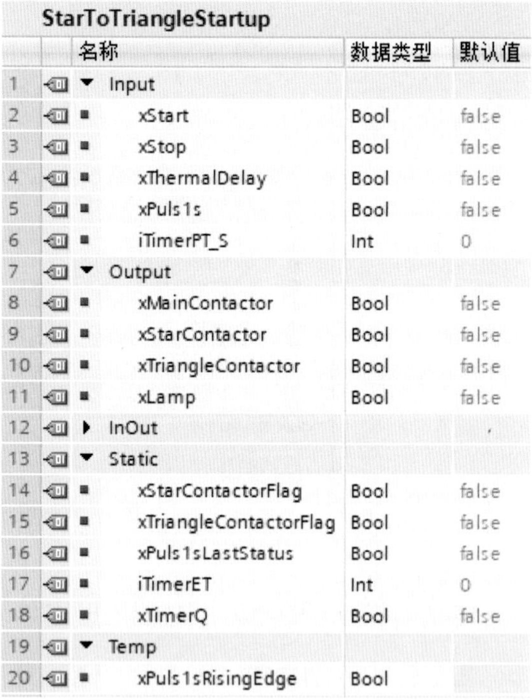

在编辑区编写的ST代码如下所示。

StarToTriangleStartup			数据类型	默认值
		名称		
1	▼	Input		
2	■	xStart	Bool	false
3	■	xStop	Bool	false
4	■	xThermalDelay	Bool	false
5	■	xPuls1s	Bool	false
6	■	iTimerPT_S	Int	0
7	▼	Output		
8	■	xMainContactor	Bool	false
9	■	xStarContactor	Bool	false
10	■	xTriangleContactor	Bool	false
11	■	xLamp	Bool	false
12	▶	InOut		
13	▼	Static		
14	■	xStarContactorFlag	Bool	false
15	■	xTriangleContactorFlag	Bool	false
16	■	xPuls1sLastStatus	Bool	false
17	■	iTimerET	Int	0
18	■	xTimerQ	Bool	false
19	▼	Temp		
20	■	xPuls1sRisingEdge	Bool	

图2-67　函数块"StarToTriangleStartup"接口参数

```
(*                            电动机 Y- △降压启动
输入：xStart—启动，1= 启动；xStop—停止，1= 停止；
      xThermalDelay—热继电器，0= 过载；xPlus1s—秒脉冲；
      iTimerPT—定时时间，整数
输出：xMainContactor—主接触器；xStarContactor—Y 形接触器；
      xTriangleContactor—△形接触器；xLamp—指示灯
*)
```

（* 如果热继电器有输入、△形接触器未接通，按下"启动"按钮，主接触器和Y形接触器吸合，电动机Y形启动。如果按下"停止"按钮或热继电器没有输入，主接触器、Y形接触器和△形接触器断电，电动机停止。*）

```
IF #xStart AND #xThermalDelay AND NOT #xTriangleContactorFlag THEN
    #xMainContactor := TRUE;
    #xStarContactorFlag := TRUE;
ELSIF #xStop OR NOT #xThermalDelay THEN
    #xMainContactor := FALSE;
    #xStarContactorFlag := FALSE;
    #xTriangleContactorFlag := FALSE;
END_IF;
//Y形启动后延时
// 获取秒脉冲上升沿
#xPuls1sRisingEdge := #xPuls1s AND NOT #xPuls1sLastStatus;
#xPuls1sLastStatus := #xPuls1s;
// 如果Y形接触器未吸合，定时器当前值和输出都清零
IF (NOT #xStarContactorFlag) THEN
    #iTimerET := 0;
    #xTimerQ := FALSE;
```

（* 否则，如果Y形接触器吸合、定时器没有输出，每秒当前值加1。如果当前值大于等于设定值，定时器输出为TRUE，并且不再计数。*）

```
ELSIF (#xStarContactorFlag AND #xPuls1sRisingEdge AND NOT
#xTimerQ) THEN
    #iTimerET := #iTimerET + 1;
    #xTimerQ := #iTimerET >= #iTimerPT_S;
END_IF;
```

// 延时时间到，切换为△形运行。如果定时器输出为TRUE，Y形接触器释放，△形接触器吸合

```
IF #xTimerQ THEN
    #xStarContactorFlag := FALSE;
    #xTriangleContactorFlag := TRUE;
END_IF;
```

// 热继电器断开，指示灯闪烁；启动过程中，指示灯常亮

```
IF NOT #xThermalDelay THEN
    #xLamp := #xPuls1s;
ELSE
    IF #xStarContactorFlag AND NOT #xTriangleContactorFlag THEN
```

```
            #xLamp := TRUE;
        ELSE
            #xLamp := FALSE;
        END_IF;
    END_IF;
    // 输出
    #xStarContactor := #xStarContactorFlag;
    #xTriangleContactor := #xTriangleContactorFlag;
```

在程序中，首先是启动停止控制。在未过载和未在△形运行情况下，如果按下"启动"按钮（xStart为TRUE），xMainContactor和xStarContactorFlag为TRUE，电动机Y形启动。如果按下"停止"按钮（xStop为TRUE）或者发生过载（xThermalDelay为FALSE），xMainContactor、xStarContactorFlag、xTriangleContactorFlag均为FALSE，电动机停止。

然后获取秒脉冲的上升沿并使用自编定时器进行延时。延时时间到，xStarContactorFlag为FALSE，Y形接触器断开；xTriangleContactorFlag为TRUE，△形接触器接通，由Y形启动切换为△形运行。

接下来是对启动和过载指示灯的控制。如果发生过载（xThermalDelay为FALSE），xLamp为秒脉冲闪烁。否则，如果Y形启动（xStarContactorFlag为TRUE）而△形未接通（xTriangleContactorFlag为FALSE），则xLamp为TRUE，指示灯常亮；如果△形接通，则Y-△降压启动结束，指示灯熄灭。

最后将Y形和△形的状态赋值给输出，控制电动机的Y形和△形连接。

（2）在循环程序中调用函数块

在PLC变量表中按照图2-68创建变量。打开"OB1"，从"项目树"下将函数块"StarToTriangleStartup"拖放到程序区，弹出"调用选项"对话框，单击"确定"按钮，添加了该函数块的背景数据块"StarToTriangleStartup_DB"。单击PLC变量表，从"详细视图"中将变量拖放到背景数据块对应的引脚，编写后的代码如下。

```
"StartoTriangleStartup_DB"(xStart          := "xStartM",
                    xStop            := "xStopM",
                    xThermalDelay    := "xThermalDelayM",
                    xPuls1s          := "Clock_1Hz",
                    iTimerPT_S       := 6,
                    xMainContactor   => "xMainContactorM",
                    xLamp            => "xLampM",
                    xStarContactor   => "xStarContactorM",
                    xTriangleContactor => "xTriangleContactorM");
```

在程序中，实参xStartM、xStopM和xThermalDelayM为对应的启动、停止和热继电器的输入，Clock_1Hz为秒脉冲输入，延时时间设为6s，xMainContactorM、xStarContactorM、xTriangleContactorM和xLampM分别对应主接触器、Y形接触器、△形接触器和指示灯的输出。

2.5.5.3 仿真运行

在"项目树"下的项目上使用鼠标右键单击，在弹出的快捷菜单中选择"属性"→"保护"选项，勾选"块编译时支持仿真"复选框。单击站点"PLC_1"，再单击工具栏中的"启动仿真"按钮🔲，打开仿真器。新建一个仿真项目，并将"PLC_1"站点下载到仿真器中。单击工具栏中的🔳按钮，使PLC运行。

打开仿真器项目树下的"SIM表格_1"，单击表格工具栏中的🔳按钮，将项目变量加载到表格中，如图2-68所示。

勾选变量"xThermalDelayM"，单击变量"xStartM"的按钮，变量"xMainContactorM"和"xStarContactorM"为"TRUE"，电动机Y形启动。同时"xLampM"为"TRUE"，正在启动过程中，指示灯亮。经过6s，变量"xStarContactorM"为"FALSE"，Y形接触器断开，同时变量"xTriangleContactorM"为TRUE，△形接触器接通，电动机由Y形启动换接为△形运行。同时"xLampM"为"FALSE"，启动过程结束，指示灯熄灭。

单击变量"xStopM"的按钮，变量"xMainContactorM""xStarContactorM""xTriangleContactorM"均为"FALSE"，电动机停止。

运行时，取消勾选变量"xThermalDelayM"，电动机停止，"xLampM"开始闪烁，过载保护报警。

图 2-68　Y-△降压启动仿真

▶ 2.6 计数器

2.6.1 计数器指令

（1）增计数器

增计数器的ST语言代码如下。

```
"C1".CTU(CU := _bool_in_,
         R  := _bool_in_,
         PV := _int_in_,
         Q  => _bool_out_,
         CV => _int_out_ );
```

如果输入信号CU出现上升沿，增计数器的当前值CV加1。每检测到一个上升沿，计数器值就会递增1。如果计数器的当前值大于等于设定值PV，则输出Q的信号状态变为TRUE。在其他任何情况下，输出Q的信号状态均为FALSE。当前值CV递增直至达到所指定数据类型的上限。达到上限时，CU再有上升沿，CV不再增加。当复位输入端R为TRUE时，计数器当前值CV清零。下面以例子说明了该指令的工作原理，程序代码如下。

```
"C1".CTU(CU := "xStart",
         R := "xReset",
         PV := "iPresetValue",
         Q => "xStatus",
         CV => "iCounterValue");
```

代码中使用的背景数据块为C1。当xStart信号出现上升沿时，计数器的当前值iCounterValue加1。每检测到一个信号上升沿，计数器值都会递增1，直至达到所指定数据类型的上限值（INT类型为32767）。当计数器的当前值iCounterValue大于等于设定值iPresetValue的值时，输出xStatus的信号状态为TRUE。在其他任何情况下，输出xStatus的信号状态均为FALSE。当复位输入xReset为TRUE时，当前值CV清零。

（2）减计数器

减计数器的ST语言代码如下。

```
"C2".CTD(CD := _bool_in_,
         LD := _bool_in_,
         PV := _int_in_,
         Q  => _bool_out_,
         CV => _int_out_ );
```

当装载输入LD为TRUE时，将设定值PV装载到当前值CV。当减计数输入CD的信号出现上升沿时，计数器的当前值CV减1。每检测到一个信号上升沿，当前值就会递减1，直到达到指定数据类型的下限为止。达到下限时，再有CD信号输入，当前值不再减少。如果计数器当前值小于等于0，则输出Q的信号状态为TRUE。在其他任何情况下，Q的信号状态均为FALSE。下面以例子说明了该指令的工作原理，程序代码如下。

```
"C2".CTD(CD := "xStart",
        LD := "xLoad",
        PV := "iPresetValue",
        Q => "xStatus",
        CV => "iCounterValue");
```

代码中使用的背景数据块为C2。当xLoad为TRUE时，将iPresetValue的值装载到当前值iCounterValue。当xStart的信号状态出现上升沿时，当前值iCounterValue减1。每检测到一个上升沿，计数器当前值都会递减，直至达到指定数据类型的下限（INT为-32768）。只要当前值小于等于0，输出xStatus的信号状态就为TRUE。在其他任何情况下，输出xStatus的信号状态均为FALSE。

（3）增减计数器

增减计数器的ST语言代码如下。

```
"C3".CTUD(CU := _bool_in_,
          CD := _bool_in_,
          R  := _bool_in_,
          LD := _bool_in_,
          PV := _int_in_,
          QU => _bool_out_,
          QD => _bool_out_,
          CV => _int_out_);
```

如果增计数输入CU的信号状态出现上升沿，则计数器的当前值CV加1。如果减计数输入CD的信号状态出现上升沿，则计数器的当前值CV减1。如果在一个扫描周期内输入CU和CD都出现了一个信号上升沿，则CV的当前值保持不变。

如果当前值大于或等于设定值PV，则QU输出的信号状态为TRUE。在其他任何情况下，QU的信号状态均为FALSE。如果当前值小于等于0，则输出QD的信号状态为TRUE。在其他任何情况下，QD的信号状态均为FALSE。

当LD的信号状态变为TRUE时，将设定值PV装载到当前值CV。当复位输入R的信号状态变为TRUE时，计数器当前值清零。

计数器值达到CV指定数据类型的上限后，停止递增。达到指定数据类型的下限后，计数器值便不再递减。

下面以例子说明了该指令的工作原理，程序代码如下。

```
"C3".CTUD(CU := "xStart1",
          CD := "xStart2",
          LD := "xLoad",
          R := "xReset",
          PV := "iPresetValue",
          QU => "xCU_Status",
          QD => "xCD_Status",
          CV => "iCounterValue");
```

代码中使用的背景数据块为C3。当xLoad为TRUE时，将iPresetValue装载到当前值iCounterValue。如果xStart1的信号状态出现上升沿，当前值iCounterValue加1。如果xStart2的信号状态出现信号上升沿，则iCounterValue的值减1。当xReset为TRUE时，iCounterValue清零。

只要iCounterValue的值大于等于iPresetValue的值，则xCU_Status的信号状态就为TRUE。在其他任何情况下，输出xCU_Status的信号状态均为FALSE。

只要iCounterValue的值小于等于0，xCD_Status的信号状态就为TRUE。在其他任何情况下，输出xCD_Status的信号状态均为FALSE。

2.6.2 [实例14] 单按钮控制多台电动机的启停

▶扫一扫 看视频◀

2.6.2.1 控制要求

用一个按钮控制四台电动机的启动停止控制，第一次按下按钮，第一台电动机启动；第二次按下按钮，第二台电动机启动，依次类推。当第五次按下按钮时，所有电动机同时停止。

本实例采用西门子的博途软件进行组态与编程，使用的PLC为CPU1214C，其输入/输出端口分配见表2-13。三菱和施耐德PLC的实现请参考视频与程序。

表2-13　单按钮控制多台电动机的I/O端口分配表

输入			输出		
输入点	输入器件	作用	输出点	输出器件	控制对象
I0.0	SB常开触点	启动/停止	Q0.0	接触器KM1	电动机M1
			Q0.1	接触器KM2	电动机M2
			Q0.2	接触器KM3	电动机M3
			Q0.3	接触器KM4	电动机M4

2.6.2.2 西门子博途软件编程

打开西门子博途V16，新建一个项目，添加新设备CPU1214C AC/DC/Rly，版本号V4.2，生成了一个站点"PLC_1"。

（1）编写函数块"OneButtonControl"

函数块"OneButtonControl"用于控制四台电动机的启动和停止。展开"项目树"下的程序块，双击"添加新块"命令，添加一个"函数块FB"，命名为"OneButtonControl"，语言选择"SCL"。打开该函数块，新建变量如图2-69所示。输入参数"xButton"为单按钮输入；输出参数"xMotor1"~"xMotor4"用于控制四台电动机。

在编写程序时，将增计数器"CTU"拖放到编辑区，弹出"调用选项"对话框，选择"多重实例"，修改实例名称为"C1"，则在接口参数区的"Static"下自动添加了该实例名C1。在编辑区编写的ST代码如下。

图 2-69 函数块"OneButtonControl"的接口参数

```
(*            单按钮控制多台电动机启停
输入：xButton—按钮输入，1=ON
输出：xMotor1~xMotor4—4 台电动机
*)
// 单按钮输入计数
#C1(CU := #xButton,
    R   := #C1.QU,
    PV  := 5);
// 根据不同的计数值控制电动机
IF #C1.CV = 1 THEN
    #xMotor1 := TRUE;
ELSIF #C1.CV = 2 THEN
    #xMotor2 := TRUE;
ELSIF #C1.CV = 3 THEN
    #xMotor3 := TRUE;
ELSIF #C1.CV = 4 THEN
    #xMotor4 := TRUE;
ELSE
    #xMotor1 := FALSE;
    #xMotor2 := FALSE;
    #xMotor3 := FALSE;
    #xMotor4 := FALSE;
END_IF;
```

在程序中，使用增计数器C1对按钮按下进行计数。如果按钮第一次按下，C1的当前值CV等于1，xMotor1为TRUE，启动第一台电动机；如果按钮第二次按下，C1的当前值CV等于2，xMotor2为TRUE，启动第二台电动机，以此类推。如果按钮第五次按下，C1的当前值CV清零，所有电动机同时停止。

（2）在循环程序中调用函数块

在PLC变量表中按照图2-70创建变量。打开"OB1"，从"项目树"下将函数块"OneButtonControl"拖放到程序区，弹出"调用选项"对话框，单击"确定"按钮，添加了该函数块的背景数据块"OneButtonControl_DB"。单击PLC变量表，从"详细视图"中将变量拖放到背景数据块对应的引脚，编写后的代码如下。

```
"OneButtonControl_DB"(xButton := "xButtonIn",
                      xMotor1 => "xMotorM1",
                      xMotor2 => "xMotorM2",
                      xMotor3 => "xMotorM3",
                      xMotor4 => "xMotorM4");
```

2.6.2.3 仿真运行

在"项目树"下的项目上使用鼠标右键单击，在弹出的快捷菜单中选择"属性"→"保护"选项，勾选"块编译时支持仿真"复选框。单击站点"PLC_1"，再单击工具栏中的"启动仿真"按钮，打开仿真器。新建一个仿真项目，并将"PLC_1"站点下载到仿真器中。单击工具栏中的按钮，使PLC运行。

打开仿真器项目树下的"SIM表格_1"，单击表格工具栏中的按钮，将项目变量加载到表格中，如图2-70所示。

第一次单击"xButtonIn"按钮，"xMotorM1"为"TRUE"，第一台电动机启动；第二次单击该按钮，"xMotorM2"为"TRUE"，第二台电动机启动，以此类推。当第五次单击该按钮时，四台电动机同时停止。

	名称	地址	显示格	监视/修改值	位	
	"xButtonIn":P	%I0.0:P	布... ▼	FALSE	☐	
	"xMotorM1"	%Q0.0	布尔型	TRUE	☑	
	"xMotorM2"	%Q0.1	布尔型	TRUE	☑	
	"xMotorM3"	%Q0.2	布尔型	TRUE	☑	
	"xMotorM4"	%Q0.3	布尔型	TRUE	☑	

"xButtonIn" [%I0.0:P]

"xButtonIn"

图 2-70　单按钮控制多台电动机的启停仿真

2.6.3 [实例15] 停车场空闲车位指示

▶扫一扫 看视频◀

2.6.3.1 控制要求

某停车场最多可停50辆车，使用带有BCD码驱动的两位数码管显示当前空闲车位数量，控制要求如下。

① 用出/入传感器检测进出停车场的车辆，每进一辆车停车场空闲车位数量减1，每出一辆车空闲车位数量增1。

② 空闲车位的数量大于5时，入口处指示灯亮，允许入场；小于等于5时，指示灯闪烁，提醒待进场车辆将满场；等于0时，指示灯熄灭，禁止车辆入场。

③ 可以手动增加或减少空闲车位的数量。

本实例采用西门子的博途软件进行组态与编程，使用的PLC为S7-1200，其输入/输出端口分配见表2-14。三菱和施耐德PLC的实现请参考视频与程序。

表2-14　停车场空闲车位显示的I/O端口分配表

输入			输出		
输入点	输入器件	作用	输出点	输出器件	作用
I0.0	SB1常开触点	手动减少	Q0.0~Q0.7	BCD驱动的数码管	显示当前空闲车位数量
I0.1	入口传感器IN	检测入场车辆			
I0.2	SB2常开触点	手动增加	Q1.0	指示灯HL	指示空闲车位
I0.3	出口传感器OUT	检测出场车辆			

2.6.3.2 西门子博途软件编程

打开西门子博途V16，新建一个项目，添加新设备CPU1214C AC/DC/Rly，版本号V4.2，生成了一个站点"PLC_1"。在设备视图的属性窗口中，单击"系统和时钟存储器"选项，勾选"启用时钟存储器字节"复选框。

（1）编写函数块"FreeParkSpace"

函数块"FreeParkSpace"用于空闲车位的调整和输出显示。展开在"项目树"下的程序块，双击"添加新块"命令，添加一个"函数块FB"，命名为"FreeParkSpace"，语言选择"SCL"。打开该函数块，新建接口参数变量如图2-71所示。输入参数"xFreeParkUp""xFreeParkDown"用于空闲车位的手动增减，"xIn"和"xOut"为根据车辆的入场和出场对空闲车位进行增减，"xPuls1s"为秒脉冲，用于指示灯的闪烁。输出参数"xLamp"用于控制指示灯，"bBcdOut"用于显示当前空闲车位数量。

		FreeParkSpace		
		名称	数据类型	默认值
1	▼	Input		
2	■	xFreeParkUp	Bool	false
3	■	xFreeParkDown	Bool	false
4	■	xIn	Bool	false
5	■	xOut	Bool	false
6	■	xPuls1s	Bool	false
7	▼	Output		
8	■	xLamp	Bool	false
9	■	bBcdOut	Byte	16#0
10	▶	InOut		
11	▼	Static		
12		iFreeParkNum	Int	0
13	▶	C1	CTUD_INT	

图2-71　函数块"FreeParkSpace"的接口参数

在ST语言编辑区编写程序如下。在添加计数器时，从指令表中将增减计数器 "CTUD"拖放到编辑区，弹出"调用选项"对话框，选择"多重实例"选项，名称修改为"C1"，单击"确定"按钮。

```
(*                          停车场空闲车位指示
输入：xFreeParkUp—空闲车位手动增加；xFreeParkDown—空闲车位手动减少；
xIn—车辆进；xOut—车辆出；xPuls1s—秒脉冲
输出：xLamp—指示灯；BcdOut—BCD码输出
*)
#C1(CU := (#xOut OR #xFreeParkUp ) AND #iFreeParkNum < 50,// 限制
上限50，车辆出，空闲车位加1，或手动增加空闲车位
    CD := (#xIn OR #xFreeParkDown) AND #iFreeParkNum > 0,// 限制下
限0，车辆进，空闲车位减1，或手动减少空闲车位
    PV := 50,
    CV => #iFreeParkNum);  // 空闲车位数
IF #iFreeParkNum > 5 THEN  // 空闲车位大于5，指示灯常亮
    #xLamp := TRUE;
ELSE
    IF #iFreeParkNum<=5 AND #iFreeParkNum > 0 THEN // 空闲车位小于
等于5，指示灯闪烁
        #xLamp := #xPuls1s;
    ELSE
        #xLamp := FALSE; // 其余情况，指示灯熄灭
    END_IF;
END_IF;
#bBcdOut := WORD_TO_BYTE(INT_TO_BCD16(IN := #iFreeParkNum));// 空
闲车位转换为BCD输出
```

在程序中，如果空闲车位数小于50，每按下空闲车位增加按钮xFreeParkUp或出场一辆车，当前空闲车位数iFreeParkNum加1；如果空闲车位数大于0，每按下空闲车位减少按钮xFreeParkDown或进场一辆车，当前空闲车位数iFreeParkNum减1。

如果当前空闲车位数大于5，指示灯xLamp为TRUE，指示灯常亮；如果空闲车位数小于等于5且大于0，指示灯闪烁；如果空闲车位数等于0，指示灯熄灭，全场满员，没有空闲车位。

最后将空闲车位数转换为BCD码输出。

（2）在循环程序中调用函数块

在PLC变量表中按照图2-72创建变量。打开"OB1"，从"项目树"下将函数块"FreeParkSpace"拖放到程序区，弹出"调用选项"对话框，单击"确定"按钮，添加了

该函数块的背景数据块"FreeParkSpace_DB"。单击PLC变量表,从"详细视图"中将变量拖放到背景数据块对应的引脚,编写后的代码如下。

```
"FreeParkSpace_DB"(xFreeParkUp   := "xFreeParkUp",
                   xFreeParkDown := "xFreeParkDown",
                   xIn           := "xIn",
                   xOut          := "xOut",
                   xPuls1s       := "Clock_1Hz",
                   xLamp         => "xLamp",
                   bBcdOut       => "bFreeParkSpace");
```

2.6.3.3 仿真运行

在"项目树"下的项目上使用鼠标右键单击,在弹出的快捷菜单中选择"属性"→"保护"选项,勾选"块编译时支持仿真"复选框。单击站点"PLC_1",再单击工具栏中的"启动仿真"按钮 ,打开仿真器。新建一个仿真项目,并将"PLC_1"站点下载到仿真器中。单击工具栏中的 按钮,使PLC运行。

打开仿真器项目树下的"SIM表格_1",单击表格工具栏中的 按钮,将项目变量加载到表格中,如图2-72所示。

单击"xFreeParkUp"或"xFreeParkDown"按钮,可以增减空闲车位"bFreeParkSpace"的值。车辆进入,单击"xIn"按钮,"bFreeParkSpace"的值减1,到0不再减少;车辆出,单击"xOut"按钮,"bFreeParkSpace"的值加1,到50不再增加。

"bFreeParkSpace"的值大于5,指示灯"xLamp"常亮;该值大于0且小于等于5,指示灯闪烁;该值等于0,车位全满,指示灯熄灭。

图2-72　停车场空闲车位仿真

第 3 章

比较运算和移位运算

▶ 3.1 比较运算

3.1.1 比较运算符

比较运算也称关系表达式，它是将两个操作数的值或数据类型进行比较，然后得到一个BOOL值。如果比较结果为真，则结果为TRUE，否则为FALSE。比较运算符及其说明见表3-1。

表3-1 比较运算符及其说明

比较运算符	说明	比较运算符	说明
>	大于	>=	大于等于
=	等于	<=	小于等于
<	小于	<>	不等于

在使用比较运算符时，特别注意>=、<=、<>符号内不允许有空格。比较运算格式如下。

<操作数1> 比较运算符 <操作数2>

操作数可以是当前CPU所支持的各种数据类型，比较结果的数据类型始终为BOOL。

3.1.2 [实例16] 传送带工件计数

▶扫一扫 看视频◀

3.1.2.1 控制要求

用传送带输送工件，每20个工件打成一包，控制要求如下。

① 当按下"启动"按钮时，传送带启动运行，由光电传感器对工件进行计数。

② 当计件数量小于15时，工件数量指示灯常亮；当计件数量大于等于15时，工件数量指示灯闪烁；当计件数量为20时，传送带停机，工件数量指示灯熄灭，同时打包指示灯亮；延时30s后，打包指示灯熄灭，重新启动传送带，进入下一个周期。

③ 当按下"停止"按钮时，传送带停止，当前计件数量保持不变。重新启动时，在此基础上进行计数。

本实例采用西门子的博途软件进行组态与编程，使用的PLC为S7-1200，其输入/输出端口分配见表3-2。三菱和施耐德PLC的实现请参考视频与程序。

表3-2　传送带工件计数的I/O端口分配表

输入			输出		
输入点	输入器件	作用	输出点	输出器件	作用
I0.0	光电传感器	计数	Q0.0	接触器KM	控制传送带电动机M
I0.1	SB1常开触点	启动	Q0.1	指示灯HL1	工件数量指示
I0.2	SB2常开触点	停止	Q0.2	指示灯HL2	打包指示

3.1.2.2　西门子博途软件编程

打开西门子博途V16，新建一个项目，添加新设备CPU1214C AC/DC/Rly，版本号V4.2，生成了一个站点"PLC_1"。在设备视图的属性窗口中，单击"系统和时钟存储器"选项，勾选"启用时钟存储器字节"复选框。

（1）编写函数块"WorkPieceCount"

函数块"WorkPieceCount"用于传送带启动和停止控制并对工件进行计数，根据工件数量控制指示灯。展开"项目树"下的程序块，双击"添加新块"命令，添加一个"函数块FB"，命名为"WorkPieceCount"，语言选择"SCL"。

打开该函数块，新建接口参数变量如图3-1所示。输入参数xStart、xStop、xSensor分别为启动、停止和工件检测的传感器输入，参数xPuls1s为秒脉冲输入，参数iDelayTimeS为延时的秒数。输出参数xMotor、xCountLamp、xPackLamp分别用于控制传送带电动机、工件数量指示灯、打包指示灯，参数iCounter用于输出工件数量。

		名称	数据类型	默认值
1		▼ Input		
2		xStart	Bool	false
3		xStop	Bool	false
4		xSensor	Bool	false
5		xPuls1s	Bool	false
6		iDelayTimeS	Int	0
7		▼ Output		
8		xMotor	Bool	false
9		xCountLamp	Bool	false
10		xPackLamp	Bool	false
11		iCounter	Int	0
12		▶ InOut		
13		▼ Static		
14		xSensorLastStatus	Bool	false
15		xMotorFlag	Bool	false
16		iCounterAux	Int	0
17		xPuls1sLastStatus	Bool	false
18		iTimerET1	Int	0
19		xTimerQ1	Bool	false
20		▼ Temp		
21		xSensorRisingEdge	Bool	
22		xPuls1sRisingEdge	Bool	

图3-1　函数块"WorkPieceCount"的接口参数

在编辑区编写的ST代码如下。

```
(*                          传送带工件计数
输入：xStart—启动，1=启动；xStop—停止，1=停止；xSensor—传感器脉冲；
    xPuls1s—秒脉冲
输出：xCountLamp—数量指示灯；xPackLamp—打包指示灯
    xMotor—传送带电机，1=运行；iCounter—工件数量
*)
// 传送带电动机启动与停止
IF #xStart THEN
    #xMotorFlag := TRUE;
```

```
        ELSIF #xStop OR #iCounterAux = 20 THEN
            #xMotorFlag := FALSE;
    END_IF;
    // 获取传感器输入的上升沿
    #xSensorRisingEdge := #xSensor AND NOT #xSensorLastStatus;
    #xSensorLastStatus := #xSensor;
    // 检测到一个工件，计数值加1
    IF #xMotorFlag  THEN
        IF #xSensorRisingEdge THEN
            #iCounterAux := #iCounterAux + 1;
        END_IF;
        // 根据工件数量，指示灯为不同状态
        IF #iCounterAux < 15 THEN // 工件数小于15，指示灯常亮
            #xCountLamp := TRUE;
        ELSE
            IF #iCounterAux >= 15 AND #iCounterAux < 20 THEN
                #xCountLamp := #xPuls1s; // 工件数大于等于15且小于20，指示灯闪烁
            ELSE
                IF #iCounterAux = 20 THEN // 工件数等于20，打包指示灯亮，工件
数指示灯熄灭
                    #xPackLamp := TRUE;
                    #xCountLamp := FALSE;
                END_IF;
            END_IF;
        END_IF;
    END_IF;
    // 工件数量到20，延时打包
    // 获取秒脉冲上升沿
    #xPuls1sRisingEdge := #xPuls1s AND NOT #xPuls1sLastStatus;
    #xPuls1sLastStatus := #xPuls1s;
    // 每秒当前计数值加1
    IF (#iCounterAux<20) THEN
        #iTimerET1 := 0;
        #xTimerQ1 := FALSE;
    ELSIF ((#iCounterAux>=20) AND #xPuls1sRisingEdge AND NOT #xTimerQ1) THEN
        #iTimerET1 := #iTimerET1 + 1;
```

```
    #xTimerQ1 := #iTimerET1 >= #iDelayTimeS;
END_IF;
// 延时时间到，计数值清零，重启传送带电动机
IF #xTimerQ1 THEN
    #iCounterAux := 0;
    #xPackLamp := FALSE;
    #xMotorFlag := TRUE;
END_IF;
// 输出
#xMotor := #xMotorFlag;
#iCounter := #iCounterAux;
```

在程序中，先对传送带电动机进行启动/停止控制。当xStart为TRUE时，xMotorFlag为TRUE，传送带电动机启动；如果xStop为TRUE或工件数量iCounterAux等于20，传送带电动机停止。

如果传送带电动机运行（xMotorFlag为TRUE），每检测到一个工件，iCounterAux加1。如果iCounterAux小于15，工件数量指示灯xCountLamp为TRUE，指示灯常亮；如果iCounterAux大于等于15且小于20，xCountLamp指示灯闪烁；如果iCounterAux等于20，打包指示灯xPackLamp常亮，工件数量指示灯xCountLamp熄灭，同时传送带电动机停止，开始延时iDelayTimeS设定的时间。

延时时间到，工件数量iCounterAux清零，打包指示灯熄灭，传送带电动机重新启动。

最后将传送带电动机标志xMotorFlag和计数辅助iCounterAux赋值给输出。

（2）在循环程序中调用函数块

在PLC变量表中按照表 3-2创建变量。打开"OB1"，从"项目树"下将函数块"WorkPieceCount"拖放到程序区，弹出"调用选项"对话框，单击"确定"按钮，添加了该函数块的背景数据块"WorkPieceCount_DB"。单击PLC变量表，从"详细视图"中将变量拖放到背景数据块对应的引脚，编写后的代码如下。

```
"WorkPieceCount_DB"(xStart       := "xStartM",
                xStop       := "xStopM",
                xSensor     := "xSensorM",
                xPuls1s     := "Clock_1Hz",
                iDelayTimeS := 30,
                xCountLamp  => "xCountLampM",
                xPackLamp   => "xPackLampM",
                xMotor      => "xMotorM",
                iCounter    => "iCounterM");
```

程序中的Clock_1Hz为秒脉冲，设定打包时间为30s。

3.1.2.3 仿真运行

在"项目树"下的项目上使用鼠标右键单击，在弹出的快捷菜单中选择"属性"→"保护"选项，勾选"块编译时支持仿真"复选框。单击站点"PLC_1"，再单击工具栏中的"启动仿真"按钮![]，打开仿真器。新建一个仿真项目，并将"PLC_1"站点下载到仿真器中。单击工具栏中的![]按钮，使PLC运行。

打开仿真器项目树下的"SIM表格_1"，单击表格工具栏中的![]按钮，将项目变量加载到表格中，如图3-2所示。

单击变量"xStartM"按钮，变量"xMotorM"为"TRUE"，传送带启动。同时"xLampM"为"TRUE"，表示工件数量小于15。

每单击一次变量"xSensorM"按钮，当前计数值"iCounterM"加1。当"iCounterM"的值大于等于15时，工件数量指示灯"xCountLampM"闪烁。当"iCounterM"的值等于20时，"xMotorM"为"FALSE"，传送带停止，工件数量指示灯熄灭，同时打包指示灯亮（"xPackLampM"为"TRUE"），打包时间30s。

经过30s后，打包指示灯熄灭，"xMotorM"重新变为"TRUE"，传送带重新启动。"xCountLampM"变为"TRUE"，指示灯常亮。"iCounterM"清零，重新进行计数。

单击变量"xStopM"按钮，传送带停止，"iCounterM"的值不变。单击"xStartM"按钮，传送带重新启动。单击"xSensorM"按钮，"iCounterM"在当前值的基础上继续进行计数。

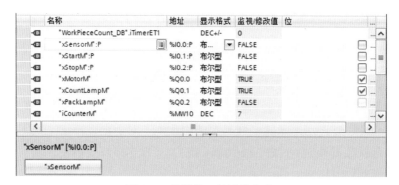

图3-2 传送带工件计数仿真

3.1.3 [实例17] 密码锁

3.1.3.1 控制要求

密码锁可以用来保护重要的工艺参数，确保设备的正常运转。通常情况下，可以由上位机来实现解码功能。本实例控制要求如下。

① 上位机输入字符串与PLC中设定的字符串进行比较，按下确认键进行确认。如果相等，则密码正确，输出正确信息，允许下一步的操作。如果输入密码错误，不允许进行下一步的操作。

② 如果输入错误密码次数大于等于5次，则锁定密码输入。

③ 按下复位键，可以重新输入密码。

本实例采用西门子的博途软件进行组态与编程，使用的PLC为S7-1200，三菱和施耐德PLC的实现请参考视频与程序。

3.1.3.2 西门子博途软件编程

打开西门子博途V16，新建一个项目，添加新设备CPU1214C AC/DC/Rly，版本号V4.2，生成了一个站点"PLC_1"。

（1）编写函数块"PasswordLock"

函数块"PasswordLock"用于根据输入密码与预置密码比较结果进行输出。展开在

"项目树"下的程序块，双击"添加新块"命令，添加一个"函数块FB"，命名为"PasswordLock"，语言选择"SCL"。

打开该函数块，新建接口参数变量如图3-3所示。输入参数"sPassword"和"sPwdPreset"为输入密码和预置密码。为了增强密码的复杂性，密码定义为字符串变量，可以使用数字和字母、符号组成密码。字符串定义为10个字符，如果定义为"String"，则会占用256个字符空间。输入参数"xEnter"为确认，"xReset"为复位，"iWrongNumPreset"为预置错误次数。参数"xRight"为密码正确输出，"xLocking"为锁定输出，"iWrongNum"为当前输入密码错误次数输出。

			PasswordLock		
			名称	数据类型	默认值
1		▼	Input		
2		■	sPassword	String[10]	''
3		■	sPwdPreset	String[10]	''
4		■	xEnter	Bool	false
5		■	xReset	Bool	false
6		■	iWrongNumPreset	Int	0
7		▼	Output		
8		■	xRight	Bool	false
9		■	xLocking	Bool	false
10		■	iWrongNum	Int	0
11		▶	InOut		
12		▼	Static		
13		■	xEnterLastStatus	Bool	false
14		■	xLockingFlag	Bool	false
15		■	iWrongNumAux	Int	0
16		▼	Temp		
17		■	xEnterRisingEdge	Bool	

图 3-3　函数块"PasswordLock"的接口参数

在编辑区编写的ST代码如下所示。

```
(********** 密码锁 ***********
输入：sPassword—密码，10 个字符的字符串；
     sPwdPreset—预设密码，10 个字符的字符串
     xEnter—密码确认，1= 有效；
     xReset—密码输入复位，1= 有效；
     iWrongNumPreset—预设错误次数。
输出：xRight—密码正确，1= 正确；
     xLocking—密码错误达到预设而锁定，1= 锁定；
     iWrongNum—错误次数输出。
*)
```

```
// 获取确认的上升沿
#xEnterRisingEdge := #xEnter AND NOT #xEnterLastStatus;
#xEnterLastStatus := #xEnter;
// 密码正确，按下了确认键，没有锁定，则输出正确，错误次数清零
IF (#sPassword = #sPwdPreset) AND #xEnterRisingEdge AND NOT
#xLockingFlag THEN
    #xRight := TRUE;
    #iWrongNumAux := 0;
    // 密码错误，按下了确认键，错误次数加1
ELSIF #xEnterRisingEdge AND NOT #xLockingFlag THEN
    #xRight := FALSE;
    #iWrongNumAux := #iWrongNumAux + 1;
END_IF;
// 错误次数大于等于预置错误次数，锁定输入
IF #iWrongNumAux >= #iWrongNumPreset THEN
    #xLockingFlag :=TRUE;
END_IF;
// 解锁输入
IF #xReset THEN
    #xRight := FALSE;
    #iWrongNumAux := 0;
    #xLockingFlag := FALSE;
END_IF;
// 输出
#xLocking := #xLockingFlag;
#iWrongNum := #iWrongNumAux;
```

在程序中，输入密码字符串后，与预设字符串进行比较，如果二者相等，则密码正确，按下xEnter，xRight输出为TRUE，进行解锁，可以操作设备。如果二者不相等，按下xEnter，xRight输出为FALSE，不能解锁，并且错误次数iWrongNum加1。如果错误次数大于等于预设次数，则xLockingFlag输出为TRUE，可以锁定输入。按下xReset，可以重新输入密码。

（2）在循环程序中调用函数块

由于字符串类型的数据不能在变量表中添加，所以要使用全局数据块。双击"添加新块"命令，添加一个名为"PasswordLockVar"的全局数据块DB，添加变量如图3-4所示。打开"OB1"，从"项目树"下将函数块"PasswordLock"拖放到程序区，弹出"调用选项"对话框，单击"确定"按钮，添加了该函数块的背景数据块"PasswordLock_

DB"。单击数据块"PasswordLockVar",从"详细视图"中将变量拖放到背景数据块对应的引脚,编写后的代码如下。

```
"PasswordLock_DB"(sPassword        := "PasswordLockVar".sPasswordIn,
                 sPwdPreset        := "PasswordLockVar".sPasswordPreset,
                 xEnter            := "PasswordLockVar".xEnterIn,
                 xReset            := "PasswordLockVar".xResetIn,
                 iWrongNumPreset := 5,
                 xRight            => "PasswordLockVar".xRightOut,
                 xLocking          => "PasswordLockVar".xLockingOut,
                 iWrongNum         => "PasswordLockVar".iWrongNumOut);
```

3.1.3.3　仿真运行

在"项目树"下的项目上使用鼠标右键单击,在弹出的快捷菜单中选择"属性"→"保护"选项,勾选"块编译时支持仿真"复选框。单击站点"PLC_1",再单击工具栏中的"启动仿真"按钮🖳,打开仿真器。新建一个仿真项目,并将"PLC_1"站点下载到仿真器中。单击工具栏中的🖳按钮,使PLC运行。

打开数据块"PasswordLockVar",单击数据块工具栏中的"监视"按钮🔲,监视状态如图3-4所示。

双击"sPasswordPreset"的监视值,在弹出的对话框中输入"Hn123@45",设置了密码。双击"sPasswordIn"的监视值,在弹出的对话框中输入密码"Hn123@45"。双击"xEnterIn"的监视值,由"FALSE"变为"TRUE",相当于按下了确认键,"xRightOut"变为"TRUE",解锁设备。再双击一次,重新变为"FALSE",松开了确认键。

按照同样的方法,输入错误的密码并按下了确认键5次,则"xLockingOut"变为"TRUE",可以锁定输入。

如果双击"xResetIn"的监视值,由"FALSE"变为"TRUE",再变为"FALSE",则"xLockingOut"变为"FALSE",可以重新输入密码。

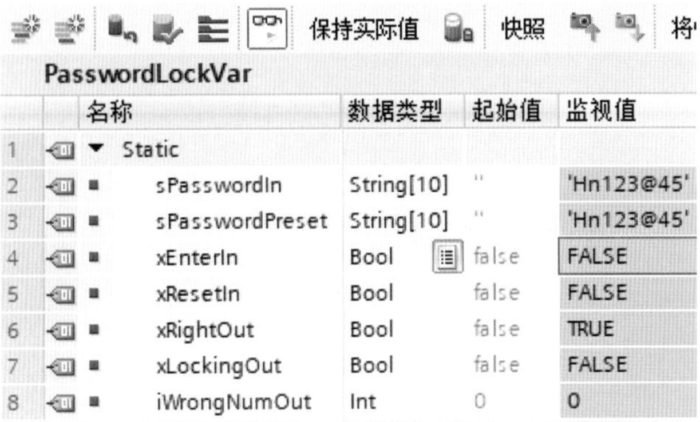

图3-4　密码锁仿真

▶ 3.2 移位运算

3.2.1 移位运算函数

（1）右移指令SHR

右移指令SHR的格式如下。

```
DWord_Var := SHR(IN:=_dword_in_, N:=_usint_in_);
```

使用右移指令的过程是，将参数IN的内容逐位向右移动N位。每向右移动一位，最低位抛出，最高位补0，并将结果作为函数值返回。如果N的值为0，则将IN的值作为结果返回。如果N的值大于可用位数，则IN的值将向右移动该位数个位。

参数IN和函数返回值可以是位字符串或整数，N必须是无符号数据类型。下面以例子理解右移指令，代码如下。

```
WordVar1 := 2#1010_1111_0000_1010;
WordVar2 :=SHR(IN:=WordVar1, N:= 4);
```

其运行过程如图3-5所示，该指令执行时，将变量WordVar1的值向右移动4位，最低4位抛出，最高4位补0，运算后的结果为2#0000_1010_1111_0000。

使用右移指令特别注意，应保证该指令在一个扫描周期内执行，否则会造成执行多次移位情况。

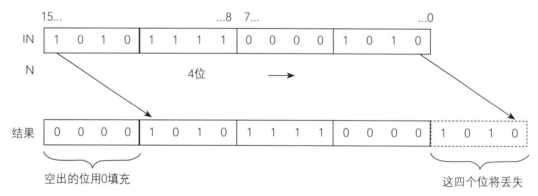

图 3-5 右移指令的移位过程

（2）左移指令SHL

左移指令SHL的格式如下。

```
DWord_Var := SHL(IN:=_dword_in_, N:=_usint_in_);
```

使用左移指令的过程是，将参数IN的内容逐位向左移动N位。每向左移动一位，最高位抛出，最低位补0，并将结果作为函数值返回。如果N的值为0，则将IN的值作为结果返回。如果N的值大于可用位数，则IN的值将向左移动该位数个位。

参数IN和函数返回值可以是位字符串或整数，N必须是无符号数据类型。下面以例子理解左移指令，代码如下。

```
WordVar1 := 2#0000_1111_0101_0101;
WordVar2 :=SHL(IN:=WordVar1, N:= 6);
```

其运行过程如图3-6所示，该指令执行时，将变量WordVar1的值向左移动6位，最高6位抛出，最低6位补0，运算后的结果为2#1101_0101_0100_0000。

使用左移指令特别注意，应保证该指令在一个扫描周期内执行，否则会造成执行多次移位情况。

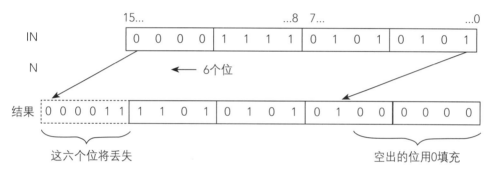

图 3-6　左移指令的执行过程

（3）循环右移指令ROR

循环右移指令ROR的格式如下。

```
DWord_Var := ROR(IN:=_dword_in_, N:=_usint_in_);
```

使用循环右移指令的过程是，将参数IN的内容逐位向右循环移动N位。每向右移动一位，最低位移到最高位，并将结果作为函数值返回。如果N的值为0，则将IN的值作为结果返回。如果N的值大于可用位数，则IN的值将向右循环移动该位数个位。

参数IN和函数返回值可以是位字符串或整数，N必须是无符号数据类型。下面以例子理解循环右移指令，代码如下。

```
DWordVar1 := 2#1010_1010_0000_1111_0000_1111_0101_0101;
DWordVar2 :=ROR(IN:=DWordVar1, N:= 3);
```

其运行过程如图3-7所示，该指令执行时，将变量DWordVar1的值向右循环移动3位，最低3位移到最高3位，运算后的结果为2#1011_0101_0100_0001_1110_0001_1110_1010。

使用循环右移指令特别注意，应保证该指令在一个扫描周期内执行，否则会造成执行多次移位情况。

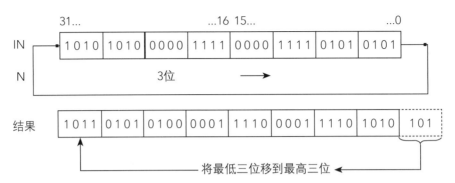

图3-7 循环右移指令的执行过程

（4）循环左移指令ROL

循环左移指令ROL的格式如下。

```
DWord_Var := ROL(IN:=_dword_in_ , N:=_usint_in_);
```

使用循环左移指令的过程是，将参数IN的内容逐位向左循环移动N位。每向左移动一位，最高位移到最低位，并将结果作为函数值返回。如果N的值为0，则将IN的值作为结果。如果N的值大于可用位数，则IN的值将向左循环移动该位数个位。

参数IN和函数返回值可以是位字符串或整数，N必须是无符号数据类型。下面以例子理解循环左移指令，代码如下。

```
DWordVar1 := 2#1111_0000_1010_1010_0000_1111_0000_1111;
DWordVar2 :=ROL(IN:=DWordVar1, N:= 3);
```

其运行过程如图3-8所示，该指令执行时，将变量DWordVar1的值向左循环移动3位，最高3位移到最低3位，运算后的结果为2#1000_0101_0101_0000_0111_1000_0111_1111。

使用循环左移指令特别注意，应保证该指令在一个扫描周期内执行，否则会造成执行多次移位情况。

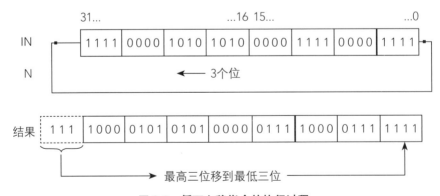

图3-8 循环左移指令的执行过程

3.2.2 [实例18] 多台电动机的顺序启动控制

▶扫一扫 看视频◀

3.2.2.1 控制要求

某设备有8台电动机，为了减小电动机同时启动对电源的影响，利用移位运算实现如下控制要求。

① 当按下"启动"按钮时，8台电动机间隔10s的顺序启动。

② 当按下"停止"按钮或发生过载时，8台电动机同时停止。

本实例采用西门子的博途软件进行组态与编程，使用的PLC为S7-1200，其I/O端口的分配见表3-3。三菱和施耐德PLC的实现请参考视频与程序。

表3-3　8台电动机顺序启动控制的I/O端口分配表

输入			输出		
输入点	输入器件	作用	输出点	输出器件	控制对象
I0.0	SB1常开触点	启动	Q0.0~Q0.7	8个接触器	控制8台电动机
I0.1	SB2常开触点	停止			
I0.2	KH常闭触点	过载保护			

3.2.2.2 西门子博途软件编程

打开西门子博途V16，新建一个项目，添加新设备CPU1214C AC/DC/Rly，版本号V4.2，生成了一个站点"PLC_1"。在设备视图的属性窗口中，单击"系统和时钟存储器"选项，勾选"启用时钟存储器字节"复选框。

（1）编写函数块"SequenceStartup8"

函数块"SequenceStartup8"用于8台电动机的顺序启动控制。展开在"项目树"下的程序块，双击"添加新块"命令，添加一个"函数块FB"，命名为"SequenceStartup8"，语言选择"SCL"。

打开该函数块，新建接口参数变量如图3-9所示。输入参数"xStart"为启动、"xStop"为停止、"xThermalDelay"为热继电器、"xPuls1s"为秒脉冲、"iTimerPT_S"为两台电动机启动间隔时间。输出参数"bMotor"为一个字节，用于控制8台电动机的启停。

在编辑区编写的ST代码如下。

				名称	数据类型	默认值
			SequenceStartup8			
1	◀□	▼		Input		
2	◀□	■		xStart	Bool	false
3	◀□	■		xStop	Bool	false
4	◀□	■		xThermalDelay	Bool	false
5	◀□	■		xPuls1s	Bool	false
6	◀□	■		iTimerPT_S	Int	0
7	◀□	▶		Output		
8	◀□	▼		InOut		
9	◀□	■		bMotor	Byte	16#0
10	◀□	▼		Static		
11	◀□	■		bMotorAux	Byte	1
12	◀□	■		xRunFlag	Bool	false
13	◀□	■		xPuls1sLastStatus	Bool	false
14	◀□	■		iTimerET	Int	0
15	◀□	■		xTimerQ	Bool	false
16	◀□	▼		Temp		
17	◀□	■		xPuls1sRisingEdge	Bool	

图 3-9　函数块"SequenceStartup8"接口参数

```
(*                8 台电动机的顺序启动控制
输入：xStart—启动，1=启动；xStop—停止，1=停止；xThermalDelay—热继电器，
0= 过载；
        xPuls1s—秒脉冲；iTimerPT_S_ 时间间隔，整数
输入 / 输出：bMotor—控制电动机字节
*)
// 启动停止
IF #xStart AND #xThermalDelay THEN
    #xRunFlag := TRUE;
ELSIF #xStop OR NOT #xThermalDelay THEN
    #xRunFlag := FALSE;
    #bMotor := 0;
    #bMotorAux := 16#01;
END_IF;
// 运行输出
IF #xRunFlag THEN
    #bMotor := #bMotorAux;
END_IF;
// 获取秒脉冲上升沿
#xPuls1sRisingEdge := #xPuls1s AND NOT #xPuls1sLastStatus;
#xPuls1sLastStatus := #xPuls1s;
// 每秒当前计数值加 1。
IF (#xTimerQ OR NOT #xRunFlag) THEN    // 延时时间到或停止时，定时器清零
    #iTimerET := 0;
    #xTimerQ := FALSE;
    // 否则，如果运行、定时器没有输出，每秒当前值加 1。如果当前值大于等于设定值，
定时器输出为 TRUE
ELSIF (#xRunFlag AND #xPuls1sRisingEdge AND NOT #xTimerQ) THEN
    #iTimerET := #iTimerET + 1;
    #xTimerQ := #iTimerET >= #iTimerPT_S;
END_IF;
// 延时时间到，电动机辅助左移 1 位，然后与输出进行或运算
IF #xRunFlag AND #xTimerQ THEN
    #bMotorAux := SHL(IN := #bMotorAux, N := 1);
    #bMotorAux := #bMotor OR #bMotorAux;
END_IF;
```

在程序中，如果按下"启动"按钮，运行标志xRunFlag为TRUE，开始启动；如果按下"停止"按钮或发生过载，运行标志为FALSE，输出bMotor清零，8台电动机同时停止，输出辅助bMotorAux设为16#01，下一次启动时，从第一台电动机开始启动。

如果运行，将bMotorAux送到输出，对电动机进行控制。开始运行时，bMotorAux的初始值为16#01，第一台电动机启动。然后获取秒脉冲的上升沿，用秒脉冲的上升沿进行延时计数。如果延时时间到，xTimerQ为TRUE，bMotorAux左移一位，再与输出bMotor进行"或"运算，从而控制8台电动机的顺序启动。例如，第三台电动机启动后，bMotorAux和输出bMotor的当前值为2#111，延时时间到，bMotorAux左移一位为2#1110，与bMotor相"或"后，bMotorAux的值为2#1111，则第四台电动机启动。

（2）在循环程序中调用函数块

在PLC变量表中按照图3-10创建变量。打开"OB1"，从"项目树"下将函数块"SequenceStartup8"拖放到程序区，弹出"调用选项"对话框，单击"确定"按钮，添加了该函数块的背景数据块"SequenceStartup8_DB"。单击PLC变量表，从"详细视图"中将变量拖放到背景数据块对应的引脚，编写后的代码如下。

```
"SequenceStartup8_DB"(xStart        := "xStartM",
                xStop         := "xStopM",
                xThermalDelay := "xThermayDelayM",
                xPuls1s       := "Clock_1Hz",
                iTimerPT_S    := 10,
                bMotor        := "bMotorM");
```

程序中的Clock_1Hz为秒脉冲，相邻两台电动机启动的间隔时间为10s。

3.2.2.3 仿真运行

在"项目树"下的项目上使用鼠标右键单击，在弹出的快捷菜单中选择"属性"→"保护"选项，勾选"块编译时支持仿真"复选框。单击站点"PLC_1"，再单击工具栏中的"启动仿真"按钮，打开仿真器。新建一个仿真项目，并将"PLC_1"站点下载到仿真器中。单击工具栏中的 按钮，使PLC运行。

打开仿真器项目树下的"SIM表格_1"，单击表格工具栏中的 按钮，将项目变量加载到表格中，如图3-10所示。

勾选"xThermalDelayM"复选框，单击"xStartM"按钮，"bMotorM"的最低位为"TRUE"，第一台电动机启动。"iTimerET"的值每秒加1，到10时（10s时间到），第二台电动机启动，以此类推，直到8台电动机顺序启动完成。

图3-10 多台电动机顺序启动控制仿真

单击"xStopM"按钮或取消勾选"xThermalDelayM"，"bMotorM"清零，所有电

动机同时停止。

3.2.3 [实例19] 霓虹灯的控制

3.2.3.1 控制要求

① 按下"启动"按钮,彩灯每秒左移一位,移到最左位时,闪烁3次。然后每秒右移1位,移到最右位时,闪烁3次,依次反复。

② 按下"停止"按钮,停止移位。

本实例采用西门子的博途软件进行组态与编程,使用的PLC为S7-1200,其I/O端口的分配见表3-4。三菱和施耐德PLC的实现请参考视频与程序。

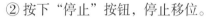

表3-4 霓虹灯控制的I/O端口分配表

输入			输出		
输入点	输入器件	作用	输出点	输出器件	控制对象
I0.0	SB1常开触点	启动	Q0.0~Q0.7	HL1~HL8	8个彩灯
I0.1	SB2常开触点	停止			

3.2.3.2 西门子博途软件编程

打开西门子博途V16,新建一个项目,添加新设备CPU1214C AC/DC/Rly,版本号V4.2,生成了一个站点"PLC_1"。在设备视图的属性窗口中,单击"系统和时钟存储器"选项,勾选"启用时钟存储器字节"。

（1）编写函数块"Lamp8"

函数块"Lamp8"用于控制8个彩灯。展开在"项目树"下的程序块,双击"添加新块"命令,添加一个"函数块FB",命名为"Lamp8",语言选择"SCL"。

打开该函数块,新建接口参数变量如图3-11所示。输入参数"xStart"为启动、"xStop"为停止、"xPuls1s"为秒脉冲,输出参数"bOutput"用于控制8个彩灯。

在编辑区编写的ST代码如下。

		Lamp8		
		名称	数据类型	默认值
1	▼	Input		
2	■	xStart	Bool	false
3	■	xStop	Bool	false
4	■	xPuls1s	Bool	false
5	▼	Output		
6	■	bOutput	Byte	16#0
7	▶	InOut		
8		Static		
9	■	xPuls1sLastStatus	Bool	false
10	■	bOutputStatus	Byte	0
11	■	iCount	Int	0
12	■	xLeftShift	Bool	false
13	■	xLeftArrived	Bool	false
14	■	xRightShift	Bool	false
15	■	xRightArrived	Bool	false
16	▼	Temp		
17	■	xPuls1sRisingEdge	Bool	

图3-11 函数块"Lamp8"的接口参数

```
(*          霓虹灯的控制
输入:  xStart—启动,1=启动;xStop—停止,1=停止;xPuls1s—秒脉冲
输出:  bOutput—输出字节 *)
IF NOT #xLeftShift AND NOT #xLeftArrived AND NOT #xRightShift
AND NOT #xRightArrived THEN
    #bOutputStatus := 16#01;
```

```
    END_IF;
    // 启动
    IF #xStart THEN
        #xLeftShift := TRUE;
    END_IF;
    // 停止
    IF #xStop THEN
        #iCount := 0;
        #xLeftShift := FALSE;
        #xLeftArrived := FALSE;
        #xRightShift := FALSE;
        #xRightArrived := FALSE;
    END_IF;
    // 获取秒脉冲上升沿
    #xPuls1sRisingEdge := #xPuls1s AND NOT #xPuls1sLastStatus;
    #xPuls1sLastStatus := #xPuls1s;
    // 每秒左移1位
    IF NOT #xLeftArrived AND #xLeftShift AND #xPuls1sRisingEdge THEN
// 左移未到达，左移，每秒执行
        #bOutput := #bOutputStatus;
        #bOutputStatus := SHL(IN := #bOutputStatus, N := 1);// 左移1位
        IF #bOutputStatus = 16#00 THEN // 左移完成
            #xLeftShift := FALSE;
            #xLeftArrived := TRUE;
        END_IF;
    END_IF;
    // 闪烁3次
    IF #xLeftArrived AND  NOT #xRightShift AND #xPuls1sRisingEdge THEN
// 左移完成，没有右移
        #bOutputStatus := NOT #bOutputStatus; // 每秒取反
        #bOutput := #bOutputStatus;
        #iCount := #iCount + 1;
        IF #iCount = 6 THEN   // 亮灭3次
            #bOutputStatus := 16#80;
            #xLeftArrived := FALSE;
            #xRightShift := TRUE;
            #iCount := 0;
```

```
        END_IF;
    END_IF;
    // 每秒右移 1 位
    IF NOT #xRightArrived AND #xRightShift AND #xPuls1sRisingEdge
THEN// 右移未完成，右移，每秒执行
        #bOutput := #bOutputStatus;
        #bOutputStatus := SHR(IN := #bOutputStatus, N := 1);// 右移 1 位
        IF #bOutputStatus = 16#00 THEN // 右移完成
            #xRightArrived := TRUE;
            #xRightShift := FALSE;
        END_IF;
    END_IF;
    // 闪烁 3 次
    IF #xRightArrived AND NOT #xLeftShift AND #xPuls1sRisingEdge
THEN// 右移完成，未左移，每秒执行
        #bOutputStatus := NOT #bOutputStatus;  // 每秒取反
        #bOutput := #bOutputStatus;
        #iCount := #iCount + 1;
        IF #iCount = 6 THEN    // 亮灭 3 次
            #bOutputStatus := 16#01;
            #xRightArrived := FALSE;
            #xLeftShift := TRUE;
            #iCount := 0;
        END_IF;
    END_IF;
```

在程序中，首先在未左移、未到最左端、未右移、未到最右端时，也就是在未在运行时，给输出状态bOutputStatus赋初值16#01。如果按下"启动"按钮，左移标志xLeftShift为TRUE，开始左移；如果按下"停止"按钮，闪烁计数变量iCount清零，左移、最左端、右移、最右端的标志位均为FALSE。

开始时先左移，获取秒脉冲的上升沿，如果未到最左端、左移为TRUE，则每秒执行一次左移。先将输出状态送到输出bOutput，然后输出状态再左移一位，判断是否到最左端。如果到最左端，标志位xLeftArrived为TRUE，下一步开始闪烁。

如果到最左端，没有右移，则每秒输出状态取反一次，送到输出，同时计数值iCount加1。如果iCount等于6，即亮灭3次。输出状态赋值16#80，最左端彩灯亮，同时xRightShift为TRUE，开始右移。

如果未到最右端、右移为TRUE，则每秒执行一次右移。先将输出状态送到输出

bOutput，然后输出状态再右移一位，判断是否到最右端。如果到最右端，标志位 xRightArrived为TRUE，下一步开始闪烁。

如果到最右端，没有左移，则每秒输出状态取反一次，送到输出，同时计数值iCount 加1。如果iCount等于6，即亮灭3次。输出状态赋值16#01，最右端彩灯亮，同时xLeftShift 为TRUE，开始左移，进入下一个循环。

（2）在循环程序中调用函数块

在PLC变量表中按照图 3-12创建变量。打开"OB1"，从"项目树"下将函数块 "Lamp8"拖放到程序区，弹出"调用选项"对话框，单击"确定"按钮，添加了该函数 块的背景数据块"Lamp8_DB"。单击PLC变量表，从"详细视图"中将变量拖放到背景 数据块对应的引脚，编写后的代码如下。

```
"Lamp8_DB"(xStart  := "xStartLamp",
        xStop  := "xStopLamp",
        xPuls1s := "Clock_1Hz",
        bOutput => "bLamp");
```

3.2.3.3 仿真运行

在"项目树"下的项目上使用鼠标右键单击，在弹出的快捷菜单中选择"属性"→"保护"选项，勾选"块编译时支持仿真"复选框。单击站点"PLC_1"，再单击 工具栏中的"启动仿真"按钮 ，打开仿真器。新建一个仿真项目，并将"PLC_1"站点 下载到仿真器中。单击工具栏中的 按钮，使PLC运行。

打开仿真器项目树下的"SIM表格_1"，单击表格工具栏中的 按钮，将项目变量 加载到表格中，如图3-12所示。

单击变量"xStartLamp"的按钮，变量"bLamp"每秒向左移动1位。当移动到最高位 时，所有的灯闪烁3次，然后每秒向右移动1位。当移动到最低位时，所有的灯闪烁3次，然后向左移位，进入下一个循环。

单击变量"xStopLamp"按钮，停止移位。

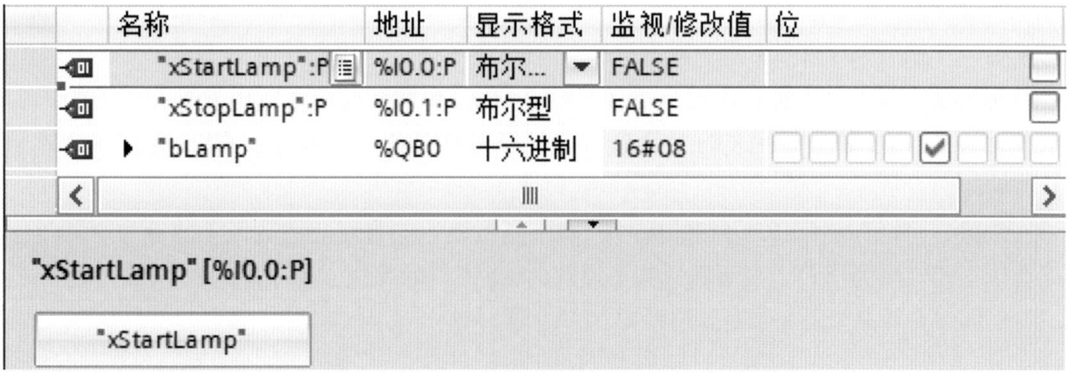

名称	地址	显示格式	监视/修改值	位
"xStartLamp":P	%I0.0:P	布尔... ▼	FALSE	□
"xStopLamp":P	%I0.1:P	布尔型	FALSE	□
▶ "bLamp"	%QB0	十六进制	16#08	□□□□□☑□□

"xStartLamp" [%I0.0:P]

"xStartLamp"

图 3-12 霓虹灯控制仿真

第4章 程序控制

▶ 4.1 CASE选择语句

4.1.1 CASE语句

（1）CASE语句的执行过程

CASE语句是多分支选择语句，它根据表达式的值从多个分支中选择一个用于执行的分支，基本格式如下。

```
CASE <变量表达式> OF
<数值 1>：<语句 1>；
<数值 2>：<语句 2>；
<数值 3，数值 4，数值 5>：<语句 3>；
<数值 6 .. 数值 10>：<语句 4>；
…
<数值 n>：<语句 n>；
ELSE
<ELSE 语句>；
END_CASE；
```

CASE语句按照下面的模式执行。

① 如果<变量表达式>的值为<数值i>，则执行对应的指令<语句i>。

② 如果<变量表达式>的值不是任何指定的值，则执行指令<ELSE语句>。

③ 如果<变量表达式>的几个值都需要执行相同的指令，那么可以把这几个值相继写在一起，并且用英文逗号分开。这样，共同的指令被执行，如上述基本格式第4行。

④ 如果需要<变量表达式>在一定的范围内执行相同的指令，可以分别写入数值的初值和终值，中间用两个英文的点分隔。这样，共同的指令被执行，如上述基本格式第5行。

数值1…数值n为CASE语句的标号，如果变量表达式与对应的数值（即标号）相等，就会执行相对应的语句。下面通过例子理解CASE语句的用法，程序代码如下。

```
CASE iData OF
0:                          // 单个标号
xVar1 := TRUE;              // 语句
1:
xVar2 := TRUE;
2,5,6,9:                    // 多个标号
xVar3 := TRUE;
10 .. 20:                   // 区间标号
xVar4 := TRUE;
ELSE
xVar5 := TRUE;
END_CASE;
```

从程序中可以看出，标号有多种形式，既可以是单个数值，如程序中的0和1；也可以是多个数值，如程序中的"2,5,6,9"；还可以是一个区间，如程序中的"10 .. 20"。其执行过程是，先判断变量iData的值，变量的值是多少，就执行相应标号后面的语句。如果变量的值与所有标号都不相等，则执行ELSE后面的语句。

（2）使用CASE语句的注意事项

① 变量表达式既可以是变量，也可以是表达式，但变量必须是整型，表达式的运算结果也必须是整型。

② 标号后面的"："不能省略，否则会编译报错。标号必须是整数或常量，应避免标号重叠。

③ 用".."表示标号范围，两个"."中间不能有空格。

④ 关键字ELSE不是必须的，可以省略。

⑤ CASE语句可以嵌套循环语句，也可以在循环语句中嵌套CASE语句。

4.1.2 [实例20] 温度测量与指示

4.1.2.1 控制要求

某温度测量系统有三个测量点，使用温度传感器铂电阻PT100进行测量，计算输出三个测量点的平均温度值。如果温度低于100℃，低于下限指示灯亮；如果温度为100~300℃，正常指示灯亮；如果温度高于300℃，高于上限指示灯亮。

▶扫一扫 看视频◀

本实例采用西门子的博途软件进行组态与编程，使用的PLC为S7-1200，其输出Q0.0~Q0.2分别用于控制低于下限、正常和高于上限的指示灯。三菱和施耐德PLC的实现请参考视频与程序。

4.1.2.2 西门子博途软件编程

打开西门子博途V16，新建一个项目，添加新设备CPU1214C AC/DC/Rly，版本号

V4.2，生成了一个站点"PLC_1"。在设备视图中，展开右边的硬件目录下的"AI"→
"AI 4×RTD"，将订货号6ES7 231-5PD32-0XB0拖放到2号槽，则添加了一个用于温度检
测输入的模拟量信号模块，从巡视窗口中可以查看到该模块的通道0~通道3的地址为
IW96~IW102。

（1）创建函数"TemperatureCalc"

函数"TemperatureCalc"用于计算平均温度并
输出温度范围指示。展开"项目树"下的程序块，
双击"添加新块"命令，添加一个"函数FC"，
命名为"TemperatureCalc"，语言选择"SCL"。

打开"TemperatureCalc"函数，新建接口参数
变量如图4-1所示。输入参数"iTemperature1"~
"iTemperature3"为三个测量点的温度值，输出参
数"xUpLimit""xNormal""xLowLimit"分别用
于超过上限指示、正常范围指示和低于下限指示。

在编辑区编写的ST语言程序如下。

图 4-1　函数"TemperatureCalc"
的接口参数

```
(*    计算温度值   *)
#rlTempAux1 := INT_TO_REAL(#iTemperature1) / 10.0;
#rlTempAux2 := INT_TO_REAL(#iTemperature2) / 10.0;
#rlTempAux3 := INT_TO_REAL(#iTemperature3) / 10.0;
// 求平均温度值
#rlAverageValue := (#rlTempAux1 + #rlTempAux2 + #rlTempAux3) / 3.0;
// 将平均温度转换为整数，判断温度的范围
CASE REAL_TO_DINT(#rlAverageValue) OF
    -200..99:
        #xLowLimit := TRUE;
        #xNormal := FALSE;
        #xUpLimit := FALSE;
    100..299:
        #xLowLimit := FALSE;
        #xNormal := TRUE;
        #xUpLimit := FALSE;
    ELSE
        #xLowLimit := FALSE;
        #xNormal := FALSE;
        #xUpLimit := TRUE;
END_CASE;
```

PLC对温度传感器PT100的分辨率为0.1℃，输出数据范围为－2000~8500，对应的温度范围为－200~850℃，所以将测量值除以10即可得到测量温度。在程序中，为了提高计算精度，先将三个测量点的测量值转换为实数，再除以10.0，得到测量温度，然后求取三个测量点的平均温度值。将平均温度转换为整数，根据温度值确定所处的范围，输出对应的指示。

（2）在循环程序中调用函数

在PLC变量表中按照图4-2创建变量。从"项目树"下将函数"TemperatureClac"拖放到程序区，单击PLC变量表，从"详细视图"中将变量拖放到函数对应的引脚，编写后的代码如下。

```
"TemperatureCalc"(iTemperature1:="iTempr1",
                  iTemperature2:="iTempr2",
                  iTemperature3:="iTempr3",
                  xUpLimit=>"xUpperLamp",
                  xNormal=>"xNormalLamp",
                  xLowLimit=>"xLowerLamp");
```

4.1.2.3 仿真运行

在"项目树"下的项目上使用鼠标右键单击，在弹出的快捷菜单中选择"属性"→"保护"选项，勾选"块编译时支持仿真"复选框。单击站点"PLC_1"，再单击工具栏中的"启动仿真"按钮🔲，打开仿真器。新建一个仿真项目，并将"PLC_1"站点下载到仿真器中。单击工具栏中的🔳按钮，使PLC运行。

打开仿真器项目树下的"SIM表格_1"，单击表格工具栏中的🔲按钮，将项目变量加载到表格中，如图4-2所示。

单击工具栏中的"启用非输入修改"按钮🔻，修改变量"iTempr1"~"iTempr3"的值，模拟测量过程。它们的平均值如果低于1000（即100℃），"xLowerLamp"为"TRUE"，低于下限指示灯亮；如果大于1000并小于3000（即300℃），"xNormalLamp"为"TRUE"，正常指示灯亮；如果大于3000，"xUpperLamp"为"TRUE"，高于上限指示灯亮。

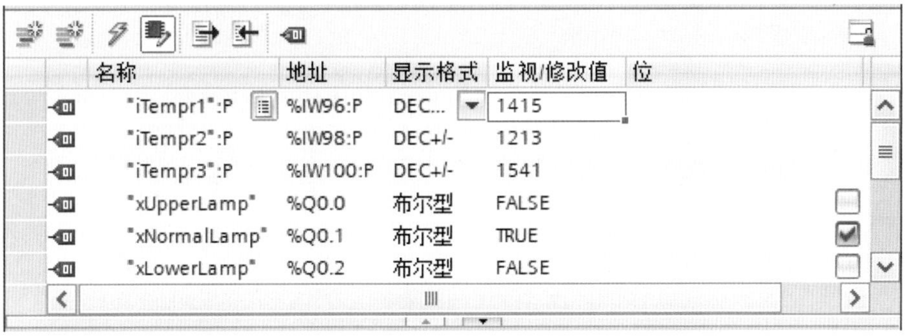

图 4-2　温度测量与指示仿真

117

4.1.3 [实例21] 运料小车控制

4.1.3.1 控制要求

运料小车运送3种原料，其示意图如图4-3所示，运料小车在装料处（I0.3限位）从a、b、c三种原料中选择一种装入，右行送料，自动将原料对应卸在A（I0.4限位）、B（I0.5限位）、C（I0.6限位）处，卸料时间为20s，然后左行返回装料处。

用开关SA1、SA2的状态组合选择在何处卸料。当SA1、SA2均为TRUE时，选择在A处卸料；当SA1为FALSE、SA2为TRUE时，选择在B处卸料；当SA1为TRUE、SA2为FALSE时，选择在C处卸料。

图4-3 小车运料方式示意图

本实例采用西门子的博途软件进行组态与编程，使用的PLC为S7-1200，其I/O端口的分配见表4-1。三菱和施耐德PLC的实现请参考视频与程序。

表4-1 运料小车控制的I/O端口分配表

输入			输出		
输入点	输入器件	作用	输出点	输出器件	作用
I0.0	SA1常开触点	选择开关1	Q0.0	接触器KM1	电动机正转前进
I0.1	SA2常开触点	选择开关2			
I0.2	SB常开触点	启动按钮			
I0.3	SQ1常开触点	原点行程开关			
I0.4	SQ2常开触点	A处行程开关	Q0.1	接触器KM2	电动机反转后退
I0.5	SQ3常开触点	B处行程开关			
I0.6	SQ4常开触点	C处行程开关			

4.1.3.2 西门子博途软件编程

打开西门子博途V16，新建一个项目，添加新设备CPU1214C AC/DC/Rly，版本号V4.2，生成了一个站点"PLC_1"。

（1）编写函数块"CarControl"

函数块"CarControl"用于对运料小车的控制。展开"项目树"下的程序块，双击"添加新块"命令，添加一个"函数块FB"，命名为"CarControl"，语言选择"SCL"。

打开"CarControl"函数块，新建接口参数变量如图4-4所示。输入参数"iChoice"用于选择在何处卸料，"iChoice"为1表示在A处卸料、2表

		名称	数据类型	默认值
1		▼ Input		
2		iChoice	Int	0
3		xStart	Bool	false
4		xSwitchA	Bool	false
5		xSwitchB	Bool	false
6		xSwitchC	Bool	false
7		xOriginSwitch	Bool	false
8		▼ Output		
9		xForward	Bool	false
10		xBackward	Bool	false
11		▶ InOut		
12		▼ Static		
13		▶ TON1	TON_TIME	
14		iChoiceAux	Int	0

CarControl

图4-4 函数块"CarControl"的接口参数

示在 B 处卸料、3 表示在 C 处卸料。参数 "x S t a r t" 用于启动小车，"xSwitchA"～"xSwitchC"分别为A~C处的位置开关，"xOriginSwitch"为原点位置开关。输出参数 "xForward"用于控制运料小车正转前进，"xBackward"用于控制运料小车的反转后退。

在编辑区编写的ST语言代码如下。

```
(*                      运料小车的控制
输入：iChoice—卸料地点选择，1=A 处，2=B 处，3=C 处，0= 未选择
      xStart—启动输入，1=启动；xSwitchA—A 处开关，1= 到 A 处；
      xSwitch—B 处开关，1= 到 B 处；xSwitchC—C 处开关，1= 到 C 处；
      xOriginSwitch—原点开关，1= 到原点
输出：xForward—正转前进，1= 前进；xBackward—反转后退，1= 后退
*)
// 在原点按下"启动"按钮
IF #xStart  AND #xOriginSwitch THEN
    #iChoiceAux := #iChoice;
END_IF;
// 根据选择卸料地点执行选择
CASE #iChoiceAux OF
    0:        // 小车停止
        #xForward := FALSE;
        #xBackward := FALSE;
    1:      // 小车前进到 A 处，转到 4
        #xForward := TRUE;
        IF #xSwitchA THEN
            #iChoiceAux := 4;
        END_IF;
    2:      // 小车前进到 B 处，转到 4
        #xForward := TRUE;
        IF #xSwitchB THEN
            #iChoiceAux := 4;
        END_IF;
    3:     // 小车前进到 C 处，转到 4
        #xForward := TRUE;
        IF #xSwitchC THEN
            #iChoiceAux := 4;
        END_IF;
```

```
    4:    // 小车停止，卸料时间20s，然后后退，转到5
        #xForward := FALSE;
        IF #TON1.Q THEN
            #xBackward := TRUE;
            #iChoiceAux := 5;
        END_IF;
        #TON1(IN := NOT #TON1.Q,
            PT := T#20s);
    5:    // 到原点，转到0，小车停止
        IF #xOriginSwitch THEN
            #iChoiceAux := 0;
        END_IF;
END_CASE;
```

在程序中，如果小车在原点（xOriginSwitch为TRUE）装好料，选择卸料位置，按下"启动"按钮，将卸料地点选择iChoice转存到iChoiceAux。如果iChoiceAux为0，小车不运行。如果iChoiceAux为1，选择在A处卸料，xForward为TRUE，小车前进，如果到达A处（xSwitchA为TRUE），转到标号4。在标号4中，xForward为FALSE，小车停止，开始卸料，卸料时间为20s。卸料时间到，xBackward为TRUE，小车后退返回，转到标号5。在标号5中，如果小车返回原点（xOriginSwitch为TRUE），转到标号0，小车停止。在B处和C处卸料与A处卸料过程相同，请自行分析。

（2）CASE语句与定时器

使用CASE语句时，免不了要和其他语句配合，例如调用功能块IF语句、调用定时器等。在调用定时器时，需要特别注意。在本例中，标号4调用了定时器和IF语句。

如果定时器使用NOT #TON1.Q作为输入条件，IF语句在定时器后，如图4-5所示，则会发现定时器在一直循环延时，没有发生跳转。这是由于延时时间到时，PLC将本次扫描结果暂存起来，并没有刷新输出。在下一个扫描周期开始时，PLC刷新输出，先执行了NOT #TON1.Q，定时器输入断开复位，所以不会执行IF语句。

图4-5　IF语句在定时器后没有跳转

如果IF语句放在定时器T1的前面，延时时间到，可以执行IF语句进行跳转，如图4-6所示。可以看出，执行了IF语句进行跳转后，定时器已经复位。这是由于PLC在下一个扫描周期开始刷新输出时，先执行了IF语句。

图 4-6　IF 语句在定时器前可以跳转

按照一般的逻辑习惯，都是先使用定时器，然后延时时间到，再执行IF语句。如果要这样做，可以使用以下程序。

```
#TON1(IN := NOT #xVar1,
      PT := T#20s,
      Q  => #xVar1,
      ET => #tET1);
   IF #xVar1 THEN
      #xBackward := TRUE;
      #iChoiceAux := 5;
   END_IF;
```

在程序中使用了中间变量xVar1，这个中间变量一定要放在静态变量区。定时器延时时间到，xVar1为TRUE，在下一个扫描周期刷新输出时，定时器的输入先断开，定时器复位，但xVar1在本次扫描中仍然为TRUE，所以可以执行IF语句进行跳转。

（3）在循环程序中调用函数块

在PLC变量表中按照图4-7创建变量，打开"OB1"，从"项目树"下将函数块"CarControl"拖放到程序区，弹出"调用选项"对话框，单击"确定"按钮，添加了该函数块的背景数据块"CarControl_DB"。单击PLC变量表，从"详细视图"中将变量拖放到背景数据块对应的引脚，编写后的代码如下。

```
(******************* 运料小车控制循环程序块 ****************)
// 选择在何处卸料
IF "xChoice1" AND "xChoice2" THEN
   "iChoicePosition" := 1;   // 选择在 A 处卸料
ELSIF NOT "xChoice1" AND "xChoice2" THEN
   "iChoicePosition" := 2;   // 选择在 B 处卸料
ELSIF "xChoice1" AND NOT "xChoice2" THEN
   "iChoicePosition" := 3;   // 选择在 C 处卸料
ELSE
   "iChoicePosition" := 0;   // 停止
END_IF;
```

```
// 调用函数块 CarControl
"CarControl_DB"(iChoice        := "iChoicePosition",
                xStart        := "xStartCar",
                xSwitchA      := "xLimitA",
                xSwitchB      := "xLimitB",
                xSwitchC      := "xLimitC",
                xOriginSwitch := "xOriginLimit",
                xForward      => "xCarForward",
                xBackward     => "xCarBackward");
```

在程序中，先根据选择输入xChoice1和xChoice2决定在何处卸料。如果xChoice1和xChoice2均为TRUE，iChoicePosition为1，选择在A处卸料；如果只有xChoice2为TRUE，iChoicePosition为2，选择在B处卸料；如果只有xChoice1为TRUE，iChoicePosition为3，选择在C处卸料；如果xChoice1和xChoice2均为FALSE，iChoicePosition为0，小车不运行。然后调用函数块CarControl对小车的卸料过程进行控制。

4.1.3.3 仿真运行

在"项目树"下的项目上使用鼠标右键单击，在弹出的快捷菜单中选择"属性"→"保护"选项，勾选"块编译时支持仿真"复选框。单击站点"PLC_1"，再单击工具栏中的"启动仿真"按钮🔳，打开仿真器。新建一个仿真项目，并将"PLC_1"站点下载到仿真器中。单击工具栏中的🔳按钮，使PLC运行。

打开仿真器项目树下的"SIM表格_1"，单击表格工具栏中的🔳按钮，将项目变量加载到表格中，如图4-7所示。

勾选"xOriginLimit"复选框，小车处于原点位置。如果没有勾选"xChoice1"和"xChoice2"，单击"xStartCar"按钮，没有反应，说明没有选择卸料位置。

（1）选择A处卸料

勾选"xOriginLimit"，小车处于原点位置。同时勾选"xChoice1"和"xChoice2"，选择在A处卸料。单击"xStartCar"按钮，"xCarForward"为"TRUE"，小车前进。取消勾选"xOriginLimit"，小车离开原点。勾选"xLimitA"，小车到达A处，"xCarForward"变为"FALSE"，小车停止，同时定时器TON1的当前值ET在卸料延时。TON1延时时间到，"xCarBackward"为"TRUE"，小车后退，取消勾选"xLimitA"，小车离开A处。勾选"xOriginLimit"，小车到达原点，"xCarBackward"变为"FALSE"，小车停在原点。

（2）选择B处卸料

取消勾选"xChoice1"，只勾选"xChoice2"，选择在B处卸料。单击"xStartCar"按钮，"xCarForward"为"TRUE"，小车前进。取消勾选"xOriginLimit"，小车离开原点。勾选"xLimitA"，没有反应，小车到达A处不会停止，取消勾选"xLimitA"。勾选"xLimitB"，小车到达B处，"xCarForward"变为"FALSE"，小车停止，同时定时器TON1的当前值ET在延时卸料。TON1延时时间到,"xCarBackward"为"TRUE",小车后退,取消勾选"xLimitB",小车离开B处。勾选"xOriginLimit",小车到达原点,"xCarBackward"变为"FALSE",小车停在原点。

(3)选择C处卸料

勾选"xChoice1",取消勾选"xChoice2",选择在C处卸料。单击"xStartCar"按钮,"xCarForward"为"TRUE",小车前进。取消勾选"xOriginLimit",小车离开原点。勾选"xLimitA"或"xLimitB",均没有反应,小车到达A处或B处不会停止,取消勾选"xLimitA"和"xLimitB"。勾选"xLimitC",小车到达C处,"xCarForward"变为"FALSE",小车停止,同时定时器TON1的当前值ET在延时卸料。TON1延时时间到,"xCarBackward"为"TRUE",小车后退,取消勾选"xLimitC",小车离开C处。勾选"xOriginLimit",小车到达原点,"xCarBackward"变为"FALSE",小车停在原点。

图4-7 运料小车控制仿真

4.1.4 **[实例22] 交通信号灯的控制**

4.1.4.1 控制要求

某十字路口的交通信号灯,控制要求如下。

① 当按下"启动"按钮时,东西和南北方向的红灯亮3s,开始进入正常循环状态,按照如图4-8所示的周期进行循环。南北信号灯和东西信号灯同时工作,在开始的30s期间,东西信号绿灯亮,南北信号红灯亮;在随后的3s期间,东西信号黄灯闪烁,南北信号保持红灯亮;在之后的40s期间,东西信号红灯亮,南北信号绿灯亮;在最后的3s期间,东西信号保持红灯亮,南北信号黄灯闪烁。

② 当按下"停止"按钮时,东西方向和南北方向的信号灯全部熄灭。

③ 当按下"紧急停止"按钮时,东西方向和南北方向的红灯闪烁,其余信号灯全部

▶扫一扫 看视频◀

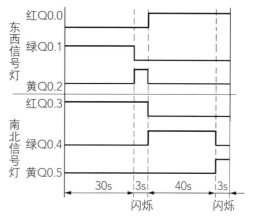

图4-8 交通信号灯信号时序图

熄灭。

本实例采用西门子的博途软件进行组态与编程，使用的PLC为S7-1200，其输入/输出端口分配见表4-2。三菱和施耐德PLC的实现请参考视频与程序。

表4-2 交通信号灯控制的I/O端口分配表

输入			输出		
输入点	输入器件	作用	输出点	输出器件	作用
I0.0	SB1常开触点	启动	Q0.0	信号灯HL1	东西红灯
			Q0.1	信号灯HL2	东西绿灯
I0.1	SB2常开触点	停止	Q0.2	信号灯HL3	东西黄灯
			Q0.3	信号灯HL4	南北红灯
I0.2	SB3常闭触点	急停	Q0.4	信号灯HL5	南北绿灯
			Q0.5	信号灯HL6	南北黄灯

4.1.4.2 西门子博途软件编程

打开西门子博途V16，新建一个项目，添加新设备CPU1214C AC/DC/Rly，版本号V4.2，生成了一个站点"PLC_1"。在设备视图的属性窗口中，单击"系统和时钟存储器"选项，勾选"启用时钟存储器字节"复选框。

（1）编写函数块"TrafficLights"

函数块"TrafficLights"用于控制交通信号灯。展开"项目树"下的程序块，双击"添加新块"命令，添加一个"函数块FB"，命名为"TrafficLights"，语言选择"SCL"。

打开"TrafficLights"函数块，新建接口参数变量如图4-9所示。输入参数"xStart""xStop""xEmergency"分别为启动、停止和急停，"iEW_GreenTimeS""iNS_GreenTimeS"和"iFlashingTimeS"分别为东西绿灯时间、南北绿灯时间和闪烁时间，"xPuls1s"为秒脉冲。输出参数"xEW_Red""xEW_Green""xEW_Yellow"分别为东西方向的红灯、绿灯和黄灯，"xNS_Red""xNS_Green""xNS_Yellow"分别为南北方向的红灯、绿灯和黄灯。静态参数istep用于保存步数、xPuls1sLastStatus为秒脉冲的上一次状态、iTimerET1~iTimerET5为定时器1~5的当前时间（单位s）、xTimerQ1~xTimerQ5为定时器1~5的状态输出。临时参数xPuls1sRisingEdge为秒脉冲的上升沿。

根据控制要求，编写的ST语言代码如下。

TrafficLights			
	名称		数据类型	默认值
1	▼ Input		
2	xStart	Bool	false
3	xStop	Bool	false
4	xEmergency	Bool	false
5	iEW_GreenTimeS	Int	0
6	iNS_GreenTimeS	Int	0
7	iFlashingTimeS	Int	0
8	xPuls1s	Bool	false
9	▼ Output		
10	xEW_Red	Bool	false
11	xEW_Green	Bool	false
12	xEW_Yellow	Bool	false
13	xNS_Red	Bool	false
14	xNS_Green	Bool	false
15	xNS_Yellow	Bool	false
16	▶ InOut		
17	▼ Static		
18	iStep	Int	0
19	xPuls1sLastStatus	Bool	false
20	iTimerET1	Int	0
21	xTimerQ1	Bool	false
22	iTimerET2	Int	0
23	xTimerQ2	Bool	false
24	iTimerET3	Int	0
25	xTimerQ3	Bool	false
26	iTimerET4	Int	0
27	xTimerQ4	Bool	false
28	iTimerET5	Int	0
29	xTimerQ5	Bool	false
30	▼ Temp		
31	xPuls1sRisingEdge	Bool	

图 4-9 函数块"TrafficLights"的接口参数

```
(*                    交通信号灯的控制
输入：xStart—启动，1=启动；xStop—停止，1=停止；xEmergency—急停，0=急停；
    iEW_GreenTimeS—东西绿灯时间，单位 s；iNS_GreenTimeS—南北绿灯时间，
    单位 s；
    xPuls1s—秒脉冲
输出：xEW_Red—东西红灯，1=亮；xEW_Green—东西绿灯，1=亮；
    xEW_Yellow—东西黄灯，1=亮；
    xNS_Red—南北红灯，1=亮；xNS_Green—南北绿灯，1=亮；
    xNS_Yellow—南北黄灯，1=亮
*)
// 获取秒脉冲上升沿
#xPuls1sRisingEdge := #xPuls1s AND NOT #xPuls1sLastStatus;
#xPuls1sLastStatus := #xPuls1s;
IF #xStop THEN            // 东西南北方向信号灯熄灭
    #iStep := 0;
END_IF;
IF NOT #xEmergency  THEN  // 急停
    #iStep := 1;
END_IF;
IF #xStart THEN           // 启动
    #iStep := 2;
END_IF;
CASE #iStep OF
    0:                    // 所有信号灯关闭
        #xEW_Red := FALSE;
        #xEW_Green := FALSE;
        #xEW_Yellow := FALSE;
        #xNS_Red := FALSE;
        #xNS_Green := FALSE;
        #xNS_Yellow := FALSE;
    1:                    // 急停，红灯闪烁
        #xEW_Red := #xPuls1s;
        #xNS_Red := #xPuls1s;
        #xEW_Green := FALSE;
        #xEW_Yellow:= FALSE;
        #xNS_Green := FALSE;
        #xNS_Yellow := FALSE;
```

125

```
2:                              // 启动, 东西和南北红灯亮 iFlashingTimeS 时间
    #xEW_Red := TRUE;
    #xNS_Red := TRUE;
    // 每秒当前计数值加 1
    IF (#xTimerQ1) THEN
        #iTimerET1 := 0;
        #xTimerQ1 := FALSE;
    ELSIF (NOT #xTimerQ1 AND #xPuls1sRisingEdge ) THEN
        #iTimerET1 := #iTimerET1 + 1;
        #xTimerQ1 := #iTimerET1 >= #iFlashingTimeS;
    END_IF;
    IF #xTimerQ1 THEN
        #xEW_Red := FALSE; // 时间到, 东西和南北红灯熄灭, 转到步 3
        #xNS_Red := FALSE;
        #iStep := 3;
    END_IF;
3:                    // 东西绿灯亮, 南北红灯亮 iEW_GreenTimeS 时间
    #xEW_Green := TRUE;
    #xNS_Red := TRUE;
    // 每秒当前计数值加 1
    IF (#xTimerQ2) THEN
        #iTimerET2 := 0;
        #xTimerQ2 := FALSE;
    ELSIF (NOT #xTimerQ2 AND #xPuls1sRisingEdge) THEN
        #iTimerET2 := #iTimerET2 + 1;
        #xTimerQ2 := #iTimerET2 >= #iEW_GreenTimeS;
    END_IF;
    IF #xTimerQ2 THEN
        #xEW_Green := FALSE; // 延时到, 东西绿灯熄灭, 转到步 4
        #iStep := 4;
    END_IF;
4:                    // 东西黄灯闪烁 iFlashingTimeS 时间
    #xEW_Yellow := #xPuls1s;
    // 每秒当前计数值加 1
    IF (#xTimerQ3) THEN
        #iTimerET3 := 0;
        #xTimerQ3 := FALSE;
```

```
    ELSIF (NOT #xTimerQ3 AND #xPuls1sRisingEdge) THEN
        #iTimerET3 := #iTimerET3 + 1;
        #xTimerQ3 := #iTimerET3 >= #iFlashingTimeS;
    END_IF;
    IF #xTimerQ3 THEN
        #xEW_Yellow := FALSE; // 时间到，东西黄灯、南北红灯熄灭，转到步5
        #xNS_Red := FALSE;
        #iStep := 5;
    END_IF;
5:              // 东西红灯亮，南北绿灯亮 iNS_GreenTimeS 时间
    #xEW_Red := TRUE;
    #xNS_Green := TRUE;
    // 每秒当前计数值加1
    IF (#xTimerQ4) THEN
        #iTimerET4 := 0;
        #xTimerQ4 := FALSE;
    ELSIF (NOT #xTimerQ4 AND #xPuls1sRisingEdge) THEN
        #iTimerET4 := #iTimerET4 + 1;
        #xTimerQ4 := #iTimerET4 >= #iNS_GreenTimeS;
    END_IF;
    IF #xTimerQ4 THEN
        #xNS_Green := FALSE;// 延时到，南北绿灯熄灭，转到步6
        #iStep := 6;
    END_IF;
6:              // 南北黄灯闪烁 iFlashingTimeS 时间
    #xNS_Yellow := #xPuls1s;
    // 每秒当前计数值加1
    IF (#xTimerQ5) THEN
        #iTimerET5 := 0;
        #xTimerQ5 := FALSE;
    ELSIF (NOT #xTimerQ5 AND #xPuls1sRisingEdge) THEN
        #iTimerET5 := #iTimerET5 + 1;
        #xTimerQ5 := #iTimerET5 >= #iFlashingTimeS;
    END_IF;
    IF #xTimerQ5 THEN
        #xEW_Red := FALSE; // 东西红灯、南北黄灯熄灭，转到步3
        #xNS_Yellow := FALSE;
```

```
            #iStep := 3;
        END_IF;
    END_CASE;
```

在程序中，首先获取秒脉冲的上升沿。如果按下"停止"按钮，进入步0，东西南北方向的所有信号灯都熄灭。如果按下"急停"按钮，进入步1，东西和南北方向的红灯闪烁，其余指示灯熄灭。如果按下"启动"按钮，进入步2，东西和南北方向的红灯亮iFlashingTimeS设定的时间，进入步3。

在步3中，东西绿灯亮，南北红灯亮，绿灯亮的时间为iEW_GreenTime设定的秒数。时间到，东西绿灯熄灭，进入步4。

在步4中，东西黄灯开始闪烁，闪烁时间为iFlashingTimeS设定的秒数。时间到，东西黄灯和南北红灯熄灭，进入步5。

在步5中，东西红灯亮，南北绿灯亮，绿灯亮的时间为iNS_GreenTimeS设定的秒数。时间到，南北绿灯熄灭，进入步6。

在步6中，南北黄灯开始闪烁，闪烁时间为iFlashingTimeS设定的秒数。时间到，东西红灯和南北黄灯熄灭，进入步3，开始下一个循环周期。

（2）在循环程序中调用函数块

在PLC变量表中按照图4-10创建变量。打开"OB1"，从"项目树"下将函数块"TrafficLights"拖放到程序区，弹出"调用选项"对话框，单击"确定"按钮，添加了该函数块的背景数据块"TrafficLights_DB"。单击PLC变量表，从"详细视图"中将变量拖放到背景数据块对应的引脚，编写后的代码如下。

```
"TrafficLights_DB"(xStart        := "xStartButton",
            xStop          := "xStopButton",
            xEmergency     := "xEmergencyButton",
            iEW_GreenTimeS := 30,
            iNS_GreenTimeS := 40,
            iFlashingTimeS := 3,
            xPuls1s        := "Clock_1Hz",
            xEW_Red        => "xEW_RedOut",
            xEW_Green      => "xEW_GreenOut",
            xEW_Yellow     => "xEW_YellowOut",
            xNS_Red        => "xNS_RedOut",
            xNS_Green      => "xNS_GreenOut",
            xNS_Yellow     => "xNS_YellowOut");
```

在程序中，设定东西绿灯时间为30s，南北绿灯时间为40s，闪烁时间为3s。

4.1.4.3 仿真运行

在"项目树"下的项目上使用鼠标右键单击，在弹出的快捷菜单中选择"属性"→"保护"选项，勾选"块编译时支持仿真"复选框。单击站点"PLC_1"，再单击工具栏中的"启动仿真"按钮🔲，打开仿真器。新建一个仿真项目，并将"PLC_1"站点下载到仿真器中。单击工具栏中的🔼按钮，使PLC运行。

打开仿真器项目树下的"SIM表格_1"，单击表格工具栏中的🔲按钮，将项目变量加载到表格中，如图4-10所示。

勾选变量"xEmergencyButton"，单击变量"xStartButton"按钮，信号灯按照图4-8所示的时序进行循环。

单击变量"xStopButton"按钮，指示灯全部熄灭。

取消勾选变量"xEmergencyButton"，变量"xEW_RedOut"和"xNS_RedOut"开始闪烁，即东西和南北红灯闪烁。

图4-10　交通信号灯的控制仿真

4.1.5　[实例23] 工件搬运

4.1.5.1 控制要求

某工件搬运系统由A、B、C三个气缸组成，如图4-11所示。A气缸和B气缸的初始状态为缩回，C气缸的初始状态为伸出，控制要求如下。

① 按下"启动"按钮，A气缸伸出，把工件从位置1搬运到位置2，然后A气缸缩回；B气缸伸出，把工件从位置2搬运到位置3，然后B气缸缩回；C气缸缩回，把工件从位置3搬运到位置4，然后C气缸伸出。将工件从位置1搬运到位置4，进入下一个循环。

② 在搬运过程中，按下"停止"按钮，停止搬运动作；再次按下"启动"按钮时，从停止前的位置继续搬运。

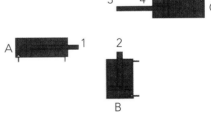

图4-11　工件搬运的气缸驱动机构

本实例采用西门子的博途软件进行组态与编程，使用的PLC为CPU1214C，其输入/输出端口分配见表4-3。

表4-3　工件搬运控制的I/O端口分配表

输入			输出		
输入点	输入器件	作用	输出点	输出器件	作用
I0.0	SM1常开触点	A气缸伸出到位磁性开关	Q0.0	A气缸电磁阀线圈YV1	A气缸伸出
I0.1	SM2常开触点	A气缸缩回到位磁性开关	Q0.1	A气缸电磁阀线圈YV2	A气缸缩回
I0.2	SM3常开触点	B气缸伸出到位磁性开关	Q0.2	B气缸电磁阀线圈YV3	B气缸伸出
I0.3	SM4常开触点	B气缸缩回到位磁性开关	Q0.3	B气缸电磁阀线圈YV4	B气缸缩回
I0.4	SM5常开触点	C气缸伸出到位磁性开关	Q0.4	C气缸电磁阀线圈YV5	C气缸伸出
I0.5	SM6常开触点	C气缸缩回到位磁性开关	Q0.5	C气缸电磁阀线圈YV6	C气缸缩回
I0.6	SB1常开触点	启动	—	—	—
I0.7	SB2常开触点	停止	—	—	—

4.1.5.2　西门子博途软件编程

打开西门子博途V16，新建一个项目，添加新设备CPU1214C AC/DC/Rly，版本号V4.2，生成了一个站点PLC_1。

（1）编写函数块"WorkpieceTransport"

函数块"WorkpieceTransport"用于根据输入对电磁阀进行控制，同时保存停止前的运行状态。展开在"项目树"下的程序块，双击"添加新块"命令，添加一个"函数块FB"，命名为"WorkpieceTransport"，语言选择"SCL"。

打开"WorkpieceTransport"函数块，新建接口参数变量如图4-12所示。输入"bPLC_Input"为输入字节，用AT指令将其映射为输入位数组"axInputArray"，数组的元素"axInputArray[0]"~"axInputArray[7]"与PLC的输入"I0.0"~"I0.7"一一对应。按照同样的方法，将输出变量"bPLC_Output"映射为位数组"axOutputArray"，数组的元素"axOutputArray[0]"~"axOutputArray[7]"与PLC的输出"Q0.0"~"Q0.7"一一对应。

		WorkpieceTransport				
		名称		数据类型	偏移量	默认值	注释
1		▼ Input				
2		■ bPLC_Input		Byte	0.0	16#0	PLC输入字节
3		▼ Output				
4		■ bPLC_Output		Byte	2.0	16#0	PLC输出字节
5		▶ InOut				
6		▼ Static				
7		■ bInputAux		Byte	4.0	16#0	输入字节辅助
8		▶ axInputArray	AT"bInputAux"	Array[0..7] of Bool	4.0		输入位
9		■ bOutputAux		Byte	5.0	16#0	输出字节辅助
10		▶ axOutputArray	AT"bOutputAux"	Array[0..7] of Bool	5.0		输出位
11		■ xRun		Bool	6.0	false	运行标志
12		■ iStep		Int	8.0	0	步

图4-12　函数块"WorkpieceTransport"的接口参数

在编辑区域，根据控制要求编写的ST语言代码如下。

```
#bInputAux := #bPLC_Input;//输入字节转存
IF #axInputArray[6] THEN // 如果按下"启动"按钮，运行标志为 TRUE
    #xRun := TRUE;
END_IF;
IF #axInputArray[7] THEN // 如果按下"停止"按钮，运行标志为 FALSE
    #xRun := FALSE;
END_IF;
CASE #iStep OF
    0:  //A 气缸伸出
        #axOutputArray[0] := #xRun; //A 气缸伸出电磁阀通电
        #axOutputArray[1] := FALSE; //A 气缸缩回电磁阀断电
        IF #axInputArray[0] THEN    // 如果伸出到位，转到步 1
            #iStep := 1;
        END_IF;
    1:  //A 气缸缩回
        #axOutputArray[0] := FALSE;//A 气缸伸出电磁阀断电
        #axOutputArray[1] := #xRun;//A 气缸缩回电磁阀通电
        IF #axInputArray[1] THEN  // 如果缩回到位，转到步 10
            #axOutputArray[1] := FALSE;
            #iStep := 10;
        END_IF;
    10:  //B 气缸伸出
        #axOutputArray[2] := #xRun;//B 气缸伸出电磁阀通电
        #axOutputArray[3] := FALSE;//B 气缸缩回电磁阀断电
        IF #axInputArray[2] THEN    // 如果伸出到位，转到步 11
            #iStep := 11;
        END_IF;
    11: //B 气缸缩回
        #axOutputArray[2] := FALSE;//B 气缸伸出电磁阀断电
        #axOutputArray[3] := #xRun;//B 气缸缩回电磁阀通电
        IF #axInputArray[3] THEN   // 如果缩回到位，转到步 20
            #axOutputArray[3] := FALSE;
            #iStep := 20;
        END_IF;
```

```
20:  //C气缸缩回
     #axOutputArray[4] := FALSE;  //C气缸伸出电磁阀断电
     #axOutputArray[5] := #xRun;  //C气缸缩回电磁阀通电
     IF #axInputArray[5] THEN     // 如果缩回到位, 转到步21
         #iStep := 21;
     END_IF;
21:  //C气缸伸出
     #axOutputArray[4] := #xRun;  //C气缸伸出电磁阀通电
     #axOutputArray[5] := FALSE;  //C气缸缩回电磁阀断电
     IF #axInputArray[4] THEN     // 如果伸出到位, 转到步0
         #axOutputArray[4] := FALSE;
         #iStep := 0;
     END_IF;
END_CASE;
#bPLC_Output := #bOutputAux;  // 输出
```

在程序中, 首先将输入字节bPLC_Input转存到静态变量bInputAux中。当axInputArray[6]（对应启动I0.6）为TRUE时, 运行标志xRun为TRUE, 开始启动运行; 当axInputArray[7]（对应停止I0.7）为TRUE时, 运行标志xRun为FALSE, 停止运行。

开始运行时, iStep为0, 执行第0步, axOutputArray[0]（对应Q0.0）为TRUE, A气缸伸出电磁阀线圈通电, 气缸伸出, 将工件从位置1搬运到位置2。当检测到A气缸伸出到位, 磁性开关axInputArray[0]（对应I0.0）为TRUE, 转到第1步。

在第1步中, axOutputArray[1]（对应Q0.1）为TRUE, A气缸缩回电磁阀线圈通电, 气缸缩回。当检测到A气缸缩回到位, 磁性开关axInputArray[1]（对应I0.1）为TRUE, 转到第10步。

在第10步中, axOutputArray[2]（对应Q0.2）为TRUE, B气缸伸出电磁阀线圈通电, 气缸伸出, 将工件从位置2搬运到位置3。当检测到B气缸伸出到位, 磁性开关axInputArray[2]（对应I0.2）为TRUE, 转到第11步。

在第11步中, axOutputArray[3]（对应Q0.3）为TRUE, B气缸缩回电磁阀线圈通电, 气缸缩回。当检测到B气缸缩回到位, 磁性开关axInputArray[3]（对应I0.3）为TRUE, 转到第20步。

在第20步中, axOutputArray[5]（对应Q0.5）为TRUE, C气缸缩回电磁阀线圈通电, 气缸缩回, 将工件从位置3搬运到位置4。当检测到C气缸缩回到位, 磁性开关axInputArray[5]（对应I0.5）为TRUE, 转到第21步。

在第21步中, axOutputArray[4]（对应Q0.4）为TRUE, C气缸伸出电磁阀线圈通电, 气缸伸出。当检测到C气缸伸出到位, 磁性开关axInputArray[4]（对应I0.4）为TRUE, 转到第0步, 对下一个工件进行搬运。

最后将输出位数组对应的字节bOutputAux赋值给输出bPLC_Output。

在运行过程中，如果按下"停止"按钮，由于步iStep为静态变量，可以保存当前步的值。当重新按下"启动"按钮时，从当前步继续执行。

（2）在循环程序中调用函数块

在PLC变量表中按照图4-13创建PLC的I/O变量。打开"OB1"，从"项目树"下将函数块"WorkpieceTransport"拖放到程序区，弹出"调用选项"对话框，单击"确定"按钮，添加了该函数块的背景数据块"WorkpieceTransport_DB"。单击PLC变量表，从"详细视图"中将变量拖放到背景数据块对应的引脚，编写后的代码如下。

```
"WorkpieceTransport_DB"(bPLC_Input  := "bPLC_Input",
                        bPLC_Output => "bPLC_Output");
```

4.1.5.3　仿真运行

在"项目树"下的项目上使用鼠标右键单击，在弹出的快捷菜单中选择"属性"→"保护"选项，勾选"块编译时支持仿真"复选框。单击站点"PLC_1"，再单击工具栏中的"启动仿真"按钮🖳，打开仿真器。新建一个仿真项目，并将"PLC_1"站点下载到仿真器中。单击工具栏中的🔛按钮，使PLC运行。

打开仿真器项目树下的"SIM表格_1"，单击表格工具栏中的🔳按钮，将项目变量加载到表格中，如图4-13所示。单击工具栏中的"启用非输入修改"按钮➡，可以勾选IB0的各个位。勾选IB0的I0.6并取消勾选一次，相当于按下"启动"按钮，xRun为TRUE，启动运行。

（1）A气缸的伸出与缩回

开始运行时，QB0的Q0.0为TRUE，A气缸伸出，将工件从位置1搬运到位置2，取消勾选A气缸缩回到位磁性开关I0.1。如果A气缸伸出到位，勾选伸出到位磁性开关I0.0，Q0.1为TRUE，A气缸缩回。由于气缸缩回，不再检测到伸出磁性开关，所以再取消勾选I0.0。勾选A气缸缩回到位磁性开关I0.1，Q0.2为TRUE。

（2）B气缸的伸出与缩回

由于Q0.2为TRUE，B气缸伸出，将工件从位置2搬运到位置3，取消勾选B气缸缩回到位磁性开关I0.3。如果B气缸伸出到位，勾选伸出到位磁性开关I0.2，Q0.3为TRUE，B气缸缩回，再取消勾选伸出到位磁性开关I0.2。勾选B气缸缩回到位磁性开关I0.3，Q0.5为TRUE。

（3）C气缸的缩回与伸出

由于Q0.5为TRUE，C气缸缩回，将工件从位置3搬运到位置4，取消勾选C气缸伸出到位磁性开关I0.4。如果C气缸缩回到位，勾选缩回到位磁性开关I0.5，Q0.4为TRUE，C气缸伸出，再取消勾选缩回到位磁性开关I0.5。勾选C气缸伸出到位磁性开关I0.4，Q0.0为TRUE，对下一个工件进行搬运。

在工件搬运期间，如果勾选I0.7后再取消勾选一次，相当于按下"停止"按钮，QB0输出清零，气缸不再动作。再次勾选I0.6后取消勾选，气缸从停止前的状态继续执行。

图 4-13　工件搬运仿真

▷ 4.2　FOR循环语句

4.2.1　FOR语句

（1）FOR语句的执行过程

FOR语句用于重复执行的程序，当条件为TRUE时，重复执行循环体内的语句；如果条件为FALSE，则终止循环，具体的格式如下。

```
FOR <循环变量> := <循环开始时变量值> TO <循环结束时变量值> [BY <步长>]
DO
    <语句>;
END_FOR;
```

FOR语句的执行过程如下。

① 判断<循环变量>的值是否在<循环开始时变量值>与<循环结束时变量值>之间，如果<循环变量>的值在二者之间，执行<语句>；否则，跳出循环，不再执行<语句>。

② 在每次执行<语句>时，<循环变量>总是按照指定的步长增加其值。步长可以是任意的整数值。[BY <步长>]表示可以省略，也就是不指定步长，则其默认值是1。

③ 当<循环变量>的值大于<循环结束时变量值>时，退出循环。

可以通过下面的代码来理解。

```
FOR iLoopCount := 0 TO 10 BY 1 DO
iData := iData + iLoopCount;
END_FOR;
```

这段代码的含义是，变量iLoopCount的值从0递增到10，每次循环递增1，变量iLoopCount总共取了11个值（0~10），赋值语句"iData := iData + iLoopCount;"执行了11次，实现了从0加到10的运算。这就是循环语句的意义，根据条件让同一段语句反复执行。执行完成后，iLoopCount的值为11，变量iData的值为55。

（2）使用FOR循环的注意事项

使用FOR循环应注意以下几个方面。

① 应使FOR循环在一个扫描周期内执行完成，否则会造成错误。可以使用条件语句作为FOR循环的触发条件。

② FOR循环语句可以嵌套，但不宜嵌套过多。

③ 循环变量必须定义为整数类型，不能定义为REAL。

④ 循环结束时的变量值不能大于循环变量的取值范围。

⑤ 在计算机高级语言中，循环变量一般使用i、j、k、m、n等单字母，西门子博途和施耐德SoMachine中可以使用，但在有些PLC中不允许使用，例如三菱GX Works2就不允许使用。

4.2.2 [实例24] 使用FOR循环初始化数组

4.2.2.1 控制要求

使用FOR循环将数据块中的数组初始化为指定的值。本实例采用西门子的博途软件进行组态与编程，使用的PLC为S7-1200，三菱和施耐德PLC的实现请参考视频与程序。

4.2.2.2 西门子博途软件编程

打开西门子博途V16，新建一个项目，添加新设备CPU1214C AC/DC/Rly，版本号V4.2，生成了一个站点"PLC_1"。

（1）编写函数"InitArrayWithFOR"

函数"InitArrayWithFOR"用于对数组进行初始化。展开"项目树"下的程序块，双击"添加新块"命令，添加一个"函数FC"，命名为"InitArrayWithFOR"，语言选择"SCL"。打开该函数，新建接口参数变量如图4-14上部所示。其中，"xStart"为赋值开始输入，"rlValue"为所赋的值，"arlArrayOut"为输出数组。

在编辑区编程ST语言代码如图4-14下部所示。如果没有启动，返回调用该函数的程序；否则，执行FOR循环，将"arlArrayOut[1]"～"arlArrayOut[10]"的值都赋值为"rlValue"。

图 4-14　函数"InitArrayWithFOR"

（2）在循环程序中调用函数

双击"添加新块"命令，添加一个全局数据块"DataDB1"，添加Array[1..10] of Real类型的数组"arlData"、BOOL类型的变量"xStart"和REAL类型的变量"rlInitValue"，如图4-15所示。打开"OB1"，从"项目树"下将函数"InitArrayWithFOR"拖放到程序区。单击数据块，从"详细视图"中将变量拖放到该函数对应的引脚，编写后的代码如下。

```
"InitArrayWithFOR"(xStart   := "DataDB1".xStart,
        rlValue  := "DataDB1".rlInitValue,
        arlArrayOut => "DataDB1".arlData);
```

4.2.2.3　仿真运行

在"项目树"下的项目上使用鼠标右键单击，在弹出的快捷菜单中选择"属性"→"保护"选项，勾选"块编译时支持仿真"复选框。单击站点"PLC_1"，再单击工具栏中的"启动仿真"按钮![img icon]，将"PLC_1"站点下载到仿真器中。单击工具栏中的![img icon]按钮，使PLC运行。

打开数据块"DataDB1"，单击工具栏中的"监视"按钮![img icon]，监视如图4-15所示。双击"rlInitValue"的监视值，修改为50，再双击变量"xStart"，将其监视值修改为

		名称	数据类型	起始值	监视值
1	⬜	▼ Static			
2	⬜ ■	▼ arlData	Array[1..10] of Real		
3	⬜	■ arlData[1]	Real	0.0	50.0
4	⬜	■ arlData[2]	Real	0.0	50.0
5	⬜	■ arlData[3]	Real	0.0	50.0
6	⬜	■ arlData[4]	Real	0.0	50.0
7	⬜	■ arlData[5]	Real	0.0	50.0
8	⬜	■ arlData[6]	Real	0.0	50.0
9	⬜	■ arlData[7]	Real	0.0	50.0
10	⬜	■ arlData[8]	Real	0.0	50.0
11	⬜	■ arlData[9]	Real	0.0	50.0
12	⬜	■ arlData[10]	Real	0.0	50.0
13	⬜ ■	xStart	Bool	false	TRUE
14	⬜	rlInitValue	Real		50.0

图4-15　使用FOR循环初始化数组仿真

"TRUE"，则"arlData[1]"～"arlData[10]"都初始化为"rlInitValue"的值。

4.2.3　[实例25]　使用FOR循环实现字中取位

▶扫一扫　看视频◀

4.2.3.1　控制要求

使用FOR循环将一个WORD类型的变量解析为16个BOOL类型的位。本实例采用西门子的博途软件进行组态与编程，使用的PLC为S7-1200，三菱和施耐德PLC的实现请参考视频与程序。

4.2.3.2　西门子博途软件编程

打开西门子博途V16，新建一个项目，添加新设备CPU1214C AC/DC/Rly，版本号V4.2，生成了一个站点"PLC_1"。

（1）编写函数块"WordToBool"

由于函数不能返回数组类型的数据，所以字中取位使用函数块实现。函数块"WordToBool"用于将指定字中的位转换为位数组输出。展开"项目树"下的程序块，双击"添加新块"命令，添加一个"函数块FB"，命名为"WordToBool"，语言选择"SCL"。

打开该函数块，新建接口参数变量如图4-16上部所示。其中，"wBuffer"为WORD类型的输入，"axArrayMotor"为包括16个BOOL类型元素的数组，"LoopCount"为循环变量，"wBufferAux"为wBuffer的辅助变量。

在编辑区编程ST语言代码如图4-16下部所示。以第5次循环为例，如果wBuffer的第5位为×（0或1），在第8行中将wBuffer先右移4位，然后和16#0001相"与"，则wBufferAux为2#0000_0000_0000_000×。在第9行中，将wBufferAux的最低位转换为BOOL类型的数据，保存到位数组元素中。

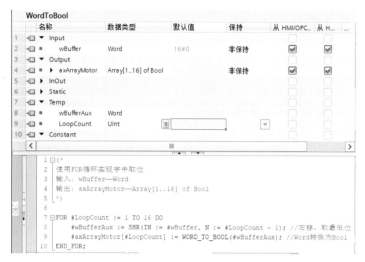

图 4-16 使用 FOR 循环编写的函数块 "WordToBool"

（2）在循环程序中调用函数块

双击"添加新块"命令，添加一个全局数据块，添加WORD类型的变量"wBufferIn"和Array[1..16] of Bool类型的数组"axArrayMotorOut"，如图4-17所示。打开"OB1"，从"项目树"下将函数块"WordToBool"拖放到程序区，弹出"调用选项"对话框，单击"确定"按钮，添加了该函数块的背景数据块"WordToBool_DB"。单击数据块，从"详细视图"中将变量拖放到背景数据块对应的引脚，编写后的代码如下。

```
"WordToBool_DB"(wBuffer       := "数据块_1".wBufferIn,
          axArrayMotor => "数据块_1".axArrayMotorOut);
```

4.2.3.3 仿真运行

在"项目树"下的项目上使用鼠标右键单击，在弹出的快捷菜单中选择"属性"→"保护"选项，勾选"块编译时支持仿真"复选框。单击站点"PLC_1"，再单击工具栏中的"启动仿真"按钮，将"PLC_1"站点下载到仿真器中。单击工具栏中的按钮，使PLC运行。

单击数据块工具栏中的"监视"按钮，双击"wBufferIn"的监视值，将其修改为"16#8537"，结果如图4-17所示，"axArrayMotorOut[16]"～"axArrayMotorOut[1]"为"2#1000_0101_0011_0111"，即"16#8537"。

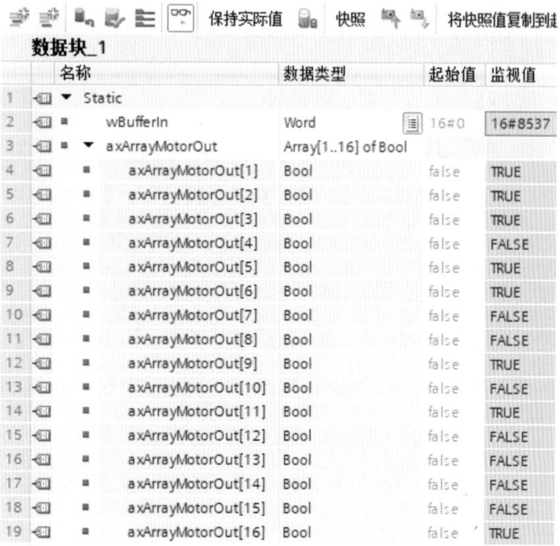

图 4-17 使用 FOR 循环的字中取位数据块监视

4.2.3.4 三菱和施耐德PLC编程

西门子PLC的WORD_TO_BOOL函数是将字的最低位转换为BOOL类型的数据，而三菱和施耐德PLC的WORD_TO_BOOL函数是将只要字中不为1的数都转换为BOOL类型的1。另外，三菱PLC中的移位指令中要求移位数不能为变量，必须为常数，所以要修改字中取位的编程。接口参数不变，编写的ST语言代码如下。

```
(*
使用 FOR 循环实现字中取位
输入：wBuffer—Word
输出：axArrayMotor—Array[1..16] of Bool
*)
wBufferAux := 16#01;
FOR LoopCount := 1 TO 16 DO
    axArrayMotor[LoopCount] := WORD_TO_BOOL(wBuffer AND wBufferAux);
    wBufferAux:=SHL(wBufferAux,1);
END_FOR;
```

在程序中，先对wBufferAux赋初值16#01，然后在FOR循环中将其和wBuffer相"与"，如果wBuffer的最低位（第0位）为1，则结果的字中存在1，经字转换为位后为1，否则为0。再将wBufferAux左移一位，执行下一个循环，判断第1位是否为1，以此类推。

4.2.4 [实例26] 使用FOR循环实现位组合成字

4.2.4.1 控制要求

使用FOR循环将16个位组合成一个字。本实例采用西门子的博途软件进行组态与编程，使用的PLC为S7-1200，三菱和施耐德PLC的实现请参考视频与程序。

▶扫一扫　看视频◀

4.2.4.2 西门子博途软件编程

打开西门子博途V16，新建一个项目，添加新设备CPU1214C AC/DC/Rly，版本号V4.2，生成了一个站点"PLC_1"。

（1）编写函数"BoolToWord"

函数"BoolToWord"用于将位组合成字输出。展开"项目树"下的程序块，双击"添加新块"命令，添加一个"函数FC"，命名为"BoolToWord"，语言选择"SCL"。

打开该函数，新建变量如图4-18上部表格所示，选择返回值类型为WORD。"axInputArray"为包含16个BOOL类型元素的数组，"LoopCount"为循环变量，"wOutputWordAux"为辅助变量。

在编辑区编写的ST语言代码如图4-18下部所示。以第5次循环为例，wAuxWord左移了4位，则wAuxWord变为2#0000_0000_0001_0000，如果axInputArray[5]为1，则wOutputWordAux与wAuxWord相"或"后，wOutputWordAux为2#××××_××××_×××1_××××（×表示0

或1），字的第5位变为1。如果axInputArray[5]为0，则wOutputWordAux与NOT wAuxWord相"与"后，变为2#××××_××××_×××0_××××，字的第5位变为0。最后将字wOutputWordAux赋值给返回值输出。

图4-18　使用FOR循环的函数"BoolToWord"

（2）在循环程序中调用函数块

双击"添加新块"命令，添加一个全局数据块，添加Array[1..16] of Bool类型的数组"axInputArray1"和WORD类型的变量"wOutputWord1"，如图4-19所示。打开"OB1"，从"项目树"下将函数"BoolToWord"拖放到程序区。单击数据块，从"详细视图"中将变量拖放到该函数对应的引脚，编写后的代码如下。

```
"数据块_1".wOutputWord1 := "BoolToWord"(axInputArray := "数据块
_1".axInputArray1);
```

4.2.4.3 仿真运行

在"项目树"下的项目上使用鼠标右键单击，在弹出的快捷菜单中选择"属性"→"保护"选项，勾选"块编译时支持仿真"复选框。单击站点"PLC_1"，再单击工具栏中的"启动仿真"按钮，将"PLC_1"站点下载到仿真器中。单击工具栏中的按钮，使PLC运行。

单击数据块工具栏中的"监视"按钮，双击"axInputArray1[16]"~"axInputArray1[1]"的监视值，将其修改为"2#0100_0010_0011_0001"。监视结果如图4-19所示，则输出字"wOutputWord1"为"16#4231"。

		名称	数据类型	起始值	监视值
1		▼ Static			
2		▼ axInputArray1	Array[1..16] of Bool		
3		axInputArray1[1]	Bool	false	TRUE
4		axInputArray1[2]	Bool	false	FALSE
5		axInputArray1[3]	Bool	false	FALSE
6		axInputArray1[4]	Bool	false	FALSE
7		axInputArray1[5]	Bool	false	TRUE
8		axInputArray1[6]	Bool	false	TRUE
9		axInputArray1[7]	Bool	false	FALSE
10		axInputArray1[8]	Bool	false	FALSE
11		axInputArray1[9]	Bool	false	FALSE
12		axInputArray1[10]	Bool	false	TRUE
13		axInputArray1[11]	Bool	false	FALSE
14		axInputArray1[12]	Bool	false	FALSE
15		axInputArray1[13]	Bool	false	FALSE
16		axInputArray1[14]	Bool	false	FALSE
17		axInputArray1[15]	Bool	false	TRUE
18		axInputArray1[16]	Bool	false	FALSE
19		wOutputWord1	Word	16#0	16#4231

图4-19　使用FOR循环的位
组合成字数据块监视

▶ 4.3 WHILE循环语句

4.3.1 WHILE语句

（1）WHILE语句的执行过程

WHILE语句和FOR语句都是循环语句，其区别是WHILE循环不指定循环次数，根据条件判断循环何时结束，格式如下。

```
WHILE <判断条件> DO
<语句>;
END_WHILE;
```

其执行过程是，当<判断条件>为TRUE时，执行<语句>；否则跳出循环，不再执行<语句>。下面通过实际程序理解WHILE循环，程序代码如下。

```
WHILE iData <=100 DO
    iTotal := iTotal + iData;
    iData := iData + 1;
END_WHILe;
```

首先执行判断语句"iData <=100"，如果该语句的运算结果为TRUE，则执行语句"iTotal := iTotal + iData; iData := iData + 1;"；如果判断语句的执行结果为FALSE，不执行语句，循环结束。该段程序实现从0加到100，iTotal的结果为5050，iData的结果为101。

（2）使用WHILE循环的注意事项

① WHILE循环的判断条件可以是BOOL型的变量，也可以是表达式，但表达式的运算结果必须是BOOL型。

② WHILE循环也可以嵌套，但嵌套层数不宜过多。

③ WHILE循环是根据判断条件来决定是否执行，因此无法确定循环次数，一定要注意循环条件不能一直为TRUE，否则将陷入无限循环。

FOR循环和WHILE循环的区别：FOR循环有明确的循环次数，而WHILE循环的次数不确定。如果预先知道循环次数，可以使用FOR循环；如果不知道循环次数，可以使用WHILE循环。

4.3.2 [实例27] 使用WHILE循环初始化数组

4.3.2.1 控制要求

使用WHILE循环将数据块中的数组初始化为指定的值。本实例采用西门子的博途软件进行组态与编程，使用的PLC为S7-1200，三菱和施耐德PLC的实现请参考视频与程序。

▶扫一扫 看视频◀

4.3.2.2 西门子博途软件编程

打开西门子博途V16，新建一个项目，添加新设备CPU1214C AC/DC/Rly，版本号V4.2，生成了一个站点"PLC_1"。

（1）编写函数"InitArrayWithWhile"

函数"InitArrayWithWhile"用于对数组实现初始化。展开"项目树"下的程序块，双击"添加新块"命令，添加一个"函数FC"，命名为"InitArrayWithWhile"，语言选择"SCL"。打开该函数，新建接口参数变量如图4-20上部所示。其中，"xStart"为赋值开始输入，"iValue"为所赋的值，"aiArrayOut"为输出数组。

在编辑区编程ST语言代码如图4-20下部所示。如果没有启动，返回调用该函数的程序。否则，执行WHILE循环，将aiArrayOut[1]~aiArrayOut[100]的值都赋值为iValue。

图 4-20　函数 InitArrayWithWhile

（2）在循环程序中调用函数

双击"添加新块"命令，添加一个全局数据块"DataDB1"，添加Array[1..100] of Int类型的数组"aiData"、BOOL类型的变量"xStart"和Int类型的变量"iInitValue"。打开"OB1"，从"项目树"下将函数"InitArrayWithWhile"拖放到程序区。单击数据块，从"详细视图"中将变量拖放到该函数对应的引脚，编写后的代码如下。

```
"InitArrayWithWhile"(xStart  := "DataDB1".xStart,
                iValue  := "DataDB1".iInitValue,
                aiArrayOut => "DataDB1".aiData);
```

4.3.2.3 仿真运行

在"项目树"下的项目上使用鼠标右键单击，在弹出的快捷菜单中选择"属性"→"保护"选项，勾选"块编译时支持仿真"复选框。单击站点"PLC_1"，再单击工具栏中的"启动仿真"按钮，将"PLC_1"站点下载到仿真器中。单击工具栏中的按钮，使PLC运行。

单击数据块DataDB1工具栏中的"监视"按钮，监视如图4-21所示。双击"iInitValue"的监视值，将其修改为20。再双击变量"xStart"，使其值变为"TRUE"，

图 4-21　数据块 DataDB1 仿真监视

则"aiData[1]"~"aiData[100]"都初始化为"iInitValue"的值,这里只显示了前5个。

4.3.3 [实例28] 10台电动机的启停控制

▶扫一扫 看视频◀

4.3.3.1 控制要求

使用WHILE循环实现如下控制要求。

① 当按下"启动"按钮时,10台电动机同时启动。

② 当按下"停止"按钮时,10台电动机同时停止。

本实例采用西门子的博途软件进行组态与编程,使用的PLC为S7-1200,其I/O端口的分配见表4-4。三菱和施耐德PLC的实现请参考视频与程序。

表4-4 10台电动机启停控制的I/O端口分配表

输入			输出		
输入点	输入器件	作用	输出点	输出器件	控制对象
I0.0	SB1常开触点	启动	Q0.0~Q0.7、Q1.0~Q1.1	10个接触器	10台电动机
I0.1	SB2常开触点	停止			

4.3.3.2 西门子博途软件编程

打开西门子博途V16,新建一个项目,添加新设备CPU1214C AC/DC/Rly,版本号V4.2,生成了一个站点"PLC_1"。

（1）编写函数块"TenMotorControl"

函数块"TenMotorControl"用于10台电动机的启停控制。展开"项目树"下的程序块,双击"添加新块"命令,添加一个"函数块FB",命名为"TenMotorControl",语言选择"SCL"。

打开该函数块,新建接口参数变量如图4-22所示。输入参数"xStart""xStop"分别为启动、停止,输出参数"wOutputWord"用于控制10台电动机的启停。

图4-22 函数块"TenMotorControl"
的接口参数

在编辑区编写的ST语言代码如下。

```
(*10 台电动机的启停控制
输入:xStart—启动,1=启动;xStop—停止,1=停止
输出:wOutputWord—Word
*)
// 启动
```

```
IF (#xStart OR #xRun[#iLoopCount - 1]) AND NOT #xStop THEN
    #iLoopCount := 1;
    WHILE #iLoopCount < 11 DO
        #xRun[#iLoopCount] := TRUE;
        #iLoopCount := #iLoopCount + 1;
    END_WHILE;
ELSE  //停止
    #iLoopCount := 1;
    WHILE #iLoopCount < 11 DO
        #xRun[#iLoopCount] := FALSE;
        #iLoopCount := #iLoopCount + 1;
    END_WHILE;
END_IF;
//使用FOR循环实现位组合成字
#wAuxWord := 16#0001;
FOR #iLoopCount := 1 TO 10 BY 1 DO
    IF #xRun[#iLoopCount] THEN
    #wOutputWordAux := #wOutputWordAux OR #wAuxWord;//该位为1, 其
余位不变
    ELSE
    #wOutputWordAux := #wOutputWordAux AND NOT #wAuxWord;//该位为0,
其余不变
    END_IF;
    #wAuxWord := SHL(IN := #wAuxWord, N := 1);//字中该位为1
END_FOR;
//输出
#wOutputWord := #wOutputWordAux;
```

在程序中，当按下"启动"按钮xStart时，执行WHILE循环，使数组xRun的10个元素都为TRUE。WHILE循环结束后，iLoopCount的值为11，故使用"#xRun[#iLoopCount - 1]"进行自锁。当按下"停止"按钮xStop时，数组xRun的10个元素都为FALSE。然后将xRun中的位组合成字，输出给wOutputWord。位组合成字请参考前面有关章节。

（2）在循环程序中调用函数块

按照图4-23在变量表中添加变量。打开"OB1"，从"项目树"下将函数块"TenMotorControl"拖放到程序区，弹出"调用选项"对话框，单击"确定"按钮，添加了该函数块的背景数据块"TenMotorControl_DB"。单击PLC变量表，从"详细视图"中将变量拖放到背景数据块对应的引脚，编写后的代码如下。

```
//10台电动机启停控制的OB1
"TenMotorControl_DB"(xStart    := "xStartM",
                     xStop     := "xStopM",
                     wOutputWord => "wMotor");
```

4.3.3.3 仿真运行

在"项目树"下的项目上使用鼠标右键单击，在弹出的快捷菜单中选择"属性"→"保护"选项，勾选"块编译时支持仿真"复选框。单击站点"PLC_1"，再单击工具栏中的"启动仿真"按钮，打开仿真器。新建一个仿真项目，并将"PLC_1"站点下载到仿真器中。单击工具栏中的按钮，使PLC运行。

打开仿真器项目树下的"SIM表格_1"，单击表格工具栏中的按钮，将项目变量加载到表格中，如图4-23所示。

单击变量"xStartM"按钮，变量"wMotor"的值为"16#03FF（即2#0011_1111_1111）"，则10台电动机同时启动；单击变量"xStopM"的按钮，变量"wMotor"的值为"16#0000"，10台电动机同时停止。

图 4-23　使用 WHILE 循环实现 10 台电动机启停控制仿真

4.4　REPEAT循环语句

4.4.1　REPEAT语句

（1）REPEAT语句的执行过程

FOR循环和WHILE循环都是先判断条件是否满足，再执行循环语句，如果条件不满足，则不会执行循环语句。REPEAT循环和FOR循环以及WHILE循环最大不同之处是先执行语句，然后再判断条件；如果条件满足，继续循环，否则循环结束，其格式如下。

```
REPEAT
    <语句>;
UNTIL
    <判断条件>
END_REPEAT;
```

其执行过程是，执行<语句>，当<判断条件>为FALSE时，重复执行<语句>；当<判断条件>为TRUE时，跳出循环，不再执行<语句>。下面通过实际程序理解REPEAT循环，程序代码如下。

```
REPEAT
  iData := iData + 1;
  iTotal := iTotal + iData;
UNTIL
  iData=100
END_REPEAT;
```

首先执行语句"iData := iData + 1; iTotal := iTotal + iData;",然后判断表达式"iData =100"的运算结果是否为TRUE。如果判断结果为TRUE，不执行语句，循环结束；如果判断结果为FALSE，则重复执行该语句。所以，REPEAT循环至少会执行一次。该段程序实现从0加到100，iTotal的结果为5050，iData的结果为100。

（2）使用REPEAT循环的注意事项

① REPEAT循环的判断条件可以是BOOL型的变量，也可以是表达式，但表达式的运算结果必须是BOOL型。

② 判断条件末尾不要加";"，循环语句获取的是判断结果。

③ REPEAT循环也要避免陷入无限循环。

4.4.2 [实例29] 使用REPEAT循环初始化数组

▶扫一扫 看视频◀

4.4.2.1 控制要求

使用REPEAT循环将数据块中的数组初始化为指定的值。本实例采用西门子的博途软件进行组态与编程，使用的PLC为S7-1200，三菱和施耐德PLC的实现请参考视频与程序。

4.4.2.2 西门子博途软件编程

打开西门子博途V16，新建一个项目，添加新设备CPU1214C AC/DC/Rly，版本号V4.2，生成了一个站点"PLC_1"。

（1）编写函数"InitArrayWithRepeat"

函数"InitArrayWithRepeat"用于对数组进行初始化。展开"项目树"下的程序块，双击"添加新块"命令，添加一个"函数FC"，命名为"InitArrayWithRepeat"，语言选择"SCL"。打开该函数，新建接口参数变量如图4-24上部所示。其中，"xStart"为赋值开始输入，"iValue"为所赋的值，"aiArrayOut"为输出数组。

图 4-24 函数 InitArrayWithRepeat

在编辑区编程ST语言代码如图4-24下部所示。如果没有启动，返回调用该函数的程序；否则，执行REPEAT循环，将aiArrayOut[1]~aiArrayOut[100]的值都赋值为iValue。

（2）在循环程序中调用函数

双击"添加新块"命令，添加一个全局数据块"DataDB1"，添加Array[1..100] of Int 类型的数组"aiData"、BOOL类型的变量"xStart"和Int类型的变量"iInitValue"。打开 "OB1"，从"项目树"下将函数"InitArrayWithRepeat"拖放到程序区。单击数据块， 从"详细视图"中将变量拖放到该函数对应的引脚，编写后的代码如下。

```
"InitArrayWithRepeat"(xStart    := "DataDB1".xStart,
                      iValue    := "DataDB1".iInitValue,
                      aiArrayOut => "DataDB1".iData);
```

4.4.2.3 仿真运行

在"项目树"下的项目上使用鼠标右键单击，在弹出的快捷菜单中选择"属性"→"保护"选项，勾选"块编译时支持仿真"复选框。单击站点"PLC_1"，再单击工具栏中的"启动仿真"按钮![button]，将"PLC_1"站点下载到仿真器中。单击工具栏中的![button]按钮，使PLC运行。

单击数据块DataDB1工具栏中的"监视"按钮![button]，监视如图4-25所示。双击"iInitValue"的监视值，将其修改为30。再双击变量"xStart"，使其值变为"TRUE"，则"iData[1]"～"iData[100]"都初始化为"iInitValue"的值，这里只显示了前5个。

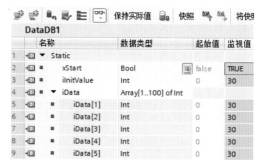

图4-25　使用REPEAT循环初始化数组监视

4.4.3　[实例30]　使用REPEAT语句实现多台电动机的启停

4.4.3.1　控制要求

使用REPEAT循环实现多台电动机的启停控制，现有10台电动机，控制要求如下。

① 选择需要启动电动机的台数，按下"启动"按钮，电动机启动。

② 按下"停止"按钮，电动机停止。

▶扫一扫　看视频◀

本实例采用西门子的博途软件进行组态与编程，使用的PLC为CPU 1214C，其I/O端口的分配见表4-5。三菱和施耐德PLC的实现请参考视频与程序。

表4-5　多台电动机启停控制的I/O端口分配表

输入			输出		
输入点	输入器件	作用	输出点	输出元件	控制对象
I0.0	SB1常开触点	启动	Q0.0～Q0.7、Q1.0～Q1.1	10个接触器	10台电动机
I0.1	SB2常开触点	停止			

4.4.3.2 西门子博途软件编程

打开西门子博途V16，新建一个项目，添加新设备CPU1214C AC/DC/Rly，版本号V4.2，生成了一个站点"PLC_1"。

（1）编写函数块"MultiMotorStartup"

函数块"MultiMotorStartup"用于根据指定的电动机台数对电动机进行启停控制。展开在"项目树"下的程序块，双击"添加新块"命令，添加一个"函数块FB"，命名为"MultiMotorStartup"，语言选择"SCL"。

打开该函数块，新建接口参数变量如图4-26所示。在"项目树"下该函数块上使用鼠标右键单击，在弹出的快捷菜单中选择"属性"选项。在弹出的对话框中，单击"属性"命令，取消勾选"优化的块访问"复选框。在创建数组"axRun"时，选择数据类型下的"AT"，单击"wMotorOutAux"选项，就可以添加"AT"wMotorOutAux""，然后选择数据类型"Array[1..16] of Bool"，则WORD类型的每一位都与数组中的每一个位元素对应。

		名称		数据类型	偏移量	默认值
1	⬛ ▼	Input				
2	⬛ ■		xStart	Bool	0.0	false
3	⬛ ■		xStop	Bool	0.1	false
4	⬛ ■		iMotorNumber	Int	2.0	0
5	⬛ ▼	Output				
6	⬛ ■		wMotorOut	Word	4.0	16#0
7	⬛ ■	InOut				
8	⬛ ■	Static				
9	⬛ ■		wMotorOutAux	Word	6.0	16#0
10	⬛	▶	axRun AT"wMotorOutAux"	Array[1..16] of Bool	6.0	
11	⬛ ■	Temp				
12	⬛ ■		iLoopCount	UInt	0.0	
13	⬛ ▶	Constant				

图 4-26 函数块"MultiMotorStartup"的接口参数

在编辑区编写的ST语言代码如下。

```
(*          使用 REPEAT 循环实现多台电动机启停控制
输入: xStart—启动, 1= 启动; xStop—停止, 1= 停止; iMotorNumber—启动电动机数
输出: wMotorOut—控制电动机字
*)
// 如果按下启动, 启动多台电动机并自锁
IF (#xStart OR #axRun[#iMotorNumber]) AND NOT #xStop THEN
    REPEAT      // 多台电动机启动
        #iLoopCount := #iLoopCount + 1;
        #axRun[#iLoopCount] := TRUE;
    UNTIL #iLoopCount = #iMotorNumber
    END_REPEAT;
ELSE
    REPEAT      // 多台电动机停止
        #iLoopCount := #iLoopCount + 1;
        #axRun[#iLoopCount] := FALSE;
    UNTIL #iLoopCount = #iMotorNumber
    END_REPEAT;
```

```
END_IF;
// 交换高低字节输出
#wMotorOut := SWAP(#wMotorOutAux);
```

在程序中，如果按下"启动"按钮xStart，执行REPEAT循环，iLoopCount加1，axRun[1]为TRUE，第一台电动机启动；然后重复执行，直到iLoopCount等于iMotorNumber。等iMotorNumber启动后，axRun[#iMotorNumber]为TRUE进行自锁。如果按下"停止"按钮xStop，则执行ELSE下面的REPEAT循环，其过程与启动过程一样。

由于QW0的位排序为Q0.7~Q0.0_Q1.7~Q1.0，第一台电动机是从Q0.0开始，故需要对输出进行高低字节交换，然后赋值给函数块的输出wMotorOut。

此函数块使用了WORD类型的变量，最多可以控制16台电动机。如果需要控制更多台电动机，可以将WORD类型的变量更改为DWORD，数组元素个数修改为32，则可以最多控制32台。

（2）在循环程序中调用函数块

按照图4-27在变量表中添加变量。打开"OB1"，从"项目树"下将函数块"MultiMotorStartup"拖放到程序区，弹出"调用选项"对话框，单击"确定"按钮，添加了该函数块的背景数据块"MultiMotorStartup_DB"。单击PLC变量表，从"详细视图"中将变量拖放到背景数据块对应的引脚，编写后的代码如下。

```
"MultiMotorStartup_DB"(xStart      := "xStartM",
                       xStop       := "xStopM",
                       iMotorNumber := 9,
                       wMotorOut   => "wMotorM");
```

在程序中，启动电动机数量设为9台。

4.4.3.3　仿真运行

在"项目树"下的项目上使用鼠标右键单击，在弹出的快捷菜单中选择"属性"→"保护"选项，勾选"块编译时支持仿真"复选框。单击站点"PLC_1"，再单击工具栏中的"启动仿真"按钮，打开仿真器。新建一个仿真项目，并将"PLC_1"站点下载到仿真器中。单击工具栏中的按钮，使PLC运行。

打开仿真器项目树下的"SIM表格_1"，单击表格工具栏中的按钮，将项目变量加载到表格中，如图4-27所示。

单击"xStartM"按钮，变量"wMotorM"的监视值为"16#01FF"，即"2#0000_0001_1111_1111"，则9台电动机同时启动。单击"xStopM"按钮，"wMotorM"的监视值为"16#0000"，所有电动机同时停止。

图4-27　多台电动机启停控制仿真

4.4.3.4 三菱和施耐德中的编程

三菱和施耐德编程中不能使用AT指令进行覆盖字变量，可以将功能块MultiMotorStartup修改为如下代码。

```
(*          使用 REPEAT 循环实现多台电动机启停控制
输入: xStart—启动, 1= 启动; xStop—停止, 1= 停止; iMotorNumber—启动电动机数
输出: wMotorOut—控制电动机字
*)
IF (xStart OR axRun[iMotorNumber]) AND NOT xStop THEN
    iLoopCount:=0;
    REPEAT
        iLoopCount := iLoopCount + 1;
        axRun[iLoopCount] := TRUE;
    UNTIL iLoopCount = iMotorNumber
    END_REPEAT;
ELSE
    iLoopCount:=0;
     REPEAT
        iLoopCount := iLoopCount + 1;
        axRun[iLoopCount] := FALSE;
     UNTIL iLoopCount = iMotorNumber
      END_REPEAT;
END_IF;
(* 位组合成字 *)
wAuxWord := 16#0001;
FOR iLoopCount := 1 TO 16 BY 1 DO
   IF axRun[iLoopCount] THEN
  wMotorOutAux :=wMotorOutAux OR wAuxWord;
   ELSE
wMotorOutAux:=wMotorOutAux AND NOT wAuxWord;
   END_IF;
   wAuxWord := SHL(wAuxWord,1);
END_FOR;
wMotorOut:=wMotorOutAux;
```

位组合成字使用[实例26]中的部分代码实现，代替了AT指令。具体实现过程请参考视频和程序。

▶ 4.5 其他语句

4.5.1 退出循环语句EXIT

如果FOR、WHILE和REPEAT循环中使用了EXIT指令，当该指令执行时，无论结束条件如何，立即退出当前循环。该指令的格式如下。

```
EXIT;
```

例如，可以使用EXIT语句避免在循环中出现除零情况，具体代码如下。

```
FOR iLoopCount :=0 TO 5 DO
    IF iVar1 = 0 THEN
        EXIT;   // 避免程序出现除零情况
    END_IF;
    iVar2 := iVar2 / iVar1;
END_FOR;
```

使用EXIT语句，有以下注意事项。

① 必须在循环语句内部使用，EXIT后面必须加";"。

② 退出的是当前循环，如果循环语句嵌套，只退出包含EXIT语句的循环。

③ 可以利用EXIT语句作为退出循环的条件，特别是用于WHILE循环，可以避免无限循环的产生。

4.5.2 中断循环语句CONTINUE

中断循环语句CONTINUE可以在FOR、WHILE和REPEAT循环中使用。中断循环与退出循环不同，中断循环是中断本次循环，忽略位于它后面的代码而直接进入下一次循环。该指令的格式如下。

```
CONTINUE;
```

下面通过例子理解CONTINUE语句，代码如下。

```
FOR iLoopCount :=1 TO 5 DO
    iData1[iLoopCount] := iLoopCount;
    iData2[iLoopCount] := iLoopCount;
END_FOR;
```

该程序的循环部分由两条语句组成，分别为两个数组赋值，程序执行结果如图4-28（a）所示。从中可以看出，程序执行后，两个数组内的所有元素都被赋值。

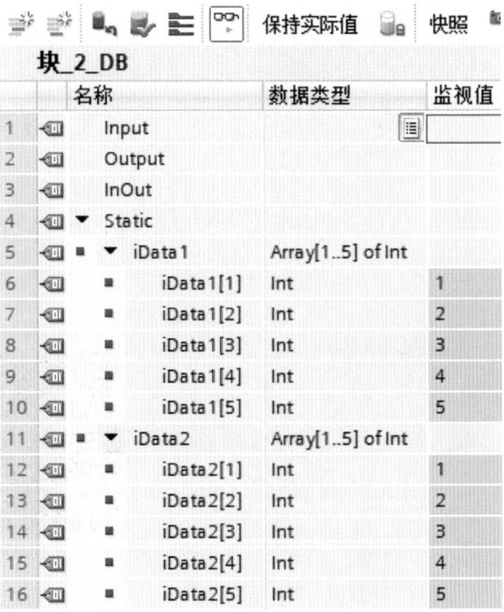

块_2_DB

	名称	数据类型	监视值
1	Input		
2	Output		
3	InOut		
4	Static		
5	iData1	Array[1..5] of Int	
6	iData1[1]	Int	1
7	iData1[2]	Int	2
8	iData1[3]	Int	3
9	iData1[4]	Int	4
10	iData1[5]	Int	5
11	iData2	Array[1..5] of Int	
12	iData2[1]	Int	1
13	iData2[2]	Int	2
14	iData2[3]	Int	3
15	iData2[4]	Int	4
16	iData2[5]	Int	5

（a）数组赋值执行结果

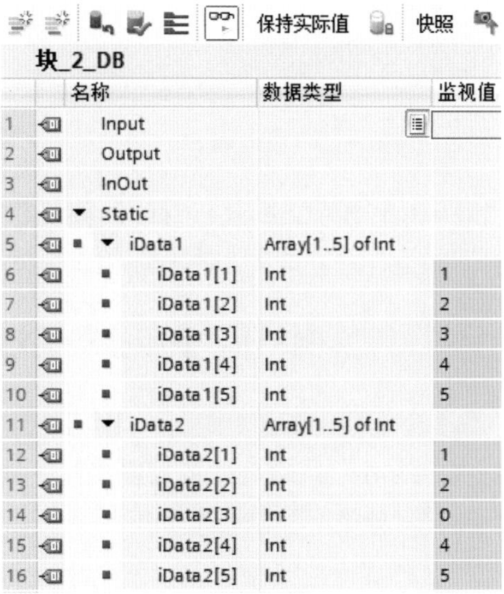

块_2_DB

	名称	数据类型	监视值
1	Input		
2	Output		
3	InOut		
4	Static		
5	iData1	Array[1..5] of Int	
6	iData1[1]	Int	1
7	iData1[2]	Int	2
8	iData1[3]	Int	3
9	iData1[4]	Int	4
10	iData1[5]	Int	5
11	iData2	Array[1..5] of Int	
12	iData2[1]	Int	1
13	iData2[2]	Int	2
14	iData2[3]	Int	0
15	iData2[4]	Int	4
16	iData2[5]	Int	5

（b）循环语句中增加CONTINUE语句执行结果

图 4-28 循环语句增加 CONTINUE 前后比较

如果在程序中增加CONTINUE语句，程序代码如下。

```
FOR iLoopCount :=1 TO 5 DO
   iData1[iLoopCount] := iLoopCount;
   IF iLoopCount = 3 THEN
      CONTINUE;
   END_IF;
   iData2[iLoopCount] := iLoopCount;
END_FOR;
```

该程序的执行结果如图4-28（b）所示，变量iData2[3]的值为0，这是由于当变量iLoopCount的值为3时，执行了CONTINUE语句，此次循环中CONTINUE后面的语句不再执行，直接跳到下一个循环。因此，第3次循环只执行了“iData1[iLoopCount] := iLoopCount;”这一条语句，而其他循环均执行了“iData1[iLoopCount] := iLoopCount; iData2[iLoopCount] := iLoopCount;”这两条语句。

4.5.3 RETURN语句

RETURN语句是返回指令，用于退出程序组织单元（POU），返回调用它的程序，具体格式如下。

```
RETURN;
```

下面以例子理解该指令，某程序组织单元程序如下。

```
IF xSwitch THEN
    RETURN;
END_IF;
iCounter := iCounter + 1;
```

当xSwitch为FALSE时，iCounter始终执行自加1；当xSwitch为TRUE时，iCounter保持上一周期的值，并立即退出本程序组织单元。

4.5.4 [实例31] 使用循环语句实现产品分类

▶扫一扫 看视频◀

4.5.4.1 控制要求

某生产线对产品的直径和长度进行了测量，根据测量数据对产品进行正品和次品分类，控制要求如下。

① 直径的容许范围是（10.0±0.5）mm，长度的容许范围是（100.0±1.0）mm。

② 所有测量值均在容许范围内的产品为正品，有测定值超出容许范围的产品为次品。

③ 将数据按正品、次品分开，获取正品和次品的编号及成品率。

本实例采用西门子的博途软件进行组态与编程，使用的PLC为CPU 1214C，三菱和施耐德PLC的实现请参考视频与程序。

4.5.4.2 西门子博途软件编程

打开西门子博途V16，新建一个项目，添加新设备CPU1214C AC/DC/Rly，版本号V4.2，生成了一个站点"PLC_1"。在"项目树"下，双击"添加新数据类型"命令，添加一个名为"Product"的数据类型，创建Int数据类型的元素"iProductNumber"，用于保存产品的编号；再创建Array[0..1] of Real数据类型的元素"rlValueArray"，用于保存产品的直径和长度。

（1）编写函数块"ProductCheck"

函数块"ProductCheck"用于检查一个产品的直径和长度是否合格。双击"添加新块"命令，添加一个"函数块FB"，命名为"ProductCheck"，语言选择"SCL"。在函数块的接口参数区创建变量如图4-29所示，输入参数为被检查的产品"CheckedProduct"、容许范围变量"arlAcceptArray"和被检查值的数量"iValueCount"。输出参数为检查结果"xResult"，正品为"TRUE"，次品为"FALSE"。

ProductCheck				
		名称	数据类型	默认值
1	◀ ▼	Input		
2	◀ ▶	CheckedProduct	"Product"	
3	◀ ▶	arlAcceptArray	Array[0..1, 0..1] of Real	
4	◀	iValueCount	Int	0
5	◀ ▼	Output		
6	◀	xResult	Bool	false
7	◀ ▶	InOut		
8	◀ ▼	Static		
9	◀	rlMaxValue	Real	0.0
10	◀	rlMinValue	Real	0.0
11	◀	iIndex	Int	0
12	◀ ▶	Temp		
13	◀ ▼	Constant		
14	◀	iBasicSize	Int	0
15	◀	iTolerance	Int	1

图4-29 函数块"ProductCheck"的接口参数

在编辑区编写的ST语言代码如下。

```
(* 检查数组各元素的值是否在指定的容许范围内。 *)
FOR #iIndex := 0 TO (#iValueCount - 1) BY 1 DO
    (* 根据基准值和容许差，求出上下限值。 *)
    #rlMaxValue := #arlAcceptArray[#iIndex, #iBasicSize]
                    + #arlAcceptArray[#iIndex, #iTolerance];
    #rlMinValue := #arlAcceptArray[#iIndex, #iBasicSize]
                    - #arlAcceptArray[#iIndex, #iTolerance];
    (* 检查上下限值。 *)
    IF #CheckedProduct.rlValueArray[#iIndex] <= #rlMaxValue
        AND #CheckedProduct.rlValueArray[#iIndex] >=
#rlMinValue THEN
        #xResult := TRUE;
    ELSE
        #xResult := FALSE;
        EXIT;  // 如有值超出范围，则中断结束
    END_IF;
END_FOR;
```

调用该函数块时，iValueCount的输入值为2，也就是对产品的两个值进行检查，则iIndex的范围只能有0和1。当iIndex为0时，对产品的直径进行检查，将直径的基础值加上容许值作为最大值，将直径的基础值减去容许值作为最小值。当iIndex为1时，对产品的长度进行检查，检查过程与直径相同。如果产品的直径值和长度值分别小于最大值并且大于最小值，返回检查结果xResult为TRUE，判定该产品为正品。如果直径值或长度值超出范围，则退出循环，不再检查，xResult为FALSE，判定该产品为次品。

（2）编写函数块"Assortment"

函数块"Assortment"用于对产品进行分类。双击"添加新块"命令，添加一个"函数块FB"，命名为"Assortment"，语言选择"SCL"。在函数块的接口参数区创建变量如图4-30所示，输入参数为检查结果"xCheck"和被检查的产品"CheckedProduct"，输出为正品数组"aGoodProduct"、次品数组"aDefectiveProduct"和正品率"rlYieldRatio"。

	名称		数据类型	默认值	注释
1	▼	Input			
2	▪	xCheck	Bool	false	检查结果
3	▶	CheckedProduct	"Product"		检查产品
4	▼	Output			
5	▶	aGoodProduct	Array[0..7] of "Product"		正品数组
6	▶	aDefectiveProduct	Array[0..7] of "Product"		次品数组
7	▪	rlYieldRatio	Real	0.0	正品率
8	▶	InOut			
9	▼	Static			
10	▪	iGoodTotal	Int	0	正品数
11	▪	iDefectiveTotal	Int	0	次品数

图 4-30 函数块"Assortment"的接口参数

在编辑区编写ST语言代码如下。

```
(* 根据检查结果划分正品、次品数据。*)
IF #xCheck THEN
(* 正品时 *)
    #aGoodProduct[#iGoodTotal] := #CheckedProduct; // 在产品正品中存
储测定值
    #iGoodTotal := #iGoodTotal + 1;// 正品数 +1
ELSE
(* 次品时 *)
    #aDefectiveProduct[#iDefectiveTotal] := #CheckedProduct;// 在
产品次品中存储测定值
    #iDefectiveTotal := #iDefectiveTotal + 1;// 次品数 +1
END_IF;
(* 更新成品率 *)
#rlYieldRatio := INT_TO_REAL(#iGoodTotal) / INT_TO_REAL(#iGoodTotal +
#iDefectiveTotal);
```

在程序中，当产品检查结果是正品（xCheck为TRUE）时，将被检查产品数据保存到正品数组中，正品数加1；如果检查结果是次品，将被检查产品数据保存到次品数组中，次品数加1。最后将正品数除以正品和次品数的和，获取次品的正品率。

（3）在循环程序中调用函数块

双击"添加新块"命令，添加一个全局数据块，命名为"ProductData"，添加变量如图4-31所示。数组"AcceptiveArray"为容许数组，根据控制要求输入初始值。数组"ProductValue"用于保存产品的编号、直径和长度测量值，可以在起始值中输入直径值9.5~10.5和长度值99.0~101.0作为正品值；直径和长度任一个超出范围，则为次品。数组"GoodProduct"和"DefectiveProduct"分别用来保存正品产品和次品产品；"iValueCount"为检查的值数，由于要检查直径和长度两个值，故初始值设为2；"iProductCount"为被检查的产品数，初始值设为8，检查8个产品。

打开"OB1"，从"项目树"下将函数块"ProductCheck"和"Assortment"拖放到程序区，弹出"调用选项"对话框，单击"确定"按钮，生成对应的背景数据块。单击数据块"ProductData"，从"详细视图"中将变量拖放到背景数据块对应的引脚，编

		名称			数据类型	起始值
1	🔷	▼	Static			
2	🔷	■	▼	AcceptiveArray	Array[0..1, 0..1] of Real	
3	🔷		■	AcceptiveArray[0,0]	Real	10.0
4	🔷		■	AcceptiveArray[0,1]	Real	0.5
5	🔷		■	AcceptiveArray[1,0]	Real	100.0
6	🔷		■	AcceptiveArray[1,1]	Real	1.0
7	🔷	■	▶	ProductValue	Array[0..7] of "Product"	
8	🔷	■	▶	GoodProduct	Array[0..7] of "Product"	
9	🔷	■	▶	DefectiveProduct	Array[0..7] of "Product"	
10	🔷	■		iValueCount	Int	2
11	🔷	■		iProductCount	Int	8
12	🔷	■		iProductNumber	Int	0
13	🔷	■		iDataEnd	Int	0
14	🔷	■		xResult	Bool	false
15	🔷	■		rlYieldRatio	Real	0.0
16	🔷	■		xStart	Bool	false
17	🔷	■		xStartLastStatus	Bool	🔲 false

图 4-31 全局数据块 "ProductData"

写后的代码如下。

```
    (* 通过循环处理检查所有产品的测定值。 *)
    IF "ProductData".xStart AND NOT "ProductData".xStartLastStatus
THEN // 获取"启动"按钮的上升沿
        REPEAT
    (* 一次处理 3 件数据。 *)
            "ProductData".iDataEnd := "ProductData".iProductNumber + 3;
    (* 剩余数据不足 3 件时，处理到最后。*)
        IF "ProductData".iDataEnd > "ProductData".iProductCount THEN
            "ProductData".iDataEnd := "ProductData".iProductCount;
        END_IF;
    (* 重复是否为 3 件数据的判断、分类处理。 *)
        WHILE "ProductData".iProductNumber < "ProductData".iDataEnd DO
    (* 根据测定值判断正品、次品。*)
    "ProductCheck_DB"(CheckedProduct                          :=
                "ProductData". ProductValue["ProductData". iProductNumber],
                    arlAcceptArray := "ProductData".AcceptiveArray,
                    iValueCount    := "ProductData".iValueCount,
                    xResult        => "ProductData".xResult);
    (* 根据检查结果 xResult 划分正品、次品数据。*)
    "Assortment_DB"(xCheck         := "ProductData".xResult,
                CheckedProduct                              :=
                "ProductData". ProductValue["ProductData". iProductNumber],
                    aGoodProduct      => "ProductData".GoodProduct,
                    aDefectiveProduct => "ProductData".DefectiveProduct,
                    rlYieldRatio      => "ProductData".rlYieldRatio);
    (* 进行下一个产品编号。 *)
            "ProductData".iProductNumber := "ProductData".iProductNumber + 1;
        END_WHILE;
    (* 以下情况时，结束处理。 *)
    UNTIL ("ProductData".iProductNumber >= "ProductData".iProductCount)
(* 产品编号超过产品总数 *)
    END_REPEAT;
    END_IF;
    "ProductData".xStartLastStatus := "ProductData".xStart;// 保存当前
的启动状态
```

在程序中，使用xStart的上升沿启动产品的检查。一次处理3个产品数据，将产品号加3送给结束数据iDataEnd，作为一组，iDataEnd为一组中最后一个数据。如果产品不够3件，处理最后一个产品。当产品号小于结束数据，调用检查函数块ProductCheck进行检查，根据检查结果xResult判定正品或次品。然后调用分类函数块Assortment，如果该产品为正品，送入正品数组；如果为次品，送入次品数组。然后产品号加1，进行下一个编号的产品检查。如果产品编号大于等于产品数，退出REPEAT循环。

4.5.4.3 仿真运行

在"项目树"下的项目上使用鼠标右键单击，在弹出的快捷菜单中选择"属性"→"保护"选项，勾选"块编译时支持仿真"复选框。单击站点"PLC_1"，再单击工具栏中的"启动仿真"按钮🖳，打开仿真器，将"PLC_1"站点下载到仿真器中。单击工具栏中的▐▶按钮，使PLC运行。

单击数据块ProductData工具栏中的"监视"按钮👓，双击变量"xStart"，使其值变为"TRUE"，展开正品数组"GoodProduct"，如图4-32（a）所示，监视到编号0、2、3、4、6的产品为正品。展开次品数组"DefectiveProduct"，如图4-32（b）所示，监视到编号1、5、7的产品为次品。编号1和5的产品直径分别为10.6和11.1，超出了直径的容许范围；编号7的产品直径9.2和长度101.2均超出了容许范围。

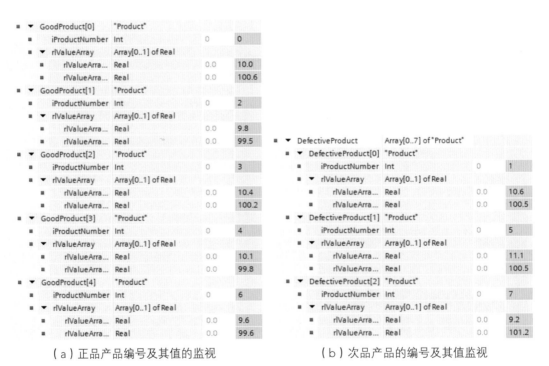

（a）正品产品编号及其值的监视 （b）次品产品的编号及其值监视

图 4-32　产品分类仿真监视

第5章 数学运算

5.1 算术运算

5.1.1 算术运算指令

算术运算指令包括+、－、*、/和MOD指令，分别用于加、减、乘、除和求余数运算。算术运算指令支持的数据类型及其运算结果见表5-1。

表5-1 算术运算指令支持的数据类型及其运算结果

运算	运算符	第一个数	第二个数	结果
加法	+	整数/浮点数	整数/浮点数	整数/浮点数
		日期和时间	日期和时间	日期和时间
减法	－	整数/浮点数	整数/浮点数	整数/浮点数
		日期和时间	日期和时间	日期和时间
乘法	*	整数/浮点数	整数/浮点数	整数/浮点数
		TIME, LTIME	整数	TIME, LTIME
除法	/	整数/浮点数	整数/浮点数（不等于0）	整数/浮点数
		TIME, LTIME	整数	TIME, LTIME
模运算	MOD	整数	整数	整数

（1）加法运算

加法运算是将两个（或多个）变量或常量相加。两个时间或日期变量也可以相加，结果也是时间或日期。加法运算的语法格式如下。

<结果变量> := <第一个数> + <第二个数>;

加法运算结果必须赋值给变量，第一个数和第二个数可以是变量、常量、表达式或函数的返回值等。下面以程序代码理解加法指令的应用。

```
iVar1 := iVar1 + 15;                 // 第一个数是变量，第二个数是常量
iVar2 := iVar2 + iVar3;              // 第一个数和第二个数都是变量
tRunTimeTotal := tRunTimeTotal + tRunTime;  // 两个时间变量相加
```

第一行程序是将整型变量iVar1加上常数15再赋值给变量iVar1；第二行是将整型变量

iVar2与iVar3相加再赋值给iVar2；第三行是将Time类型的变量tRunTimeTotal与tRunTime相加再赋值给tRunTimeTotal。

（2）减法运算

减法运算是将两个（或多个）变量或常量相减。两个时间或日期变量也可以相减，结果也是时间或日期。减法运算的语法格式如下。

　　＜结果变量＞ := ＜第一个数＞ - ＜第二个数＞;

减法运算结果必须赋值给变量，第一个数和第二个数可以是变量、常量、表达式或函数的返回值等。下面以程序代码理解减法指令的应用。

```
iVar1 := iVar1 - 15;                   //第一个数是变量,第二个数是常量
iVar2 := iVar2 - iVar3;                //第一个数和第二个数都是变量
tRunTimeTotal := tRunTimeTotal - tRunTime;  //两个时间变量相减
```

第一行程序是将整型变量iVar1减去常数15再赋值给变量iVar1；第二行是将整型变量iVar2减去iVar3再赋值给iVar2；第三行是将Time类型的变量tRunTimeTotal减去tRunTime再赋值给tRunTimeTotal。

（3）乘法运算

乘法运算是将两个（或多个）变量或常量相乘。时间与整数也可以相乘，结果也是时间。乘法运算的语法格式如下。

　　＜结果变量＞ := ＜第一个数＞ * ＜第二个数＞;

乘法运算结果必须赋值给变量，第一个数和第二个数可以是变量、常量、表达式或函数的返回值等。下面以程序代码理解乘法指令的应用。

```
iVar1 := iVar1 * 15;          //第一个数是变量,第二个数是常量
iVar2 := iVar2 * iVar3;       //第一个数和第二个数都是变量
tRunTime := tRunTime * 3;     //第一个数是时间,第二个数是整数
```

第一行程序是将整型变量iVar1乘以常数15再赋值给变量iVar1；第二行是将整型变量iVar2与iVar3相乘再赋值给iVar2；第三行是Time类型的变量tRunTime与整型常量3相乘再赋值给tRunTime。

（4）除法运算

除法运算是将两个（或多个）变量或常量相除。时间与整数也可以相除，结果也是时间。除法运算的语法格式如下。

　　＜结果变量＞ := ＜第一个数＞ / ＜第二个数＞;

除法运算结果必须赋值给变量，第一个数和第二个数可以是变量、常量、表达式或函数的返回值等。下面以程序代码理解除法指令的应用。

```
iVar1 := iVar1 / 15;          // 第一个数是变量，第二个数是常量
iVar2 := iVar2 / iVar3;       // 第一个数和第二个数都是变量
tRunTime := tRunTime / 3;     // 第一个数是时间，第二个数是整数
```

第一行程序是将整型变量iVar1除以常数15再赋值给变量iVar1；第二行是将整型变量iVar2除以iVar3再赋值给iVar2；第三行是将Time类型的变量tRunTime除以整型常量3再赋值给tRunTime。

（5）求余数运算

求余数运算也称模运算，它是将两个整型变量或常量相除，取其余数。求余数运算的语法格式如下。

```
<结果变量> := <第一个数> MOD <第二个数>;
```

求余数运算结果必须赋值给变量，第一个数和第二个数可以是整型的变量、常量、表达式或函数的返回值等。下面以程序代码理解除法指令的应用。

```
iVar2 := iVar1 MOD 15;        // 第一个数是变量，第二个数是常量
iVar4 := iVar2 MOD iVar3;     // 第一个数和第二个数都是变量
```

第一行程序是将整型变量iVar1除以常数15的余数赋值给变量iVar2；第二行是将整型变量iVar2除以iVar3的余数赋值给整型变量iVar4。

5.1.2 [实例32]　滑动平均值数字滤波

5.1.2.1 控制要求

① 将模拟量输入值转换为标准值0.0~1.0。
② 将10次标准值经过滑动平均值滤波输出。
③ 将滤波输出转换为工程值0~1000。

本实例采用西门子的博途软件进行组态与编程，使用的PLC为CPU 1214C，三菱和施耐德PLC的实现请参考视频与程序。

5.1.2.2 相关知识

常用的滤波方法有很多，如限幅滤波、中值滤波、平均值滤波、滑动平均值滤波等。对于一些存在周期性干扰的过程，可以采用平均值滤波，其公式如下。

$$Y(i) = \frac{1}{N}\sum_{j=1}^{N}x(j) \tag{5-1}$$

式中　$Y(i)$——第i个采样周期的平均值；

N——第i个采样周期的采样次数；

$x(j)$——第i个采样周期的N次测量值，$j=1,\cdots,N$。

滑动平均值滤波就是把N个测量值看成一个队列，每次采样到一个新数据放入队尾，

并扔掉原来队首的一个数据（先进先出原则），然后把队列中的*N*个数据进行算术平均值运算。这种算法对周期性干扰有良好的抑制作用，平滑度高，适用于高频振荡系统。但灵敏度低，对偶然出现的脉冲性干扰的抑制作用差，不易消除由于脉冲干扰所引起的干扰。

5.1.2.3 西门子博途软件编程

打开西门子博途V16，新建一个项目，添加新设备CPU1214C AC/DC/Rly，版本号V4.2，生成了一个站点"PLC_1"。

（1）编写函数块"AverageFilter"

函数块"AverageFilter"用于对输入进行滑动滤波并将滤波结果输出。展开"项目树"下的程序块，双击"添加新块"命令，添加一个"函数块FB"，命名为"AverageFilter"，语言选择"SCL"。打开该函数块，新建接口参数变量如图5-1所示。变量"rlAnalogValue"为滤波输入，变量"rlFilterValue"为滤波输出，静态数组"arlDataStore"用于保存10次输入值。

图5-1 函数块"AverageFilter"的接口参数

在ST编辑区编写程序如下。

```
(* 平均值数字滤波
输入：rAnalogValue—模拟量测量值
输出：rFilterValue—模拟量滤波值
*)
//赋初值
#rlMaxValue := #arlDataStore[0];
#rlMinValue := #arlDataStore[0];
#rlTotalValue := 0.0;
//先进先出，数据堆栈从rDataStore[9]到rDataStore[0]
FOR #iLoopCount := 0 TO 8 BY 1 DO
    #arlDataStore[#iLoopCount] := #arlDataStore[#iLoopCount + 1];
END_FOR;
#arlDataStore[9] := #rlAnalogValue;
//记录总和、最大值和最小值
FOR #iLoopCount := 0 TO 9 BY 1 DO
    IF #rlMaxValue < #arlDataStore[#iLoopCount] THEN
        #rlMaxValue := #arlDataStore[#iLoopCount]; //求最大值
    END_IF;
    IF #rlMinValue > #arlDataStore[#iLoopCount] THEN
```

```
        #rlMinValue := #arlDataStore[#iLoopCount];// 求最小值
    END_IF;
        #rlTotalValue := #rlTotalValue + #arlDataStore[#iLoopCount];//
求和
    END_FOR;
    #rlFilterValue := (#rlTotalValue-#rlMaxValue-#rlMinValue)/8.0;//
滤波值输出
```

首先赋初值，将记录数据的第一个数送给最大值和最小值，总和变量清零。然后对数据进行堆栈操作，依照先进先出的原则，将rDataStore[0]到rDataStore[9]依次压入堆栈，栈顶为最新的模拟输入rlAnalogValue，再求取最大值、最小值和总和。最后将总和减去最大值、最小值，再除以8即可得到滤波值。

（2）在循环程序中调用函数块

在变量表中添加变量iAnalog，数据类型INT，地址为IW64（模拟量输入通道0默认地址）。在"项目树"下，双击"添加新块"命令，添加一个全局数据块"FilterData"，创建REAL类型的变量"rlFilterIn""rlFilterOut"和INT类型的变量"iMeasurement"。

打开"OB1"，从"项目树"下将函数块"AverageFilter"拖放到程序区，弹出"调用选项"对话框，单击"确定"按钮，添加了该函数块的背景数据块"AverageFilter_DB"。单击PLC变量表和数据块"FilterData"，从"详细视图"中将变量拖放到背景数据块对应的引脚，编写后的代码如下。

```
// 将模拟量输入标准化为 0.0~1.0
"FilterData".rlFilterIn := INT_TO_REAL("iAnalog") / (27648.0 - 0.0);
// 调用滤波函数块进行滤波
"AverageFilter_DB"(rlAnalogValue := "FilterData".rlFilterIn,
                rlFilterValue => "FilterData".rlFilterOut);
// 缩放为 0~1000
"FilterData".iMeasurement :=
            REAL_TO_INT("FilterData".rlFilterOut * (1000 - 0));
```

首先将模拟量输入iAnalog（范围0~27648）标准化为0.0~1.0的值，输出给rlFilterIn作为滤波函数块的输入。然后调用滤波函数块AverageFilter，对模拟量输入进行滤波，滤波结果输出到rlFilterOut。最后将滤波输出缩放为工程量0~1000的值输出给iMeasurement。

5.1.2.4 监视运行

由于采样速度比较快，仿真运行不能很好地反映滤波结果，这里使用实物运行。单击站点"PLC_1"，将其下载到PLC中。单击工具栏中的■按钮，使PLC运行。

单击OB1工具栏中的"监视"按钮❣️，显示如图5-2所示。当前采样值"14404"，将其标准化为"0.520978"。采样10次滤波输出为"0.5210593"，输出工程量为"521"。

```
1  //将模拟量输入标准化为0.0~1.0
2  "FilterData".rlFilterIn := INT_TO_REAL("iAnalog") / (27648.0 - 0.0);

3  //调用滤波函数块进行滤波
4 □"AverageFilter_DB"(rlAnalogValue := "FilterData".rlFilterIn,
5              rlFilterValue => "FilterData".rlFilterOut);
6  //缩放为0~1000
7  "FilterData".iMeasurement :=
8              REAL_TO_INT("FilterData".rlFilterOut * (1000 - 0));
```

"FilterData".rlFilterIn	0.520978
INT_TO_REAL	14404.0
"iAnalog"	14404
"FilterData".rlFilterIn	0.520978
"FilterData".rlFilterOut	0.5210593
"FilterData".iMeasurement	521
REAL_TO_INT	521
"FilterData".rlFilterOut	0.5210593

图5-2 平均值数字滤波运行监视

5.1.3 [实例33] 中值数字滤波

5.1.3.1 控制要求

① 将模拟量输入值转换为标准值0.0~1.0。

② 将5次标准值经过中值滤波输出。

③ 将滤波输出转换为工程值0~1000。

本实例采用西门子的博途软件进行组态与编程,使用的PLC为CPU 1214C,三菱和施耐德PLC的实现请参考视频与程序。

5.1.3.2 相关知识

中值滤波是将N个采样值按大小顺序排列,取中间值作为周期采样的一种滤波方法。可用如下公式表示。

$$Y(i)=\mathrm{mid}(x1, x2, \cdots, xn) \tag{5-2}$$

式中　　　　　　$Y(i)$——周期采样值;

$x1, x2, \cdots, xn$——周期内的n次采样值,一般n取奇数;

mid——取$x1, x2, \cdots, xn$的中间值。

中值滤波非常适合信号变化非常缓慢的场合删除偶然干扰,对脉冲干扰有很好的滤除作用,对温度、液位的变化缓慢的被测参数有很好的滤波效果。但对流量、速度等快速变化的参数不宜。

5.1.3.3 西门子博途软件编程

打开西门子博途V16,新建一个项目,添加新设备CPU1214C AC/DC/Rly,版本号V4.2,生成了一个站点"PLC_1"。

（1）编写函数块"MiddleValueFilter"

函数块"MiddleValueFilter"用于将输入值进行多次采样,取中间值输出。展开在"项目树"下的程序块,双击"添加新块"命令,添加一个"函数块FB",命名为"MiddleValueFilter",语言选择"SCL"。

打开该函数块,新建接口参数变量如图5-3所

MiddleValueFilter			
	名称	数据类型	默认值
1	▼ Input		
2	■ rlAnalogValue	Real	0.0
3	▼ Output		
4	■ rlFilterValue	Real	
5	▶ InOut		
6	▼ Static		
7	▶ arlDataStore	Array[1..#iLength] of Real	
8	▼ Temp		
9	■ iLoopCount	Int	
10	■ iSquenceCount	Int	
11	▶ arlTempDataStore	Array[1..#iLength] of Real	
12	■ rlTempData	Real	
13	▼ Constant		
14	■ iLength	Int	5

图5-3 函数块"MiddleValueFilter"
的接口参数

示。变量"rlAnalogValue"为滤波输入，变量"rlFilterValue"为滤波输出，静态数组"arlDataStore"为变长度数组，用于保存多次采样的输入值。一般采样次数为奇数，这里将采样次数"iLength"设为5次。

在ST编辑区编写程序如下。

```
(*                中值数字滤波
输入：rlAnalogValue—标准化的模拟量测量值输入
输出：rlFilterValue—滤波值输出
*)
// 先进先出堆栈
FOR #iLoopCount := 1 TO #iLength - 1 BY 1 DO
    #arlDataStore[#iLoopCount] := #arlDataStore[#iLoopCount + 1];
END_FOR;
#arlDataStore[#iLength] := #rlAnalogValue;
// 将堆栈里的数据暂存到临时数组中
#arlTempDataStore := #arlDataStore;
// 冒泡排序
FOR #iLoopCount := #iLength TO 2 BY -1 DO
    FOR #iSquenceCount :=1 TO #iLoopCount-1 DO
  IF #arlTempDataStore[#iSquenceCount]>#arlTempDataStore[#iSquenc
eCount+1]
    THEN
#rlTempData := #arlTempDataStore[#iSquenceCount];
    #arlTempDataStore[#iSquenceCount] := #arlTempDataStore[#iSquence
Count+1];
    #arlTempDataStore[#iSquenceCount+1] := #rlTempData;
        END_IF;
    END_FOR;
END_FOR;
// 取中间值
#rlFilterValue := #arlTempDataStore[(#iLength + 1) / 2];
```

首先对数据进行堆栈操作，依照先进先出的原则，将arlDataStore[1]到arlDataStore[4]依次压入堆栈，栈顶为最新的模拟输入rlAnalogValue。然后将堆栈里的数据暂存到临时数组arlTempDataStore中，对数组进行冒泡排序。最后取中间值送给滤波值输出。

（2）在循环程序中调用函数块

在变量表中添加变量iAnalog，数据类型为INT，地址为IW64（模拟量输入通道0默认地址）。在"项目树"下，双击"添加新块"命令，添加一个全局数据块"FilterData"，创建REAL类型的变量"rlFilterIn""rlFilterOut"和INT类型的变量"iMeasurement"。

打开"OB1",从"项目树"下将函数块"MiddleValueFilter"拖放到程序区,弹出"调用选项"对话框,单击"确定"按钮,添加了该函数块的背景数据块"MiddleValueFilter_DB"。单击PLC变量表和数据块"FilterData",从"详细视图"中将变量拖放到背景数据块对应的引脚,编写后的代码如下。

```
// 将模拟量输入标准化为 0.0~1.0
"FilterData".rlFilterIn := INT_TO_REAL("iAnalog") / (27648.0 - 0.0);
// 调用滤波函数块进行滤波
"MiddleValueFilter_DB"(rlAnalogValue := "FilterData".rlFilterIn,
                    rlFilterValue => "FilterData".rlFilterOut);
// 缩放为 0~1000
"FilterData".iMeasurement :=
                    REAL_TO_INT("FilterData".rlFilterOut * (1000 - 0));
```

首先将模拟量输入iAnalog(范围0~27648)标准化为0.0~1.0的值,输出给rlFilterIn作为滤波函数块的输入。然后调用滤波函数块MiddleValueFilter,对模拟量输入进行滤波,滤波结果输出到rlFilterOut。最后将滤波输出缩放为工程量0~1000的值输出给iMeasurement。

5.1.3.4 监视运行

由于采样速度比较快,仿真运行不能很好地反映滤波结果,这里使用实物运行。单击站点"PLC_1",将其下载到PLC中。单击工具栏中的■按钮,使PLC运行。

单击OB1工具栏中的"监视"按钮 ,显示如图5-4所示。当前采样值"13822",将其标准化为"0.4999277"。采样5次的中值滤波输出为"0.4999277",输出工程量为"500"。

图 5-4　中值滤波监视

▶ 5.2　数学函数运算

5.2.1　数学函数

（1）函数ABS

计算绝对值函数ABS用于计算输入变量或表达式的绝对值,并将结果保存到指定的变量中，输入的数据类型可以有符号的整型或实数，默认是实数，指令格式如下。

```
ABS_Real := ABS(_real_in_);
```

下面以程序代码理解该指令的
应用，代码如图5-5所示。在程序
中，对变量"iVar1"的值"－2"
取绝对值，其结果为"2"；变量
"iVar2"的值"4"乘以"iVar3"
的值"－1"，结果是－4，其绝对
值为"4"。

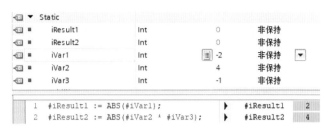

图 5-5　计算绝对值函数 ABS 的应用

（2）函数SQR

计算平方函数SQR用于计算输入变量或表达式的平方值，并将结果保存到指定的变量
中。输入的数据类型为实数，指令格式如下。

```
SQR_Real := SQR(_real_in_);
```

下面以程序代码理解该指令的应用，代码如图5-6所示。在程序中，对变量"rlVar1"的

值"2.5"进行平方运算，其结果
为"6.25"；对变量"rlVar2"的
值"6"进行平方，再乘以变量
"rlVar3"的值，最后对其结果
再进行平方运算，结果是
"5184.0"。

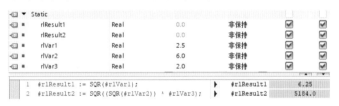

图 5-6　平方运算函数 SQR 的应用

（3）函数SQRT

计算平方根函数SQRT用于计算输入变量或表达式的平方根，并将结果保存到指定的
变量中。如果输入值大于零，则该指令的结果为正数。如果输入值小于零，则该指令返回
一个无效浮点数。如果输入值为0，则结果也是0。输入的数据类型为实数，指令格式
如下。

```
SQRT_Real := SQRT(_real_in_);
```

下面以程序代码理解该指令的应用，代码如图5-7所示。在程序中，对变量"rlVar1"的

值"4.0"进行平方根运算，其结
果是"2.0"；对变量"rlVar2"
的值"3.0"先进行平方运算，
再加上变量"rlVar3"的值
"16.0"，结果为"25.0"；再进
行平方根运算，结果是"5.0"。

图 5-7　平方根运算函数 SQRT 的应用

（4）函数LN

计算自然对数函数LN用于计算输入变量或表达式值的以e（e=2.718282）为底的自然对数。如果输入值大于零，则该指令的结果为正数。如果输入值小于零，则该指令返回一个无效浮点数。输入的数据类型为实数，指令格式如下。

```
LN_Real := LN( _real_in_ );
```

下面以程序代码理解该指令的应用，代码如图5-8所示。在程序中，变量"rlVar1"的值"2.5"的自然对数是"0.9162908"；变量rlVar2与变量rlVar3的值的和是4.7，其自然对数是"1.547562"。

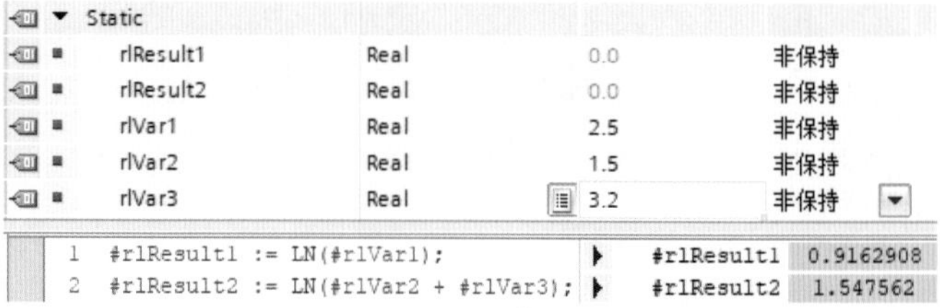

图 5-8　自然对数函数 LN 的应用

（5）函数EXP

计算指数值函数EXP用于计算输入变量或表达式值的以e（e=2.718282）为底的指数。输入的数据类型为实数，指令格式如下。

```
EXP_Real := EXP( _real_in_ );
```

下面以程序代码理解该指令的应用，代码如图5-9所示。在程序中，变量"rlVar1"的值"20.5"以e为底的指数值是"7.999022E+08"；变量"rlVar2"除以"rlVar3"的值的以e为底的指数值是"1.670704"。

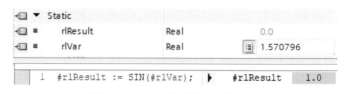

图 5-9　计算指数值函数 EXP 的应用

（6）函数SIN

计算正弦值函数SIN用于计算输入变量或表达式的正弦值，输入值的单位必须为弧度。输入的数据类型为实数，指令格式如下。

```
SIN_Real := SIN( _real_in_ );
```

下面以程序代码理解该指令的应用，代码如图5-10所示。在程序中，变量"rlVar"的值为"1.570796（即π/2）"，其正弦值为"1.0"。

图 5-10　正弦值函数 SIN 的应用

（7）函数COS

计算余弦值函数COS用于计算输入变量或表达式的余弦值，输入值的单位必须为弧度。输入的数据类型为实数，指令格式如下。

```
COS_Real := COS(_real_in_);
```

下面以程序代码理解该指令的应用，代码如图5-11所示。在程序中，变量"rlVar"的值为"1.570796（即$\pi/2$）"，其余弦值为8.638302E-05，即0。

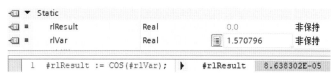

图 5-11　余弦值函数 COS 的应用

（8）函数TAN

计算正切值函数TAN用于计算输入变量或表达式的正切值，输入值的单位必须为弧度。输入的数据类型为实数，指令格式如下。

```
TAN_Real := TAN(_real_in_);
```

下面以程序代码理解该指令的应用，代码如图5-12所示。在程序中，变量"rlVar"的值为"3.141593（即π）"，其正切值为3.258414E-07，即0。

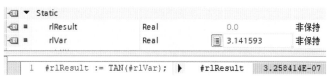

图 5-12　正切值函数 TAN 的应用

（9）函数ASIN

计算反正弦值函数ASIN可以计算正弦值所对应的角度值。输入值只能是$-1\sim+1$的有效实数。计算出的角度值以弧度为单位，范围为$-\pi/2\sim+\pi/2$，指令格式如下。

```
ASIN_Real := ASIN(_real_in_);
```

下面以程序代码理解该指令的应用，代码如图5-13所示。在程序中，变量"rlVar"的值为"1.0"，其正弦值对应的角度为"1.570796（即$\pi/2$）"。

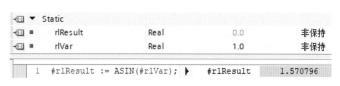

图 5-13　反正弦函数 ASIN 的应用

（10）函数ACOS

计算反余弦值函数ACOS可以计算余弦值所对应的角度值。输入值只能是$-1\sim+1$的有效实数。计算出的角度值以弧度为单位，范围为$0\sim+\pi$，指令格式如下。

```
ACOS_Real := ACOS(_real_in_);
```

下面以程序代码理解该指令的应用，代码如图5-14所示。在程序中，变量"rlVar"的值为"0.0"，其正弦值对应的角度为"1.570796（即$\pi/2$）"。

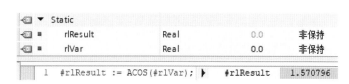

图 5-14　反余弦函数 ACOS 的应用

（11）函数ATAN

计算反正切值函数ATAN可以计算正切值所对应的角度值。输入值只能是有效的实数，计算出的角度值以弧度为单位，范围为 $-\pi/2 \sim +\pi/2$，指令格式如下。

```
ATAN_Real := ATAN(_real_in_);
```

下面以程序代码理解该指令的应用，代码如图5-15所示。在程序中，变量"rlVar"的值为"1.0"，其正切值对应的角度为"0.7853982（即$\pi/4$）"。

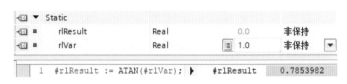

图 5-15　反正切函数 ATAN 的应用

（12）函数FRAC

返回小数函数FRAC用于取输入变量或表达式值的小数位。输入值只能是有效的实数，指令格式如下。

```
FRAC_Real :=FRAC(_real_in_);
```

下面以程序代码理解该指令的应用，代码如图5-16所示。在程序中，变量"rlVar1"的值为"2.555"，执行FRAC指令后，返回值为0.5550001；变量"rlVar2"的值为"-1.4421"，执行FRAC指令后，返回值为"-0.4421"。

图 5-16　返回小数函数 FRAC 的应用

5.2.2　[实例34]　限幅数字滤波

5.2.2.1　控制要求

① 将模拟量输入值转换为标准值0.0~1.0。

② 将标准值经过限幅滤波输出。

③ 将滤波输出转换为工程值0~1000。

本实例采用西门子的博途软件进行组态与编程，使用的PLC为CPU 1214C，三菱和施耐德PLC的实现请参考视频与程序。

5.2.2.2　相关知识

在实际采样中，相邻两次采样值之差ΔY不可能超过某一个定值。因为任何物理量的变化都需要一定时间，因此当ΔY大于某一定值时，可以判断测量值肯定是由于某种原因引起的干扰，应将其去掉，用上一次的采样值代替本次采样值，即$Y(i)=Y(i-1)$。这就是限幅滤波，可以用如下公式表示：

$$\begin{cases} \text{当} \mid Y(i) - Y(i-1) \mid \leqslant \Delta Y_{max}, \text{则} Y(i) = Y(i) \\ \text{当} \mid Y(i) - Y(i-1) \mid > \Delta Y_{max}, \text{则} Y(i) = Y(i-1) \end{cases} \tag{5-3}$$

式中　　$Y(i)$——第 i 次采样值；

　　　　$Y(i-1)$——第 $i-1$ 次采样值；

　　　　ΔY_{max}——相邻两次采样最大可能偏差，可根据经验或测试结果确定。

限幅滤波能有效克服因偶然因素引起的脉冲干扰，但无法抑制周期性的干扰，平滑度差。

5.2.2.3 西门子博途软件编程

打开西门子博途V16，新建一个项目，添加新设备CPU1214C AC/DC/Rly，版本号V4.2，生成了一个站点"PLC_1"。

（1）编写函数块"LimitFilter"

函数块"LimitFilter"用于对输入采样值进行限幅滤波。展开在"项目树"下的程序块，双击"添加新块"命令，添加一个"函数块FB"，命名为"LimitFilter"，语言选择"SCL"。打开该函数块，新建接口参数变量如图5-17所示。变量"rlCurrentSample"为当前采样输入，"rlMaxLimit"为指定的最大偏差，"rlSampleOut"为限幅滤波输出。

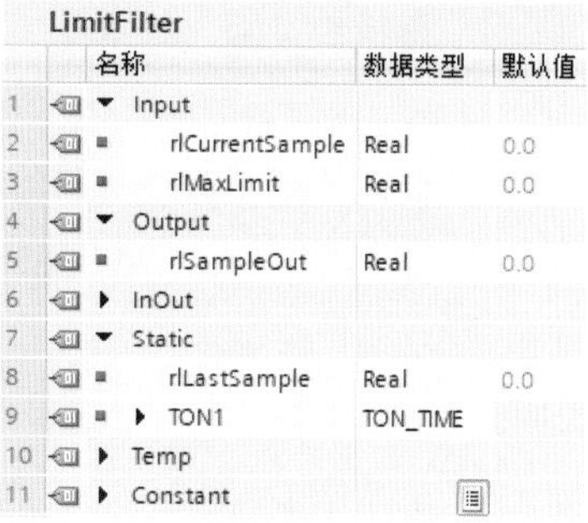

		名称	数据类型	默认值
		LimitFilter		
1	▼	Input		
2	■	rlCurrentSample	Real	0.0
3	■	rlMaxLimit	Real	0.0
4	▼	Output		
5	■	rlSampleOut	Real	0.0
6	▶	InOut		
7	▼	Static		
8	■	rlLastSample	Real	0.0
9	■ ▶	TON1	TON_TIME	
10	▶	Temp		
11	▶	Constant		

图 5-17　函数块"LimitFilter"的接口参数

在ST编辑区编写程序如下。

```
(*    限幅滤波
输入: rlCurrentSample—当前采样值; rlMaxLimit—最大偏差
输出: rlSampleOut—采样输出
*)
IF #TON1.Q THEN
    IF ABS(#rlCurrentSample - #rlLastSample) <= #rlMaxLimit THEN
// 小于偏差
        #rlSampleOut := #rlCurrentSample; // 当前采样值输出
    ELSE
        #rlSampleOut := #rlLastSample; // 否则, 输出上一次采样值
    END_IF;
    #rlLastSample := #rlCurrentSample; // 当前采样值作为后一次采样值
END_IF;
#TON1(IN := NOT #TON1.Q,
    PT := T#1s);//1s 采样时间
```

在程序中，每秒采样一次。采样时，如果当前采样值与上一次采样值之差小于等于最大偏差，当前采样值有效，将当前采样值输出。如果大于最大偏差，取上一次采样值输出。最后将当前采样值作为后一次采样值。

（2）在循环程序中调用函数块

在变量表中添加变量iAnalog，数据类型INT，地址为IW64（模拟量输入通道0默认地址）。在"项目树"下，双击"添加新块"命令，添加一个全局数据块"FilterData"，创建REAL类型的变量"rlFilterIn""rlFilterOut"和INT类型的变量"iMeasurement"。

打开"OB1"，从"项目树"下将函数块"LimitFilter"拖放到程序区，弹出"调用选项"对话框，单击"确定"按钮，添加了该函数块的背景数据块"LimitFilter_DB"。单击PLC变量表和数据块FilterData，从"详细视图"中将变量拖放到背景数据块对应的引脚，编写后的代码如下。

```
// 将模拟量输入标准化为 0.0~1.0
"FilterData".rlFilterIn := INT_TO_REAL("iAnalog") / (27648.0 - 0.0);
// 调用滤波函数块进行滤波
"LimitFilter_DB"(rlCurrentSample := "FilterData".rlFilterIn,
                rlMaxLimit      := 0.1,
                rlSampleOut     => "FilterData".rlFilterOut);
// 缩放为 0~1000
"FilterData".iMeasurement :=
                REAL_TO_INT("FilterData".rlFilterOut * (1000 - 0));
```

首先将模拟量输入iAnalog（范围0~27648）标准化为0.0~1.0的值，输出给rlFilterIn作为滤波函数块的输入。然后调用滤波函数块LimitFilter，对模拟量输入进行滤波，两次连续采样值相差不能超过10%，如果超过10%，用前一次采样代替，滤波结果输出到rlFilterOut。最后将滤波输出缩放为工程量0~1000的值输出给iMeasurement。

5.2.2.4 监视运行

这里使用实物运行，单击站点"PLC_1"，将其下载到PLC中。单击工具栏中的█按钮，使PLC运行。

单击OB1工具栏中的"监视"按钮☜，显示如图5-18所示。当前采样值"11911"，将其标准化为"0.4308088"。经过限幅滤波，输出工程量为"430"。

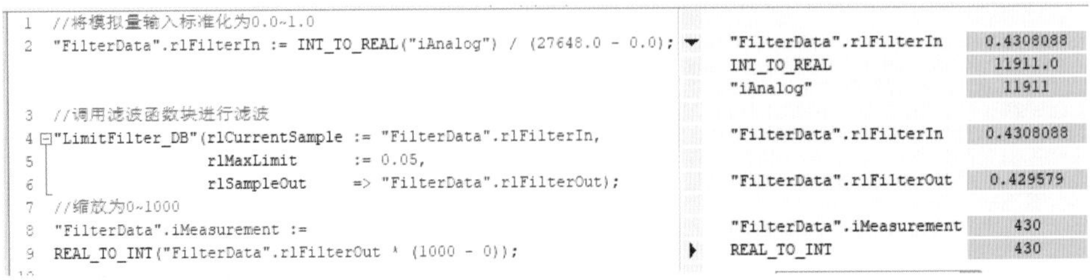

图5-18　限幅滤波运行监视

5.2.3 [实例35] 机械臂的定位控制

5.2.3.1 控制要求

某机械臂的定位控制示意图如图5-19所示，机械臂由两台步进电动机驱动，一台步进电动机用于驱动机械臂的转动，另一台步进电动机用于伸展机械臂。通过步进电动机将机械臂旋转到目标物所在的角度位置，然后通过另一台步进电动机伸展机械臂前端直至目标物。在本实例中，控制机械臂的步进驱动器的细分设置为10000，则PLC输出10000个脉冲，机械臂转动360°；控制机械臂伸展的步进驱动器的细分设置为10000，则PLC输出10000个脉冲，机械臂伸缩5mm。具体的控制要求是：当按下"启动"按钮时，机械臂逆时针转动90°，然后伸展20mm。

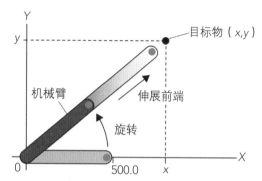

图 5-19　机械臂定位控制示意图

本实例采用西门子的博途软件进行组态与编程，使用的PLC为S7-1200，其I/O端口的分配见表5-2。

表5-2　机械臂定位控制的I/O端口分配表

输入			输出		
输入点	输入器件	作用	输出点	输出器件	控制对象
I0.0	SB常开触点	启动	Q0.0	步进驱动器1的脉冲输入端	机械臂转动
			Q0.1	步进驱动器1的方向输入端	机械臂转动方向
			Q0.2	步进驱动器2的脉冲输入端	机械臂伸缩
			Q0.3	步进驱动器2的方向输入端	机械臂伸缩方向

5.2.3.2 西门子博途软件编程

由于要输出高频脉冲对步进电动机进行控制，所以应选择晶体管输出（即DC输出）类型的PLC。打开西门子博途V16，新建一个项目，添加新设备CPU1214C DC/DC/DC，版本号V4.4，生成了一个站点"PLC_1"。在CPU的巡视窗口中展开脉冲发生器，单击"PTO1/PWM1"选项，勾选"启用该发生器"复选框，信号类型选择"PTO（脉冲A和方向B）"，则Q0.0为脉冲输出，Q0.1为方向输出，用于旋转控制；按照同样的方法组态"PTO2/PWM2"，Q0.2为脉冲输出，Q0.3为方向输出，用于伸展控制。

（1）编写函数"GetAngle"

在"项目树"下，双击"添加新数据类型"命令，添加一个名为"XYcoordinate"的自定义数据类型，创建REAL数据类型的元素"rlXcoordinate"和"rlYcoordinate"，用于保存某点的X坐标和Y坐标。

函数"GetAngle"用于求取某点的角度值。展开"项目树"下的程序块，双击"添加新块"命令，添加一个"函数FC"，命名为"GetAngle"，语言选择"SCL"。在接口参数中添加变量如图5-20上部所示，输入为某点的坐标位置，输出为Real类型的返回值"GetAngle"。

编写用于计算坐标角度的函数GetAngle程序，如图5-20下部所示。在程序中，如果位置的X坐标为0，直接输出角度为90°。否则，取Y坐标/X坐标的反正切，获取弧度；然后将弧度乘以180°/π，换算为角度。如果角度小于0°，则角度加上180°，使输出角度在0°~180°范围内。

图 5-20　函数"GetAngle"

（2）编写函数"GetDistance"

"GetDistance"函数用于获取两点之间的距离。双击"添加新块"命令，添加一个"函数FC"，命名为"GetDistance"，语言选择"SCL"。在接口参数中创建输入类型的变量"Position0"和"Position1"，类型为"XYcoordinate"，选择函数的返回值类型"Real"。编写的ST语言代码如下。

```
(* 根据 X、Y坐标计算 2 点间的距离。 *)
#GetDistance :=SQRT(SQR(#Position1.rlXcoordinate-#Position0.
            rlXcoordinate)+ SQR(#Position1.rlYcoordinate
            - #Position0.rlYcoordinate));
```

（3）编写函数"GetXY"

"GetXY"函数用于已知半径和角度，获取XY坐标。双击"添加新块"命令，添加一个"函数FC"，命名为"GetXY"，语言选择"SCL"。在接口参数中创建输入类型的变量"rlAngle"和"rlRadius"，类型为Real，选择函数的返回值类型"XYcoordinate"。然后编写ST语言代码如下。

```
(* 从度转换成弧度单位。 *)
#rlAngleRad := #rlAngle * #PI/ 180.0 ;// 角度（弧度）θ= 角度（度）
× π/180
(* 计算 X、Y 坐标。 *)
#GetXY.rlXcoordinate :=#rlRadius * COS(#rlAngleRad);//X 坐标 = 半
径 × COS(θ)
#GetXY.rlYcoordinate :=#rlRadius * SIN(#rlAngleRad);//Y 坐标 = 半
径 × SIN(θ)
```

（4）编写函数块"RotateControl"

函数块"RotateControl"用于控制机械臂的转动。双击"添加新块"命令，添加一个"函数块FB"，命名为"RotateControl"，语言选择"SCL"。在函数块的接口参数区创建变量如图5-21所示，每输出10000个脉冲，机械臂转动一周。

使用ST语言编写程序代码如下。

		名称	数据类型	默认值
		RotateControl		
1	▼	Input		
2	▶	TargetPosition	"XYcoordinate"	
3	▶	OriginPosition	"XYcoordinate"	
4	▼	Output		
5		xRotateDirection	Bool	false
6		xDone	Bool	false
7	▼	InOut		
8	▶	ArmPosition	"XYcoordinate"	
9	▼	Static		
10	▶	CTRL_PTO_Instance	CTRL_PTO	
11		udRotateFrequency	UDInt	0
12	▶	T1	TON_TIME	
13	▼	Temp		
14		rlPulse	Real	
15		rlAngle	Real	
16		rlRadius	Real	
17	▼	Constant		
18		rlPulsePerRound	Real	10000.0

图 5-21 函数块"RotateControl"的接口参数

```
(*          转动控制函数块          *)
IF #TargetPosition = #ArmPosition THEN   // 如果目标位置等于机械臂位置
    #ArmPosition := #TargetPosition;
    #xDone := TRUE;  // 完成
    RETURN;  // 返回
END_IF;
#udRotateFrequency := 1000;// 旋转频率1000Hz
#rlAngle := "GetAngle"(#TargetPosition) - "GetAngle"
(#ArmPosition);// 获取目标位置相对于机械臂的角度
#rlPulse := #rlAngle / 360.0 * #rlPulsePerRound;  // 输出脉冲 = 角度
/360* 每圈脉冲数
#rlRadius := "GetDistance"(Position0 := #OriginPosition,
Position1 := #ArmPosition);// 获取机械臂的长度
```

```
#CTRL_PTO_Instance(REQ:=TRUE,                          // 按照设定频率输出脉冲
                   PTO:="Local~Pulse_1",
                   FREQUENCY:=#udRotateFrequency);
IF  #rlAngle < 0 THEN       // 如果角度小于0，反转
    #xRotateDirection := TRUE;
END_IF;
#T1(IN := NOT #xDone,
    PT := ABS(REAL_TO_DINT(#rlPulse / UDINT_TO_REAL
(#udRotateFrequency) * 1000.0)));// 时间(ms)=脉冲/频率(s)*1000
IF #T1.Q THEN       // 输出脉冲完成
    #udRotateFrequency := 0;   // 停止输出脉冲
    #xRotateDirection := FALSE;   // 方向复位
    #ArmPosition := "GetXY"(rlRadius:=#rlRadius, rlAngle:=
#rlAngle) ;// 返回机械臂位置
    #xDone := TRUE;    // 完成
ELSE
    #xDone := FALSE;
END_IF;
```

在程序中，如果目标位置为机械臂位置，则机械臂位置不转动。首先获取目标位置相对于机械臂位置角度，再将其转换为脉冲数，调用脉冲指令输出脉冲，延时时间为输出脉冲/输出频率×1000。例如，机械臂旋转90°，需要输出脉冲为90/360×10000=2500，输出频率1000Hz，延时时间为2500/1000×1000= 2500（ms）。在2.5s内以1000Hz的频率输出2500个脉冲，通过步进电动机拖动机械臂旋转90°。延时时间到，输出频率清零，停止输出脉冲，返回机械臂的位置。

（5）编写函数块"DistanceControl"

函数块"DistanceControl"用于控制机械臂的伸展。双击"添加新块"命令，添加一个"函数块FB"，命名为"DistanceControl"，语言选择"SCL"。在函数块的接口参数区创建变量如图5-22所示，每输出10000个脉冲，步进电动机旋转一圈，机械臂伸展5mm。

在编辑区编写ST语言代码如下。

		名称	数据类型	默认值
1	◀□ ▼	Input		
2	◀□ ■ ▶	TargetPosition	"XYcoordinate"	
3	◀□ ■ ▶	OriginPosition	"XYcoordinate"	
4	◀□ ▼	Output	▤	
5	◀□ ■	xLengthDirection	Bool	false
6	◀□ ■	xDone	Bool	false
7	◀□ ▼	InOut		
8	◀□ ■ ▶	ArmPosition	"XYcoordinate"	
9	◀□ ▼	Static		
10	◀□ ■	udLengthFrequency	UDInt	0
11	◀□ ■ ▶	CTRL_PTO_Instance_1	CTRL_PTO	
12	◀□ ■ ▶	T2	TON_TIME	
13	◀□ ▼	Temp		
14	◀□ ■	rlPulse	Real	
15	◀□ ■	rlDistance	Real	
16	◀□ ▼	Constant		
17	◀□ ■	rlDistancePerRound	Real	5.0
18	◀□ ■	rlPulsePerRound	Real	10000.0

图5-22 函数块"DistanceControl"的接口参数

```
    IF #TargetPosition = #ArmPosition THEN   // 如果目标位置等于机械臂位置
        #ArmPosition := #TargetPosition;
        #xDone := TRUE;   // 完成
        RETURN;   // 返回
    END_IF;
    #udLengthFrequency := 10000;
    #rlDistance := "GetDistance"(Position0 :=#ArmPosition, Position1
:= #TargetPosition);// 获取目标位置相对于机械臂的距离
    #rlPulse := #rlDistance / #rlDistancePerRound * #rlPulsePerRound;
// 指令脉冲数 = 电动机分辨率 * （目标移动量 / 电机每转的移动量）
    #CTRL_PTO_Instance_1(REQ := TRUE,        // 输出脉冲
                         PTO := "Local~Pulse_2",
                         FREQUENCY := #udLengthFrequency);
    IF  "GetDistance"(Position0 := #OriginPosition, Position1 :=
#TargetPosition) < "GetDistance"(Position0:=#OriginPosition,
Position1:=#ArmPosition) THEN// 如果目标位置到原点距离小于机械臂
        #xLengthDirection := TRUE;   // 机械臂回缩
    END_IF;
    #T2(IN :=NOT #xDone,
        PT := REAL_TO_DINT(#rlPulse /UDINT_TO_REAL(#udLengthFrequen
cy)*1000.0));  // 输出脉冲延时
    IF #T2.Q THEN
        #udLengthFrequency := 0;// 停止输出脉冲
        #xLengthDirection := FALSE;
        #ArmPosition := #TargetPosition;// 完成，目标位置作为机械臂位置
        #xDone := TRUE;
    ELSE
        #xDone := FALSE;
    END_IF;
```

在程序中，如果目标位置为机械臂位置，则机械臂位置不转动。首先获取目标位置相对于机械臂位置的距离，再将其转换为脉冲数，调用脉冲指令输出脉冲，延时时间为输出脉冲/输出频率×1000。例如，机械臂伸展20mm，需要输出脉冲为20/5×10000=40000，输出频率10000Hz，延时时间为40000/10000×1000= 4000（ms）。在4s内以10000Hz的频率输出40000个脉冲，通过步进电动机拖动机械臂伸展20mm到达目标位置。延时时间到，输出频率清零，停止输出脉冲，将目标位置作为机械臂的新位置。

（6）在循环程序中调用函数块

双击"添加新块"命令，添加一个全局
数据块，命名为"PositionData"，添加变量
如图5-23所示。在变量表中，添加对应的物
理地址变量如图5-24所示。

打开"OB1"，从"项目树"下将函数
块"RotateControl"和"DistanceControl"拖
放到程序区，弹出"调用选项"对话框，单
击"确定"按钮，生成各自的背景数据块。
单击PLC变量表和数据块"PositionData"，
从"详细视图"中将变量拖放到背景数据块对应的引脚，编写后的代码如下。

PositionData

		名称		数据类型	起始值
1	▼	Static			
2	▶	OriginPosition		"XYcoordinate"	
3	▼	ArmPosition		"XYcoordinate"	
4			rlXcoordinate	Real	500.0
5			rlYcoordinate	Real	0.0
6	▶	TargetPosition		"XYcoordinate"	
7		xDone1		Bool	false
8		xDone2		Bool	false
9		iStep		Int	0

图5-23 全局数据块"PositionData"

```
IF "xStart" THEN
    "PositionData".iStep := 1; //启动，进入步1
END_IF;
CASE "PositionData".iStep OF
    1:   //步1，旋转控制
        "RotateControl_DB"(TargetPosition := "PositionData".TargetPosition,
                        OriginPosition := "PositionData".OriginPosition,
                        "xRotateDirection" => "xRotateDirection",
                        xDone => "PositionData".xDone1,
                        ArmPosition := "PositionData".ArmPosition);
        IF "PositionData".xDone1 THEN
            "PositionData".iStep := 2;
        END_IF;
    2:   //步2，伸展控制
        "DistanceControl_DB"(TargetPosition := "PositionData".TargetPosition,
                        OriginPosition := "PositionData".OriginPosition,
                        xLengthDirection => "xLengthDirection",
                        xDone => "PositionData".xDone2,
                        ArmPosition := "PositionData".ArmPosition);
        IF "PositionData".xDone2 THEN
            "PositionData".iStep := 0;
        END_IF;
END_CASE;
```

在程序中，首先按下"启动"按钮，进入步1。在步1中，控制机械臂旋转，旋转到位
后，xDone1为TRUE，iStep赋值为2，进入第2步。在第2步中，控制机械臂伸展，伸展到

位后，xDone2为TRUE，iStep赋值为0，回到初始值，定位控制结束。

5.2.3.3　仿真运行

在"项目树"下的项目上使用鼠标右键单击，在弹出的快捷菜单中选择"属性"→"保护"选项，勾选"块编译时支持仿真"复选框。单击站点"PLC_1"，再单击工具栏中的"启动仿真"按钮，打开仿真器。新建一个仿真项目，并将"PLC_1"站点下载到仿真器中。单击工具栏中的按钮，使PLC运行。

打开仿真器项目树下的"SIM表格_1"，单击表格工具栏中的按钮，将项目变量加载到表格中，如图5-24所示。单击工具栏中的"启用非输入修改"按钮，机械臂的位置为（500,0）将目标位置"TargetPosition"的坐标修改为（0,520），也就是将机械臂逆时针旋转90°，然后伸展20mm。

单击变量"xStart"按钮，可以看到旋转控制定时器T1延时2.5s，输出2500个脉冲，机械臂旋转90°。延时时间到，距离控制定时器T2开始延时4s，输出40000个脉冲，通过步进驱动器驱动步进电动机旋转4圈，每圈5mm，则伸展了20mm，到达目标位置。最后，机械臂位置变为（0,520），目标位置作为机械臂的新位置。

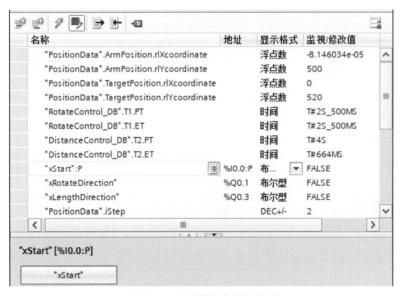

图 5-24　机械臂定位控制仿真

第 **6** 章　综合实例

▶ 6.1　运算的优先级

6.1.1　优先级

运算的优先级是指各种运算符在运算时的先后顺序，如同在数学中的四则混合运算，有括号的先运算括号内的，没有括号的，先乘除后加减。ST语言中的运算可以分为逻辑运算、比较运算和数学运算。它们之间有优先级，内部也有优先级。括号可以强制改变优先级，括号必须成对出现，也可以嵌套。

在ST语言中，运算符的优先级见表6-1，可以看出有如下规律。

① 括号和函数的优先级最高，然后是数学运算，其次是比较运算，最后是逻辑运算。

② NOT和它后面的变量是一个整体，所以它的优先级高于其他运算符。

③ 数学运算的优先级和数学中的四则混合运算一致，先乘除后加减。如果PLC支持"**"乘方运算，其优先级高于乘除运算。

④ 比较运算中的大于">"和小于"<"运算符的优先级高于等于"="和不等于"<>"运算符。

⑤ 逻辑运算中的"与"运算符AND高于"或"运算符OR。

⑥ 优先级相同的运算符，按照从左到右的顺序运算。

⑦ 赋值运算的优先级最低，所有运算都完成后，才会将结果赋值给变量。

如果无法确定运算符的优先级，可以使用括号强制改变优先级，达到运算的目的。

表6-1　运算符的优先级

运算名称	运算符	优先级
括号	（ ）	最高
函数	函数名（参数）；	
取反	NOT	
乘、除、求余数	×、/、MOD	
加减	+、-	
比较	>、>=、<、<=	
相等或不等	=、<>	最低

运算名称	运算符	优先级
与	AND	最高
异或	XOR	
或	OR	
赋值	:=	最低

6.1.2 优先级的应用

四则混合运算和括号的应用都比较熟悉，下面通过例子理解逻辑运算和比较运算的应用。

（1）逻辑运算

两地点动控制梯形图如图6-1所示，控制要求是，在热继电器工作正常，变量xThermalDelay有输入时，按下"点动"按钮xJog1或xJog2可以对电动机xMotor进行点动控制。

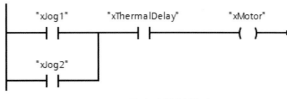

图 6-1　两地点动控制梯形图

如果编写如图6-2所示的程序，在电动机出现过载，变量xThermalDelay没有输入时，按下"点动"按钮1（xJog1为TRUE），电动机依然可以运行（xMotor为TRUE），在实际工程中，这是不允许的。

```
1  "xMotor" := "xJog1" OR "xJog2" AND "xThermalDelay";
```

"xMotor"	TRUE
"xJog1"	TRUE
"xJog2"	FALSE
"xThermalDelay"	FALSE

图 6-2　错误的两地点动控制运行结果

通过代码分析可以看出，先执行"xJog2 AND xThermalDelay"，然后与xJog1相或，AND的优先级大于OR的优先级，所以按下xJog1时电动机会运行。根据逻辑控制要求，可以在"xJog1 OR xJog2"两边加上括号，强制改变逻辑运算的优先级，运行结果如图6-3所示。当出现过载情况，按下"点动"按钮xJog1或xJog2，电动机都不会运行。

```
1  "xMotor" := ("xJog1" OR "xJog2") AND "xThermalDelay";
```

"xMotor"	FALSE
"xJog1"	TRUE
"xJog2"	FALSE
"xThermalDelay"	FALSE

图 6-3　正确的两地点动控制运行结果

（2）比较运算

在ST语言中，不能进行连续比较运算，例如下面的代码。

179

```
IF 5 < "iVar1" < 9 THEN
    "iResult" := 8;
END_IF;
```

这段代码是无法编译通过的，错误信息为"运算符<与Bool和Int的数据类型不兼容"。这是由于比较表达式"5 < "iVar1" < 9"中两个"<"的优先级相同，按照从左到右的顺序依次进行计算。首先计算表达式"5 < "iVar1"",计算结果为BOOL型，然后与9进行比较。由于BOOL型变量不能与数值型变量进行比较运算，所以会报错。可以将表达式"5 < "iVar1" < 9"书写为"5 < "iVar1" AND "iVar1" < 9",就不会有错误了。

▶ 6.2 日期和时间的应用

6.2.1 [实例36] 带故障检测的电动机控制

6.2.1.1 控制要求

▶扫一扫 看视频◀

某电动机的控制需要带有故障检测，控制要求如下。

① 接通断路器，按下"启动"按钮，电动机启动。3s内接触器必须吸合，否则电动机停止，并输出错误报警和故障代码。

② 按下"停止"按钮，电动机停止。

③ 断路器跳闸，电动机停止，输出错误报警和对应的故障代码。

本实例采用西门子的博途软件进行组态与编程，使用的PLC为S7-1200，其输入/输出端口分配见表6-2。三菱和施耐德PLC的实现请参考视频与程序。

表6-2 带故障检测电动机控制的I/O端子分配表

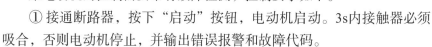

输入			输出		
输入点	输入器件	作用	输出点	输出器件	作用
I0.0	SB1常开触点	启动			
I0.1	SB2常开触点	停止	Q0.0	接触器KM	控制电动机M
I0.2	QF常闭触点	断路器检测			
I0.3	KM常开触点	接触器检测			

6.2.1.2 西门子博途软件编程

打开西门子博途V16，新建一个项目，添加新设备CPU1214C AC/DC/Rly，版本号V4.2，生成了一个站点"PLC_1"。在设备视图的属性窗口中，单击"系统和时钟存储器"按钮，勾选"启用时钟存储器字节"复选框。

（1）编写函数块"MotorControlOfFault"

函数块"MotorControlOfFault"用于对电动机的启动和停止控制以及返回故障。展开在"项目树"下的程序块，双击"添加新块"命令，添加一个"函数块FB"选项，命名

为"MotorControlOfFault",语言选择
"SCL"。

打开该函数块,新建接口参数变量如图6-4
所示。变量"xStart"和"xStop"分别为启动和
停止输入,"xBreaker"为断路器检测输入,
"xFeedback"为接触器检测输入,"xPuls1s"
为秒脉冲输入,"iTimerPT"为定时时间,单
位为s。输出变量"xMotor"用于控制电动机,
"xError"为输出故障,"bStatus"为输出故障
状态。

在编辑区编写的ST代码如下所示。

		名称	数据类型	默认值
1	▼	Input		
2	■	xStart	Bool	false
3	■	xStop	Bool	false
4	■	xBreaker	Bool	false
5	■	xFeedback	Bool	false
6	■	xPuls1s	Bool	false
7	■	iTimerPT	Int	0
8	▼	Output		
9	■	xMotor	Bool	false
10	■	xError	Bool	false
11	■	bStatus	Byte	16#0
12	▶	InOut		
13	▼	Static		
14	■	xMotorFlag	Bool	false
15	■	xPuls1sLastStatus	Bool	false
16	■	iTimerET1	Int	0
17	■	xTimerQ1	Bool	false
18	▼	Temp		
19	■	xPuls1sRisingEdge	Bool	

图6-4 函数块"MotorControlOfFault"
的接口参数

```
(*      带故障检测的电动机控制
```
输入:xStart—启动,1=启动;xStop—停止,1=停止;xBreaker—断路器常闭,
1=跳闸;
```
        xFeedback—接触器常开,1=吸合;xPuls1s—秒脉冲
```
输出:xMotor—电动机,1=运行;xError—故障,1=有故障;
```
        bStatus—故障字节,0=无故障,1=断路器故障;2=接触器未吸合
*)
// 启动。如果断路器未断开、接触器反馈未输入,按下"启动"按钮,电动机启动
IF #xStart AND NOT #xBreaker AND NOT #xFeedback THEN
    #xMotorFlag := TRUE;
END_IF;
// 停止。按下"停止"按钮,电动机停止,故障清零,故障代码清零
IF #xStop  THEN
    #xMotorFlag := FALSE;
    #xError := FALSE;
    #bStatus := 0;
END_IF;
// 断路器故障检测,输出断路器故障代码
IF #xBreaker THEN
    #xMotorFlag := FALSE;
```

```
        #xError := TRUE;
        #bStatus := 1;
    END_IF;
    // 接触器故障 3s 延时后检测
    // 获取秒脉冲上升沿
    #xPuls1sRisingEdge := #xPuls1s AND NOT #xPuls1sLastStatus;
    #xPuls1sLastStatus := #xPuls1s;
    IF (NOT #xMotorFlag ) THEN
        #iTimerET1 := 0;
        #xTimerQ1 := FALSE;
    ELSIF (#xMotorFlag AND NOT #xFeedback AND #xPuls1sRisingEdge AND
NOT #xTimerQ1) THEN
        #iTimerET1 := #iTimerET1 + 1;    // 每秒当前计数值加 1
        #xTimerQ1 := #iTimerET1 >= #iTimerPT;
    END_IF;
    // 输出接触器故障代码
    IF #xTimerQ1 THEN
        #xMotorFlag := FALSE;
        #xError := TRUE;
        #bStatus := 2;
    END_IF;
    // 输出
    #xMotor := #xMotorFlag;
```

在程序中，如果断路器接通，其常闭触点断开，xBreaker为FALSE；接触器未吸合，xFeedback为FALSE；当按下"启动"按钮时，xStart为TRUE，则电动机运行标志xMotorFlag为TRUE，启动电动机。如果按下"停止"按钮，xStop为TRUE，电动机运行标志xMotorFlag为FALSE，电动机停止；xError为FALSE，清除错误输出，同时错误状态bStatus清零。

如果断路器跳闸，xBreaker为TRUE，电动机运行标志xMotorFlag为FALSE，xError为TRUE，输出错误，错误代码bStatus为1。

然后获取秒脉冲的上升沿。当电动机运行标志xMotorFlag为TRUE时，每秒当前值iTimerET1加1。当前值大于等于设定值iTimerPT时，定时器输出xTimerQ1为TRUE。如果在设定时间内，接触器吸合，xFeedback为TRUE，则停止计时。

如果计时时间到，xTimerQ1为TRUE，在规定的时间内接触器没有吸合，则xMotorFlag为FALSE，xError为TRUE，输出错误，错误代码bStatus为2。最后将运行标志赋值给输出xMotor。

（2）在循环程序中调用函数块

在PLC变量表中按照图6-5创建变量。打开"OB1"，从"项目树"下将函数块"MotorControlOfFault"拖放到程序区，弹出"调用选项"对话框，单击"确定"按钮，添加了该函数块的背景数据块"MotorControlOfFault_DB"。单击PLC变量表，从"详细视图"中将变量拖放到背景数据块对应的引脚，编写后的代码如下。

```
"MotorControlOfFault_DB"(xStart   := "xStartM",
                         xStop    := "xStopM",
                         xBreaker := "xBreakerClose",
                         xFeedback := "xContactorFeedback",
                         xPuls1s  := "Clock_1Hz",
                         iTimerPT := 3,
                         xMotor   => "xMotorM",
                         xError   => "xErrorOut",
                         bStatus  => "bStatusOut");
```

在程序中，使用了秒脉冲Clock_1Hz进行计时，接触器必须在3s时间内吸合；否则，电动机不能启动，并发出错误报警信息。

6.2.1.3 仿真运行

在"项目树"下的项目上使用鼠标右键单击，在弹出的快捷菜单中选择"属性"→"保护"选项，勾选"块编译时支持仿真"复选框。单击站点"PLC_1"，再单击工具栏中的"启动仿真"按钮，打开仿真器。新建一个仿真项目，并将"PLC_1"站点下载到仿真器中。单击工具栏中的按钮，使PLC运行。

打开仿真器项目树下的"SIM表格_1"，单击表格工具栏中的按钮，将项目变量加载到表格中，如图6-5所示。

单击变量"xStartM"的按钮，"xMotorM"变为"TRUE"，电动机启动。3s内必须勾选变量"xContactorFeedback"；否则，"xMotorM"变为"FALSE"，电动机停止，同时"xErrorOut"变为"TRUE"，有故障输出，故障代码"bStatusOut"为2。

在电动机运行过程中，勾选"xBreakerClose"复选框，表示断路器跳闸。"xMotorM"变为"FALSE"，电动机停止，同时"xErrorOut"变为"TRUE"，有故障输出，故障代码"bStatusOut"为1。

单击变量"xStopM"的按钮，清除故障代码，电动机停止。

图6-5　带故障检测的电动机控制仿真

6.2.2 [实例37] 计算设备运行时间

▶扫一扫 看视频

6.2.2.1 控制要求

设备开机后，需要计算设备的累积运行时间，在上位机显示运行了多长时间。通常通过秒脉冲不断累积计算秒数，但直接显示秒数不利于操作人员读取，需要换算为符合人类思维习惯的时间显示形式，即时分秒的形式。本实例控制要求如下。

① 当按下"启动"按钮时，电动机通电运转，累积电动机的运行时间并以时分秒的形式显示。

② 当按下"停止"按钮或电动机发生过载故障时，电动机断电停止，停止累积时间。

本实例采用西门子的博途软件进行组态与编程，使用的PLC为S7-1200，其输入/输出端口分配见表6-3。三菱和施耐德PLC的实现请参考视频与程序。

表6-3 设备运行控制的I/O端口分配表

输入			输出		
输入点	输入器件	作用	输出点	输出器件	控制对象
I0.0	SB1常开触点	"启动"按钮			
I0.1	SB2常开触点	"停止"按钮	Q0.0	接触器KM	电动机M
I0.2	KH常闭触点	过载保护			

6.2.2.2 西门子博途软件编程

打开西门子博途V16，新建一个项目，添加新设备CPU1214C AC/DC/Rly，版本号V4.2，生成了一个站点"PLC_1"。在设备视图的属性窗口中，单击"系统和时钟存储器"按钮，勾选"启用时钟存储器字节"复选框。

（1）添加自定义数据类型和数据块

① 在"项目树"的"PLC数据类型"下，双击"添加新数据类型"命令，添加一个用户自定义的数据类型，将其命名为"TimeAndHMS"，然后添加元素，如图6-6（a）所示。变量"udTimeTotal-S"选择数据类型要大一些，以便以秒为单位保存运行时间，这里选择"UDint"类型就比较合理。

② 双击"添加新块"命令，再添加一个全局数据块"数据块DB"，命名为"DeviceRunTime"，如图6-6（b）所示。添加变量"RunTime"，数据类型选择"TimeAndHMS"。为了使PLC停止时累积时间不丢失，要勾选"保持"复选框。

TimeAndHMS			
	名称	数据类型	默认值
1	udTimeTotal_S	UDInt	0
2	uiSecond	UInt	0
3	uiMinute	UInt	0
4	uiHour	UInt	0
5	uiDay	UInt	0

DeviceRunTime				
	名称	数据类型	起始值	保持
1	▼ Static			☐
2	▼ RunTime	"TimeAndHMS"		☑
3	udTimeTotal_S	UDInt	0	☑
4	uiSecond	UInt	0	☑
5	uiMinute	UInt	0	☑
6	uiHour	UInt	0	☑
7	uiDay	UInt	0	☑

（a）自定义数据类型"TimeAndHMS"　　　　　（b）数据块"DeviceRunTime"

图6-6 自定义变量和添加数据块

（2）编写函数块"RunTimeAccumulate"

函数块"RunTimeAccumulate"用于计算累积时间并分解为时分秒的形式。展开"项目树"下的程序块，双击"添加新块"命令，添加一个"函数块FB"，命名为"RunTimeAccumulate"，语言选择"SCL"。

打开该函数，创建接口参数如图6-7所示。变量"xDeviceRun"为设备运行状态输入，"xPuls1s"为秒脉冲输入。自定义数据类型的变量"RunTime"用于输入输出设备运行的累积时间和时分秒。在编辑区编写的ST语言代码如下。

RunTimeAccumulate			
	名称	数据类型	默认值
1	▼ Input		
2	xDeviceRun	Bool	false
3	xPuls1s	Bool	false
4	▶ Output		
5	▼ InOut		
6	▶ RunTime	"TimeAndHMS"	
7	▼ Static		
8	xPuls1sLastStatus	Bool	false
9	▼ Temp		
10	xPuls1sRisingEdge	Bool	

图 6-7　函数块"RunTimeAccumulate"的接口参数

```
(* 设备运行时间累积
输入：xDeviceRun—设备运行，1= 运行；xPuls1s—秒脉冲
输入输出：RunTime—运行时间
*)
// 获取秒脉冲上升沿
#xPuls1sRisingEdge := #xPuls1s AND NOT #xPuls1sLastStatus;
#xPuls1sLastStatus := #xPuls1s;
// 每秒累积时间加 1
IF #xDeviceRun THEN
    IF #xPuls1sRisingEdge THEN
        #RunTime.udTimeTotal_S := #RunTime.udTimeTotal_S + 1;
    END_IF;
END_IF;
(* 累积时间分解为时分秒
udRunTimeTotal_S# 累积时间，单位 s
uiSecond# 秒；uiMinute# 分钟；uiHour# 小时；uiDay# 天
*)
#RunTime.uiSecond := UDINT_TO_UINT(#RunTime.udTimeTotal_S MOD 60);
#RunTime.uiMinute := UDINT_TO_UINT(( #RunTime.udTimeTotal_S / 60)
MOD 60);
#RunTime.uiHour := UDINT_TO_UINT(( #RunTime.udTimeTotal_S / 3600)
MOD 24);
#RunTime.uiDay := UDINT_TO_UINT(( #RunTime.udTimeTotal_S / 3600) /
24);
```

在程序中，当设备运行时，在秒脉冲xPuls1s的上升沿，对累积时间的变量udTimeTotal_S每秒加1。

将累积时间udTimeTotal_S除以60，其余数就是剩余的秒数，然后转换为无符号整数赋值给秒uiSecond。

将累积时间udTimeTotal_S除以60，获取分钟数。再除以60，其余数就是剩余的分钟数，然后转换为无符号整数赋值给分钟uiMinute。

将累积时间udTimeTotal_S除以3600，获取小时数。再除以24，其余数就是剩余的小时数，然后转换为无符号整数赋值给小时uiHour。

将累积时间udTimeTotal_S除以3600，获取小时数。再除以24，其商为天数，转换为无符号整数赋值给天uiDay。

西门子PLC中的无符号双整型UDINT和无符号整型UINT本来应该对应三菱中的Double Word[Unsigned]和Word[Unsigned]，但在移植到三菱PLC中发现，提示数据类型不一致。修改为有符号的数据类型Double Word[signed]和Word[signed]，程序编译没有错误，运行正常，所以在三菱计算中应使用有符号的数据类型。另外，在使用中应注意，三菱中没有UDINT和UINT之间的数据类型转换函数。

（3）在循环程序中调用函数块

按照图6-8所示创建输入/输出变量。打开"OB1"，从"项目树"下将函数块"RunTimeAccumulate"拖放到程序区，生成背景数据块。单击PLC变量表和数据块"DeviceRunTime"，从"详细视图"中将变量拖放到背景数据块的对应引脚，编写后的代码如下。

```
// 启动停止控制
IF "xStart_M1" AND "xThermalDelay_M1" THEN
    "xMotor_M1" := TRUE;
ELSIF "xStop_M1" OR NOT "xThermalDelay_M1" THEN
    "xMotor_M1" := FALSE;
END_IF;
// 获取累积时间，并将累积时间分解为时分秒
"RunTimeAccumulate_DB"(xDeviceRun := "xMotor_M1",
                xPuls1s    := "Clock_1Hz",
                RunTime    := "DeviceRunTime".RunTime);
```

首先对电动机进行启动和停止控制。在热继电器常闭触点没有断开时，变量xThermalDelay_M1为TRUE，按下"启动"按钮，xMotor_M1为TRUE，电动机启动；如果按下"停止"按钮或热继电器常闭触点断开，xMotor_M1为FALSE，电动机停止。然后调用函数块RunTimeAccumulate，通过秒脉冲对电动机运行时间进行累积，并把累积时间分解为时分秒。

（4）仿真运行

在"项目树"下的项目上使用鼠标右键单击，在弹出的快捷菜单中选择"属性"→"保护"选项，勾选"块编译时支持仿真"复选框。单击站点"PLC_1"，再单击工具栏中的"启动仿真"按钮，打开仿真器。新建一个仿真项目，并将"PLC_1"站点下载到仿真器中。单击工具栏中的 按钮，使PLC运行。

打开仿真器项目树下的"SIM表格_1"，单击表格工具栏中的 按钮，将项目变量加载到表格中，如图6-8所示。

勾选"xThermalDelay_M1"复选框，单击"xStart_M1"的按钮，"xMotor_M1"为"TRUE"，电动机启动，

图 6-8　自编函数块计算设备运行时间仿真

累积时间"udTimeTotal_S"开始秒计时，并将累积时间分解为时（uiHour）、分（uiMinute）、秒（uiSecond）。

单击"xStop_M1"或取消勾选"xThermalDelay_M1"复选框，电动机停止，同时停止累积计时。重新启动电动机，累积时间又继续计时。

单击仿真器的"电源"按钮，使PLC断电后重新通电，累积时间不变。重新启动电动机，累积时间继续累加计时。

6.2.2.3　使用系统函数实现

（1）添加自定义数据类型和数据块变量

在"项目树"的"PLC数据类型"下，双击"添加新数据类型"命令，添加一个用户自定义的数据类型，将其命名为"MyEquipment"，然后添加元素如图6-9（a）所示。其中"iNumber"为设备号、"xStatus"为设备状态、"dtStartTime"为设备启动时间、"tRunTime"为设备当前运行时间、"tRunTimeTotal"为设备运行累积时间。在数据块"DeviceRunTime"中添加变量"EquipmentData"，数据类型选择"MyEquipment"，如图6-9（b）所示。为了使PLC停止时累积时间不丢失，要勾选"保持"复选框。

		MyEquipment		
		名称	数据类型	默认值
1		iNumber	Int	0
2		xStatus	Bool	false
3	▶	dtStartTime	DTL	DTL#1971
4		tRunTime	Time	T#0ms
5		tRunTimeTotal	Time	T#0ms

		DeviceRunTime			
		名称	数据类型	起始值	保持
1	▼	Static			☐
2	▶	RunTime	"TimeAndHMS"		☑
3	▼	EquipmentData	"MyEquipment"		☑
4		iNumber	Int	0	☑
5		xStatus	Bool	false	☑
6	▶	dtStartTime	DTL	DTL#19	☑
7		tRunTime	Time	T#0ms	☑
8		tRunTimeTotal	Time	T#0ms	☑

（a）自定义数据类型"MyEquipment"　　　　（b）添加变量"EquipmentData"

图6-9　自定义变量和添加数据块变量

（2）编写函数块"RunTimeCalculate"

函数块"RunTimeCalculate"用于获取设备的运行时间和累积时间。展开在"项目树"下的程序块，双击"添加新块"命令，添加一个"函数块FB"，命名为

"RunTimeCalculate"，语言选择"SCL"。打开该函数，创建接口参数如图6-10所示。自定义数据类型的输入输出变量"Equipment"用于根据设备的状态获取该设备的启动日期时间，计算运行时间和累积运行时间。

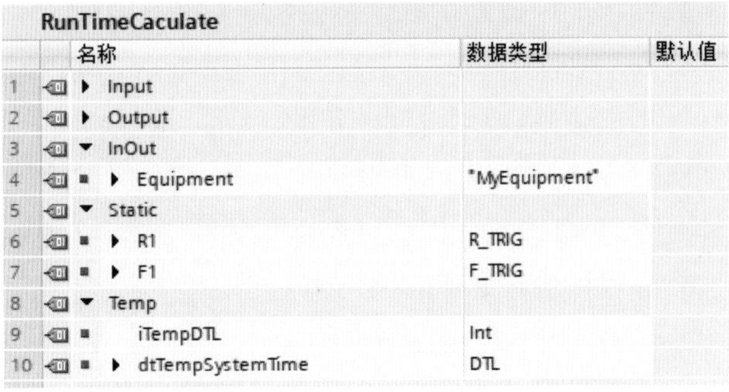

在函数块下部的编辑区编写控制程序如下。

	名称	数据类型	默认值
1	▶ Input		
2	▶ Output		
3	▼ InOut		
4	▶ Equipment	"MyEquipment"	
5	▼ Static		
6	▶ R1	R_TRIG	
7	▶ F1	F_TRIG	
8	▼ Temp		
9	iTempDTL	Int	
10	▶ dtTempSystemTime	DTL	

图6-10 函数块"RunTimeCalculate"的接口参数

```
(*                        使用系统函数计算设备运行时间
输入/输出：Equipment—自定义数据类型
*)
// 获取设备运行的上升沿
#R1(CLK := #Equipment.xStatus);
// 在设备运行的上升沿，读取系统设备启动的日期时间
IF #R1.Q THEN
    #iTempDTL := RD_SYS_T(#dtTempSystemTime);
    #Equipment.dtStartTime := #dtTempSystemTime;
END_IF;
// 设备运行，读取运行时间
IF #Equipment.xStatus THEN
    #iTempDTL := RD_SYS_T(#dtTempSystemTime);
    #Equipment.tRunTime :=#dtTempSystemTime - #Equipment.dtStartTime;
END_IF;
// 获取设备停止的下降沿
#F1(CLK := #Equipment.xStatus);
// 在设备停止的下降沿，计算设备运行累积时间
IF #F1.Q THEN
    #Equipment.tRunTimeTotal:=#Equipment.tRunTimeTotal+#Equipment.
tRunTime;
    END_IF;
```

在程序中，首先获取设备运行的上升沿，以便读取设备启动的开始日期时间。从基本指令下将标准函数块R_TRIG拖放到编辑区，弹出"调用选项"对话框，选择"多重实

例"选项,名称修改为"R1",单击"确定"按钮,在函数块的静态变量下自动生成了一个变量R1。

在设备运行的上升沿,读取系统时间到临时变量dtTempSystemTime,然后将其送给设备的启动日期时间dtStartTime。

如果设备一直在运行,读取系统日期时间,将读取的日期时间减去设备的启动日期时间,可以获得设备的运行时间tRunTime。

为了获取设备运行的累积时间,使用系统函数块F_TRIG(命名为F1)获取设备停止的下降沿。在其下降沿,将运行时间tRunTime累加到累积时间tRunTimeTotal。

(3)在循环程序中调用函数块

从"项目树"下将函数块"RunTimeCalculate"拖放到"OB1",生成背景数据块。单击PLC变量表和数据块"DeviceRunTime",从"详细视图"中将变量拖放到背景数据块的对应引脚,编写后的代码如下。

```
// 启动停止控制
IF "xStart_M1" AND "xThermalDelay_M1" THEN
    "xMotor_M1" := TRUE;
ELSIF "xStop_M1" OR NOT "xThermalDelay_M1" THEN
    "xMotor_M1" := FALSE;
END_IF;
// 传送设备的运行状态
"DeviceRunTime".EquipmentData.xStatus := "xMotor_M1";
// 调用函数块读取运行时间和累积时间
"RunTimeCaculate_DB"("DeviceRunTime".EquipmentData);
```

首先对电动机进行启动和停止控制。然后将设备的运行状态传送给设备的状态变量xStatus,调用函数块RunTimeCalculate,读取设备的运行时间和累积时间。

(4)仿真运行

在"项目树"下的项目上使用鼠标右键单击,在弹出的快捷菜单中选择"属性"→"保护"选项,勾选"块编译时支持仿真"复选框。单击站点"PLC_1",再单击工具栏中的"启动仿真"按钮 ,打开仿真器。新建一个仿真项目,并将"PLC_1"站点下载到仿真器中。单击工具栏中的 按钮,使PLC运行。

打开仿真器项目树下的"SIM表格_1",单击表格工具栏中的 按钮,将项目变量加载到表格中,如图6-11所示。当前的设备编号为0,可以扩展到多个设备。

勾选"xThermalDelay_M1"复选框,单击"xStart_M1"按钮,"xMotor_M1"为"TRUE",电动机启动,当前运行时间"tRunTime"在计时。

单击"xStop_M1"或取消勾选"xThermalDelay_M1"复选框,电动机停止,同时将当前运行时间累加到累积时间"tRunTimeTotal"中。

单击仿真器的"电源"按钮 ,使PLC断电后重新通电,累积时间不变。重新启动电动机，运行时间重新计时。

图6-11　使用标准函数块计算设备运行时间仿真

6.2.3 [实例38]　选取累积时间短的水泵运行

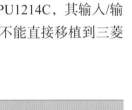
▶扫一扫　看视频◀

6.2.3.1 控制要求

某设备有8台水泵，4台启用、4台备用，控制要求如下。

① 当按下"启动"按钮时，8台水泵中累积运行时间短的4台水泵启动。

② 当按下"停止"按钮时，水泵停止。

③ 输出当前运行水泵的运行时间和累积时间。

本实例采用西门子的博途软件进行组态与编程，使用的PLC为CPU1214C，其输入/输出端口分配见表6-4。由于使用了西门子的系统函数块，所以本实例不能直接移植到三菱和施耐德PLC中。

表6-4　选取累积时间短的水泵运行的I/O端口分配表

输入			输出		
输入点	输入器件	作用	输出点	输出器件	控制对象
I0.0	SB1常开触点	启动	Q0.0~Q0.7	接触器KM1~KM8	8台水泵
I0.1	SB2常开触点	停止			

6.2.3.2 西门子博途软件编程

打开西门子博途V16，新建一个项目，添加新设备CPU1214C AC/DC/Rly，版本号V4.2，生成了一个站点"PLC_1"。

（1）添加自定义数据类型和数据块

① 在"项目树"的"PLC数据类型"下，双击"添加新数据类型"命令，添加一个用户自定义的数据类型，将其命名为"MyEquipment"，然后添加元素，如图6-12（a）所示。其中"iNumber"为水泵编号、"xStatus"为水泵的运行状态、"tCurrentRunTime"为水泵的当前运行时间、"tRunTimeTotal"为水泵的累积运行时间。

② 双击"添加新块"命令，添加一个全局数据块"数据块DB"，命名为"DeviceRunTime"，添加变量如图6-12（b）所示。将"EquipmentData[1]"～"EquipmentData[8]"的设备号"iNumber"起始值分别修改为1~8；将奇数设备的运行累积

时间"tRunTimeTotal"的起始值设为"T#1s",偶数设备的累积时间设为"T#10s"。为了使PLC掉电时累积时间不丢失,要勾选变量"EquipmentData"的"保持"复选框。

			名称					数据类型		起始值	保持
						DeviceRunTime					
1	🔻	▼	Static								☐
2	🔻	■	▼	EquipmentData				Array[1..8] of "MyEquipment"			☑
3	🔻		■	▼	EquipmentData[1]			"MyEquipment"			☑
4	🔻			■		iNumber		Int		1	☑
5	🔻			■		xStatus		Bool		false	☑
6	🔻			■		tCurrentRunTime		Time		T#0s	☑
7	🔻			■		tRunTimeTotal		Time		T#1S	☑
8	🔻		■	▶	EquipmentData[2]			"MyEquipment"			☑
9	🔻		■	▶	EquipmentData[3]			"MyEquipment"			☑
10	🔻		■	▶	EquipmentData[4]			"MyEquipment"			☑
11	🔻		■	▶	EquipmentData[5]			"MyEquipment"			☑
12	🔻		■	▶	EquipmentData[6]			"MyEquipment"			☑
13	🔻		■	▶	EquipmentData[7]			"MyEquipment"			☑
14	🔻		■	▶	EquipmentData[8]			"MyEquipment"			☑
15	🔻	■		xRun				Bool		false	☐
16	🔻	■	▶	axArray				Array[1..8] of Bool			☐

		名称	数据类型	默认值
		MyEquipment		
1	🔲	iNumber	Int	0
2	🔲	xStatus	Bool	false
3	🔲	tCurrentRunTime	Time	T#0ms
4	🔲	tRunTimeTotal	Time	T#0ms

(a)自定义数据类型"MyEquipment"　　　　(b)数据块"DeviceRunTime"

图6-12　自定义数据类型"MyEquipment"和添加数据块

（2）编写函数块"RunTimeCalculate"

函数块"RunTimeCalculate"用于水泵的运行时间和累积运行时间计算。展开"项目树"下的程序块,双击"添加新块"命令,添加一个"函数块FB",命名为"RunTimeCalculate",语言选择"SCL"。打开该函数,创建接口参数如图6-13所示。输入"xRun"用于控制水泵的启动和停止,输入设备数组"EquipmentIn"用于控制累积运行时间短的水泵启动和停止并更新运行时间和累积时间。

		名称	数据类型	默...	注释
		RunTimeCaculate			
1	🔻	▼ Input		📋	
2	🔻	■ xRun	Bool	false	
3	🔻	▼ Output			
4	🔻	▼ InOut			
5	🔻	■ ▶ EquipmentIn	Array[1..#iSumNumber] of "MyEquipment"		输入设备数组
6	🔻	▼ Static			
7	🔻	▶ R1	R_TRIG		
8	🔻	▶ F1	F_TRIG		
9	🔻	▶ tDataStore	Array[1..#iSumNumber] of Time		设备累积时间数组
10	🔻	dtStartSystemTime	DTL	DTL#	启动日期时间
11	🔻	tRunTime	Time	T#0n	运行时间
12	🔻	▼ Temp			
13	🔻	iTempReturnValue	Int		
14	🔻	iLoopCount	Int		
15	🔻	iSquenceCount	Int		
16	🔻	▶ tTempDataStore	Array[1..#iSumNumber] of Time		设备累积时间暂存数组
17	🔻	tTempData	Time		
18	🔻	dtTempSystemTime	DTL		临时系统日期时间
19	🔻	▼ Constant			
20	🔻	iSelectNumber	Int	4	选择启动设备台数
21	🔻	iSumNumber	Int	8	总设备台数

图6-13　函数块"RunTimeCalculate"接口参数

在编辑区编写的ST语言代码如下。

```
(*                        选取累积时间短的水泵运行
输入:xRun—启动信号,1= 启动
输入 / 输出:Equipment—自定义数据类型数组
*)
#R1(CLK := #xRun);
IF #R1.Q THEN
    //设备累积时间转存
    FOR #iLoopCount := 1 TO #iSumNumber DO
        #tDataStore[#iLoopCount]:=#EquipmentIn[#iLoopCount].tRunTimeTotal;
```

```
        END_FOR;
   // 如果有相等情况，加1s，使累积时间全不相同
     FOR #iLoopCount := 1 TO #iSumNumber DO
        FOR #iSquenceCount := #iLoopCount TO #iSumNumber - 1 DO
           IF #tDataStore[#iLoopCount] = #tDataStore
[#iSquenceCount + 1] THEN
             #tDataStore[#iSquenceCount+1]:=#tDataStore[#iSquenceCount+
1]+T#1S;
           END_IF;
        END_FOR;
     END_FOR;
     // 累积时间暂存
     #tTempDataStore := #tDataStore;
     // 冒泡排序
     FOR #iLoopCount := #iSumNumber TO 2 BY -1 DO
        FOR #iSquenceCount := 1 TO #iLoopCount - 1 DO
           IF #tTempDataStore[#iSquenceCount]>
                  #tTempDataStore[#iSquenceCount+1] THEN
             #tTempData := #tTempDataStore[#iSquenceCount];
             #tTempDataStore[#iSquenceCount]:=
                           #tTempDataStore[#iSquenceCount+1];
             #tTempDataStore[#iSquenceCount + 1] := #tTempData;
           END_IF;
        END_FOR;
     END_FOR;
     // 累积时间短的设备启动
     FOR #iLoopCount := 1 TO #iSelectNumber DO
        FOR #iSquenceCount := 1 TO 8 DO
           IF #tTempDataStore[#iLoopCount]=#tDataStore[#iSquenceC
ount] THEN
                #EquipmentIn[#iSquenceCount].xStatus := TRUE;
           END_IF;
        END_FOR;
     END_FOR;
     #iTempReturnValue := RD_SYS_T(#dtStartSystemTime);
   END_IF;
     // 设备运行，读取运行时间
```

```
IF #xRun THEN
    #iTempReturnValue := RD_SYS_T(#dtTempSystemTime);
    #tRunTime := #dtTempSystemTime - #dtStartSystemTime;
    // 运行设备获取运行时间
    FOR #iLoopCount := 1 TO #iSumNumber DO
        IF #EquipmentIn[#iLoopCount].xStatus THEN
            #EquipmentIn[#iLoopCount].tCurrentRunTime := #tRunTime;
        END_IF;
    END_FOR;
END_IF;
    // 获取设备停止的下降沿
#F1(CLK := #xRun);
IF #F1.Q THEN
    FOR #iLoopCount := 1 TO #iSumNumber DO
        // 运行设备求累积时间
        IF #EquipmentIn[#iLoopCount].xStatus THEN
            #EquipmentIn[#iLoopCount].tRunTimeTotal:=
                    #EquipmentIn[#iLoopCount].tRunTimeTotal+#tRunTime;
        END_IF;
        // 停止设备
        #EquipmentIn[#iLoopCount].xStatus := FALSE;
    END_FOR;
END_IF;
```

在程序中，当设备启动运行时，将每个设备的累积时间tRunTimeTotal转存到数组tDataStore，然后比较累积时间是否有相同的情况。如果累积时间相等，则给其中一个加上1s，使累积时间全不相等。

再把累积时间数组tDataStore暂存到临时变量数组tTempDataStore中，对其进行冒泡排序。排序的结果应是下标小的，其累积时间最短。

然后将排序后的数组tTempDataStore中下标小的4个累积时间与转存的数组tDataStore的累积时间比较，如果相等，说明累积时间短，将对应的水泵状态变量xStatus设为TRUE，对应水泵启动。最后读取水泵的启动日期时间保存到变量dtStartSystemTime中。

如果水泵启动运行，读取系统日期时间，减去水泵的启动日期时间，得到当前运行时间tRunTime。哪一台水泵运行，将运行时间赋值给哪台水泵的当前运行时间tCurrentRunTime。

当设备停止时，哪一台水泵运行，将运行时间tRunTime累积到对应水泵的累积时间tRunTimeTotal中，并使对应的水泵停止。

（3）编写位组合成字节的函数

为了将8台水泵的状态输出到物理输出，对水泵进行控制，需要将8个状态位组合成字节。展开在"项目树"下的程序块，双击"添加新块"命令，添加一个"函数FC"，命名为"BoolToByte"，语言选择"SCL"。打开该函数，创建接口参数如图6-14所示。

在编辑区编写ST代码如下。具体运行过程请参考位组合成字部分章节。

		名称	数据类型	默认值
1	▼	Input		
2	►	axInputArray	Array[1..8] of Bool	
3	▼	Output		
4		bOutByte	Byte	
5	►	InOut		
6	▼	Temp		
7		LoopCount	UInt	
8		bOutByteAux	Byte	
9		bTempByte	Byte	
10	►	Constant		

图6-14　位组合成字节函数"BoolToByte"

```
(*                   位组合成字节
输入: axInputArray—输入位数组, Array[1..8] of Bool
输出: wOutByte—输出字节
*)
FOR #LoopCount := 1 TO 8 BY 1 DO
    #bTempByte := 16#01;
    #bTempByte := SHL(IN := #bTempByte, N := #LoopCount - 1);// 字
中该位为1
    IF #axInputArray[#LoopCount] THEN
        #bOutByteAux := #bOutByteAux OR #bTempByte;// 该位为1，其余
位不变
    ELSE
        #bOutByteAux := #bOutByteAux AND NOT #bTempByte;// 该位为0，
其余位不变
    END_IF;
END_FOR;
// 输出
#bOutByte := #bOutByteAux;
```

（4）在循环程序中调用函数和函数块

按照图6-15所示的物理地址，在变量表中创建启动、停止和水泵控制的变量。打开"OB1"，从"项目树"下将函数块"RunTimeCalculate"、函数"BoolToByte"分别拖放到"OB1"中。单击PLC变量表和数据块"DeviceRunTime"，从"详细视图"中将变量拖放到函数和函数块的对应的引脚，编写后的代码如下。

```
// 启动停止控制
"DeviceRunTime".xRun := ("xStart" OR "DeviceRunTime".xRun) AND
NOT "xStop";
// 运行时间计算
```

```
"RunTimeCaculate_DB"(xRun          := "DeviceRunTime".xRun,
                EquipmentIn := "DeviceRunTime".EquipmentData);
// 将水泵的运行状态组合数组
FOR #iLoopCount := 1 TO 8 DO
    "DeviceRunTime".axArray[#iLoopCount]                        :=
                "DeviceRunTime".EquipmentData[#iLoopCount].
xStatus;
    END_FOR;
    // 将位数组组合成字节，输出到 bWaterPump 对水泵进行控制
    "BoolToByte"(axInputArray := "DeviceRunTime".axArray,
            bOutByte     => "bWaterPump");
```

在程序中，首先对设备进行启动停止控制。当按下"启动"按钮xStart时，运行状态xRun变为TRUE，并进行自锁。然后调用函数块RunTimeCaculate，启动累积时间短的4台水泵，并获取当前运行时间和累积时间到对应水泵的EquipmentData中。

将水泵的运行状态组合成数组axArray，调用函数BoolToByte，将位数组axArray组合成字节，输出到bWaterPump，通过物理输出对水泵进行控制。

6.2.3.3 仿真运行

在"项目树"下的项目上使用鼠标右键单击，在弹出的快捷菜单中选择"属性"→"保护"选项，勾选"块编译时支持仿真"复选框。单击站点"PLC_1"，再单击工具栏中的"启动仿真"按钮，打开仿真器。新建一个仿真项目，并将"PLC_1"站点下载到仿真器中。单击工具栏中的按钮，使PLC运行。

打开仿真器项目树下的"SIM表格_1"，单击表格工具栏中的按钮，将项目变量加载到表格中，如图6-15所示。

单击"xStart"的按钮，编号为奇数的水泵启动运行（由于奇数的累积时间起始值设为1s，偶数的累积时间设为10s），并显示当前运行水泵的运行时间。单击"xStop"的按钮，所有水泵停止，并把运行时间累积到"tRunTimeTotal"。

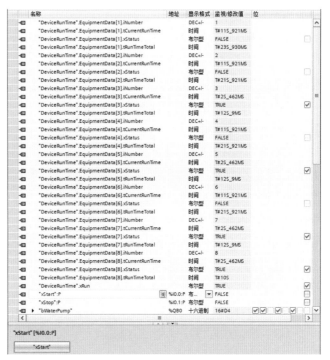

图 6-15 选取累积时间短的水泵运行仿真

反复单击"xStart"和"xStop"按钮，总是累积时间短的4台水泵启动运行。在图6-15中，编号为3、5、7、8的水泵累积时间短，这4台水泵启动运行。

单击仿真器的"电源"按钮 ⏻，使PLC断电后重新通电，累积时间不变。重新启动设备，运行时间重新计时。

6.2.4 [实例39] 响铃控制

6.2.4.1 控制要求

设某单位作息响铃时间分别为8:00、11:50、14:20、18:30，星期六、星期日不响铃，响铃时间为1min。

本实例采用西门子的博途软件进行组态与编程，使用的PLC为CPU1214C。由于使用了西门子的专有指令，所以本实例不能直接移植到三菱和施耐德PLC中。

6.2.4.2 西门子博途软件编程

打开西门子博途V16，新建一个项目，添加新设备CPU1214C AC/DC/Rly，版本号V4.2，生成了一个站点"PLC_1"。在设备视图中，单击巡视窗口中的"时间"，选择本地时间为北京时间，取消"激活夏令时"的勾选。

（1）编写函数块"RingBell"

函数块"RingBell"用于根据响铃时间控制响铃。展开"项目树"下的程序块，双击"添加新块"命令，添加一个"函数块FB"，命名为"RingBell"，语言选择"SCL"。

打开该函数块，新建变量如图6-16上部表格所示，输入"dtCurrentDayAndTime"为本地的当前日期时间，"todRingbellNo"为响铃时间数组；输出"xRingBell"用于根据响铃时间控制响铃。然后编写ST代码，如图6-16下部所示。

第6行用于判断是否在星期一至星期五。

第7行用于提取当前的日期时间，并转换为天时间。

第8~12行用于循环判断当前的天时间是否到达响铃时间，如果时间到，用TP定时器响铃1min。添加TP定时器指令时，从右边基本指令下将定时器TP拖放到编辑区，弹出"调用选项"对话框，选择"多重实例"命令，实例数据块名称修改为"TP1"。

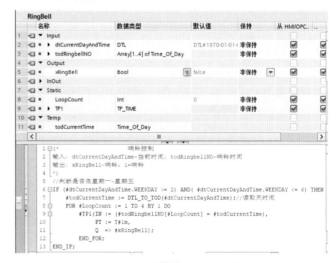

图 6-16 函数块"RingBell"

（2）在循环程序中调用函数块

双击"添加新块"命令，添加一个全局数据块"RingBellDB"，添加变量如图6-17所示，"ReadDTL"为读取的本地当前日期时间，"SetDTL"用于设置本地的当前日期时间，数组"RingBellNo"用于设置响铃时间，故将其起始值设置为响铃时间。"Debug"用于调试控制。打开"OB1"，展开右边的"扩展指令"→"日期和时间"命令，将指令"RD_LOC_T"拖放到程序区，单击数据块"RingBellDB"，从"详细视图"中将变量拖放到对应的引脚。

从"项目树"下将函数块"RingBell"拖放到程序区，弹出"调用选项"对话框，修改名称为"RingBell_1"，单击"确定"按钮，生成了背景数据块。从"详细视图"中将变量拖放到背景数据块对应的引脚，编写后的代码如下。

图 6-17　数据块"RingBellDB"

```
// 读取本地的日期时间
#temp1 := RD_LOC_T("RingBellDB".ReadDTL);
// 响铃
"RingBell_1"(dtCurrentDayAndTime := "RingBellDB".ReadDTL,// 本地
日期时间输入
                todRingbellNO        := "RingBellDB".RingBellNo,// 响
铃时间
                xRingBell            => "xRingBell");
// 调试写入时间
IF "RingBellDB".Debug THEN
    #temp2 := WR_LOC_T(LOCTIME := "RingBellDB".SetDTL, DST := 0);
END_IF;
```

在程序中，读取本地的日期时间，调用函数块"RingBell"对响铃进行控制。为了方便调试，程序中添加了本地日期时间写入功能。

6.2.4.3　仿真运行

在"项目树"下的项目上使用鼠标右键单击，在弹出的快捷菜单中选择"属性"→"保护"选项，勾选"块编译时支持仿真"复选框。单击站点"PLC_1"，再单击工具栏中的"启动仿真"按钮，打开仿真器。新建一个仿真项目，并将"PLC_1"站点下载到仿真器中。单击工具栏中的按钮，使PLC运行。

打开仿真器项目树下的"SIM表格_1"，单击表格工具栏中的按钮，将项目变量加载到表格中，如图6-18所示。

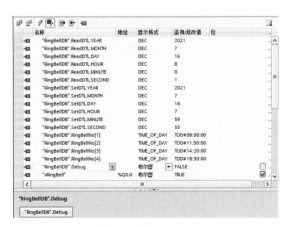

图 6-18　响铃运行仿真

单击工具栏中的"启用修改"按钮📑，修改SetDTL的年月日为当前日期，将时分秒按响铃时间提前5s进行修改。例如响铃时间8:00:00，修改为7:59:55。单击"Debug"按钮进行设置，由ReadDTL读取时间，经过5s，响铃时间到，开始响铃，响铃时间1min。

可以设置星期六或星期天的日期，然后修改设置时间，看看是否响铃。

▶ 6.3 数据统计

6.3.1 [实例40] 统计数组元素正负值的个数

▶扫一扫 看视频◀

6.3.1.1 控制要求

某数组有1000个整型元素，要求统计数组中正数、负数和0的个数。

本实例采用西门子的博途软件进行组态与编程，使用的PLC为S7-1200，三菱和施耐德PLC的实现请参考视频与程序。

6.3.1.2 西门子博途软件编程

打开西门子博途V16，新建一个项目，添加新设备CPU1214C AC/DC/Rly，版本号V4.2，生成了一个站点"PLC_1"。

（1）添加自定义数据类型和数据块变量

在"项目树"的"PLC数据类型"下，双击"添加新数据类型"命令，添加一个用户自定义的数据类型，将其命名为"MyStatic"，然后添加元素，如图6-19（a）所示。双击"项目树"下的"添加新块"命令，添加一个全局数据块"ArrayData"，创建变量"aiArray"，数据类型选择"Array[1..1000] of Int"，如图6-19（b）所示。创建变量"StaticResult"，数据类型选择自定义数据类型"MyStatic"。创建变量"xStart"，数据类型选择"Bool"。

MyStatic

		名称	数据类型	默认值
1	🔲	iPositiveNumber	Int	0
2	🔲	iNegativeNumber	Int	0
3	🔲	iZeroNumber	Int	0

（a）自定义数据类型"MyStatic"

ArrayData

		名称	数据类型	起始值
1	🔲	▼ Static		
2	🔲	■ ▼ StaticResult	"MyStatic"	
3	🔲	■ iPositiveNumber	Int	0
4	🔲	■ iNegativeNumber	Int	0
5	🔲	■ iZeroNumber	Int	0
6	🔲	■ xStart	Bool	false
7	🔲	■ ▶ aiArray	Array[1..1000] of Int	

（b）数据块"ArrayData"

图6-19 添加自定义数据类型和全局数据块

（2）编写函数块"PositiveNegativeNumber"

函数块"PositiveNegativeNumber"用于统计输入数组中正负值和零的个数。展开"项目树"下的程序块，双击"添加新块"命令，添加一个"函数块FB"，命名为"PositiveNegativeNumber"，语言选择"SCL"。

打开该函数块，创建接口参数如图6-20所示。输入"aiArrayIn"为包含1000个整型数据的数组，"xStart"用于统计的开始控制；变量数组"StaticResultOut"用于统计结果输出，由于要根据被统计的数组数据的正负值对输出进行加1运算，故将其作为输入输出类型变量。

在编程区编写的ST语言代码如下。

PositiveNegativeNumber			
	名称	数据类型	默认值
1	▼ Input		
2	▶ aiArrayIn	Array[1..1000] of Int	
3	xStart	Bool	false
4	▼ Output		
5	▼ InOut		
6	▶ StaticResultOut	"MyStatic"	
7	▼ Static		
8	▶ R1	R_TRIG	
9	▼ Temp		
10	iLoopCount	Int	
11	▶ Constant		

图6-20　函数块"PositiveNegativeNumber"的接口参数

```
(* 统计数组元素正负值的个数
输入：aiArrayIn—输入数组，含有 1000 个整型元素；xStart—开始统计，1= 开始
输入 / 输出：iPositiveNumberOut—正数个数；iNegativeNumberOut—负数个数
        iZeroNumberOut—零的个数
*)
// 开始统计的上升沿
#R1(CLK := #xStart);
// 开始统计
IF #R1.Q THEN
    FOR #iLoopCount := 1 TO 1000 BY 1 DO
// 如果正数，正数值加 1
        IF #aiArrayIn[#iLoopCount] > 0 THEN
    #StaticResultOut.iPositiveNumber:=#StaticResultOut.
iPositiveNumber+1;
    // 如果负数，负数值加 1
        ELSIF #aiArrayIn[#iLoopCount] < 0 THEN
    #StaticResultOut.iNegativeNumber:=#StaticResultOut.
iNegativeNumber+1;
    // 如果是零，零的个数加 1
        ELSE
    #StaticResultOut.iZeroNumber := #StaticResultOut.
iZeroNumber+1;
        END_IF;
    END_FOR;
    END_IF;
```

在程序中，为了只执行一次统计，故加了一个启动输入xStart。首先取xStart的上升沿，在其上升沿开始统计，当数组元素大于0时，正数个数iPositiveNumber加1；当数组元素小于0时，负数个数iNegativeNumber加1；当数组元素等于0时，零的个数iZeroNumber加1。

在移植到三菱PLC中时，会提示上升沿功能块的实例R1是保留字符，所以要对其重新命名。另外，三菱中上升沿功能块的引脚CLK为"_CLK"，也要修改。

（3）在循环程序中调用函数块

打开"OB1"，从"项目树"下将函数块"PositiveNegativeNumber"拖放到程序区，弹出"调用选项"对话框，单击"确定"按钮，添加了该函数块的背景数据块"PositiveNegativeNumber_DB"。单击数据块"ArrayData"，从"详细视图"中将变量拖放到背景数据块对应的引脚，编写后的代码如下。

```
"PositiveNegativeNumber_DB"(aiArrayIn       := "ArrayData".aiArray,
                           xStart         := "ArrayData".xStart,
                           StaticResultOut := "ArrayData".StaticResult);
```

在程序中，将数据块ArrayData中的数组aiArray作为输入数组，xStart作为启动输入，统计结果输出到StaticResult。

6.3.1.3 仿真运行

在"项目树"下的项目上使用鼠标右键单击，在弹出的快捷菜单中选择"属性"→"保护"选项，勾选"块编译时支持仿真"复选框。单击站点"PLC_1"，再单击工具栏中的"启动仿真"按钮 ，打开仿真器，将"PLC_1"站点下载到仿真器中。单击工具栏中的 按钮，使PLC运行。

单击数据块"ArrayData"工具栏中的"监视"按钮 ，监视如图6-21所示。通过双击"aiArray[1]"~"aiArray[1000]"的监视值随意修改为正负值，然后双击"xStart"的监视值，将其修改为"TRUE"。则"iPositiveNumber"显示正数个数，"iNegativeNumber"显示负数个数，"iZeroNumber"显示零的个数。从图中显示可以看出，正数有9个，负数有4个，0有987个，这些数加起来是1000。

	名称	数据类型	起始值	监视值
1	Static			
2	▼ StaticResult	"MyStatic"		
3	iPositiveNumber	Int	0	9
4	iNegativeNumber	Int	0	4
5	iZeroNumber	Int	0	987
6	xStart	Bool	false	TRUE
7	▼ aiArray	Array[1..1000] of Int		
8	aiArray[1]	Int	0	-3
9	aiArray[2]	Int	0	2
10	aiArray[3]	Int	0	3
11	aiArray[4]	Int	0	-99
12	aiArray[5]	Int	0	23
13	aiArray[6]	Int	0	45
14	aiArray[7]	Int	0	-56
15	aiArray[8]	Int	0	34
16	aiArray[9]	Int	0	-98
17	aiArray[10]	Int	0	34
18	aiArray[11]	Int	0	23
19	aiArray[12]	Int	0	32
20	aiArray[13]	Int	0	34

图6-21 统计数组元素正负值个数仿真

6.3.2 [实例41] 统计数据块中位为1的个数

6.3.2.1 控制要求

在制造业生产线中会存在很多Buffer来柔性化生产，防止某一个工位停机而影响前后工位的运行状态，控制要求如下。

扫一扫 看视频

假设Buffer中记录现场生产线里的托盘中工件的状态，1表示有工件，0表示无工件，现在需要统计Buffer中工件的数量。

本实例采用西门子的博途软件进行组态与编程，使用的PLC为CPU1214C。由于使用了西门子的专有指令，所以本实例不能直接移植到三菱和施耐德PLC中。

6.3.2.2 相关知识

（1）PEEK指令

读取存储地址指令PEEK用于在不指定数据类型的情况下从存储区读取存储地址，可以读取字节、字或双字，默认是读取字节。也可以用"_"加数据类型来指定读取的数据类型，例如读取字节指令PEEK_BYTE、读取字指令PEEK_WORD、读取双字指令PEEK_DWORD。PEEK指令的格式如下。

```
bPeekByte:=PEEK(area:=_byte_in_,
                dbNumber:=_dint_in_,
                byteOffset:=_dint_in_);
```

其中输入参数area为BYTE类型，其值范围16#81~16#84，分别对应存储区域输入I、输出Q、位存储器M和数据块DB；DINT类型的输入dbNumber是数据块的编号，如果不是数据块，则为0；DINT类型的输入byteOffset为字节地址编号。例如读取输出QB10，可以用指令"ByteVar := PEEK(area:=16#82, dbNumber:=0, byteOffset:=10);"；读取数据块DB3.DBB5，可以用指令"ByteVar := PEEK(area:=16#84, dbNumber:=3, byteOffset:=5)"。

（2）PEEK_BOOL指令

读取存储位地址指令PEEK_BOOL用于在不指定数据类型的情况下从存储区读取存储位，指令格式如下。

```
xPeekBool:=PEEK_BOOL(area:=_byte_in_,
                     dbNumber:=_dint_in_,
                     byteOffset:=_dint_in_,
                     bitOffset:=_int_in_);
```

该指令与PEEK指令比较，多了一个INT类型的输入参数bitOffset，其余参数的含义与PEEK相同，参数bitOffset是字节的位地址编号。例如，读取数据块DB3.DBX5.4，可以用指令"xPeekBool:=PEEK_BOOL(area:=16#84,dbNumber:=3,byteOffset:=5,bitOffset:=4);"。

（3）POKE指令

写入存储地址指令POKE用于在不指定数据类型的情况下将数据值写入存储区。可以将数值写入字节、字或双字，默认是写入字节，该指令的格式如下。

```
POKE(area       := _byte_in_,
     dbNumber   := _dint_in_,
     byteOffset := _dint_in_,
     value      := _byte_in_);
```

POKE指令的输入参数area、dbNumber、byteOffset与PEEK相同，参数value为待写入的数值。例如将7写入DB1.DBB2，可以用指令"POKE(area:=16#84, dbNumber:=1, byteOffset :=2, value :=7);"。

（4）POKE_BOOL指令

写入存储位指令POKE_BOOL用于在不指定数据类型的情况下将存储位写入存储区，该指令的格式如下。

```
POKE_BOOL(area      := _byte_in_,
         dbNumber   := _dint_in_,
         byteOffset := _dint_in_,
         bitOffset  := _int_in_,
         value      := _bool_in_);
```

POKE_BOOL指令的输入参数area、dbNumber、byteOffset、bitOffset与PEEK_BOOL相同，参数value为待写入的数值。例如将DB1.DBX2.4置位为TRUE，可以用指令"POKE_BOOL(area:=16#84,dbNumber:=1,byteOffset:=2,bitOffset:=4,value:=TRUE);"。

（5）POKE_BLK指令

写入存储区指令POKE_BLK用于在不指定数据类型的情况下将存储区内容复制到另一个存储区，该指令的格式如下。

```
POKE_BLK(area_src       := _byte_in_,
        dbNumber_src    := _dint_in_,
        byteOffset_src  := _dint_in_,
        area_dest       := _byte_in_,
        dbNumber_dest   := _dint_in_,
        byteOffset_dest := _dint_in_,
        count           := _dint_in_);
```

参数area_src、dbNumber_src、byteOffset_src分别为源存储区的区域标识、数据块编号和字节地址编号；参数area_dest、dbNumber_dest、byteOffset_dest分别为目标存储区的区域标识、数据块编号和字节地址编号；参数count为要复制的字节数。例如将MB5开始的10个字节复制到DB1.DBB10开始的10个字节单元，可以用如下指令。

```
POKE_BLK(area_src       :=16#83,
        dbNumber_src    :=0,
        byteOffset_src  :=5,
        area_dest       := 16#84,
        dbNumber_dest   :=1,
        byteOffset_dest :=10,
        count           :=10);
```

6.3.2.3 西门子博途软件编程

统计BOOL类型的变量值为1的数量，可以用IF语句。如果该变量为TRUE，则数量加1。但如果BOOL类型的变量比较多，编写的IF语句就比较长不便于阅读。西门子数据块中字节的表示为DBx.DBBy，x是十进制表示，y是八进制表示，所以可以考虑先统计一个字节中位为1的个数，然后统计每个字节中位为1的个数，累积起来就是统计结果。

打开西门子博途V16，新建一个项目，添加新设备CPU1214C AC/DC/Rly，版本号V4.2，生成了一个站点"PLC_1"。

（1）编写函数"CountBitInByte"

函数"CountBitInByte"用于统计字节中位为1的数量。展开"项目树"下的程序块，双击"添加新块"命令，添加一个"函数FC"，命名为"CountBitInByte"，语言选择"SCL"。打开该函数，创建接口参数如图6-22上部表格所示，变量"bInputByte"为输入字节，变量"uiCountOut"用于输出字节中位为1的数量。

在编辑区编写ST语言代码如图6-22下部所示。在程序中，如果判断第*N*位是否为1，将输入字节bInputByte右移*N*位，则第*N*位移到了最低位。

图6-22 函数"CountBitInByte"

如果最低位为1，则除以2的余数为1，计数值加1；如果最低位为0，则使用CONTINUE指令跳出当前循环。

（2）编写函数"Count_dbNo"

函数"Count_dbNo"用于统计数据块中位为1的数量。展开"项目树"下的程序块，双击"添加新块"命令，添加一个"函数FC"，命名为"Count_dbNo"，语言选择"SCL"。打开该函数，创建接口参数如图6-23上部表格所示，输入"dbNo"为任意类型的数据块，输出"uiNumber"用于输出位为1的个数。在编辑区编写ST语言代码如图6-23下部所示。

假设托盘个数是20，故读取3个字节即可。在程序中，当循环变量LoopCount为0时，读取数据块字节dbNo.DBB0到bTempReturn，然后调用函数CountBitInByte，统计字节中位为1的个数，累积到变量uiCount；当LoopCount为1和2时，同样读取字节dbNo.DBB1和dbNo.DBB2，统计字节中位为1的个数，分别累积到uiCount。3个字节统计完成，结果就是所有托盘中有工件的个数，最后通过uiNumber输出。

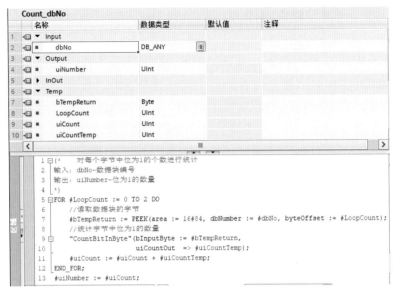

图 6-23 函数"Count_dbNo"

（3）在循环程序中调用函数

展开"项目树"下的程序块，双击"添加新块"命令，添加一个全局数据块"数据块DB"，命名为"TrayData"，创建BOOL类型的变量如图6-24所示。调用函数"PEEK"时要求使用标准数据块，所以在"项目树"下的数据块TrayData上使用鼠标右键单击，在弹出的快捷菜单中单击"属性"选项，取消勾选"优化的块访问"复选框。在变量表中，创建UINT类型的变量"uiPartCount"，地址为MW10。

打开"OB1"，从"项目树"下将函数"Count_dbNo"拖放到程序区。将数据块"TrayData"拖放到"dbNo"的位置；单击变量表，从"详细视图"中将变量"uiPartCount"拖放到"unNumber"对应的引脚，编写后的代码如下。

```
"Count_dbNo"(dbNo    := "TrayData",
        uiNumber => "uiPartCount");
```

在程序中，统计数据块TrayData中BOOL类型的数据位为1的数量，统计结果输出到变量uiPartCount中。

6.3.2.4 仿真运行

在"项目树"下的项目上使用鼠标右键单击，在弹出的快捷菜单中选择"属性"→"保护"选项，勾选"块编译时支持仿真"复选框。单击站点"PLC_1"，再单击工具栏中的"启动仿真"按钮，打开仿真器。新建一个仿真项目，并将"PLC_1"站点下载到仿真器中。单击工具栏中的 按钮，使PLC运行。

打开数据块"TrayData"，单击数据块工具栏中的"监视"按钮，如图6-24所示。双击变量后面的监视值，将部分变量修改为"TRUE"。

打开组织块"OB1"，单击工具栏中的"监视"按钮，如图6-25所示，可以监视到数据块TrayData中BOOL类型的变量值为TRUE的个数为"13"。

TrayData					
	名称	数据类型	偏移量	起始值	监视值
1	▼ Static				
2	xTrayPresent1	Bool	0.0	false	TRUE
3	xTrayPresent2	Bool	0.1	false	FALSE
4	xTrayPresent3	Bool	0.2	false	FALSE
5	xTrayPresent4	Bool	0.3	false	TRUE
6	xTrayPresent5	Bool	0.4	false	FALSE
7	xTrayPresent6	Bool	0.5	false	TRUE
8	xTrayPresent7	Bool	0.6	false	TRUE
9	xTrayPresent8	Bool	0.7	false	TRUE
10	xTrayPresent9	Bool	1.0	false	TRUE
11	xTrayPresent10	Bool	1.1	false	FALSE
12	xTrayPresent11	Bool	1.2	false	FALSE
13	xTrayPresent12	Bool	1.3	false	TRUE
14	xTrayPresent13	Bool	1.4	false	TRUE
15	xTrayPresent14	Bool	1.5	false	TRUE
16	xTrayPresent15	Bool	1.6	false	FALSE
17	xTrayPresent16	Bool	1.7	false	FALSE
18	xTrayPresent17	Bool	2.0	false	TRUE
19	xTrayPresent18	Bool	2.1	false	TRUE
20	xTrayPresent19	Bool	2.2	false	TRUE
21	xTrayPresent20	Bool	2.3	false	TRUE

图 6-24　数据块 "TrayData" 监视

```
1 "Count_dbNo"(dbNo      := "TrayData",
2           uiNumber => "uiPartCount");        "uiPartCount"                    13
3
```

图 6-25　组织块 "OB1" 监视

6.3.3 [实例42]　使用Variant指针计算面积

▶扫一扫　看视频◀

6.3.3.1 控制要求

使用Variant指针分别计算圆面积、矩形面积和三角形的面积。

本实例采用西门子的博途软件进行组态与编程，使用的PLC为CPU1214C，本实例不能直接移植到三菱和施耐德PLC中。

6.3.3.2 相关知识

Variant类型的参数变量可以在函数FC的接口参数Input、InOut、Output或Temp中进行声明或者在函数块FB的接口参数Input、InOut或Temp中进行声明，也可以在组织块OB的接口参数Temp中进行声明。但不能在FB的Output中声明，也不能在数据块DB中声明。

在本实例中，使用到VariantGet指令和VariantPut指令，下面来了解这两条指令。

（1）VariantGet指令

VariantGet指令用于将VARIANT指向的变量值读取到指定的变量中，指令的格式如下。

```
VariantGet(SRC := _variant_in_,
         DST => _variant_out_);
```

在该指令中，SRC为源参数（Source）、DST（Destination）为目标参数。可以使用该指令将SRC参数的VARIANT指向的变量值读取到DST参数的变量中。SRC参数是具有VARIANT数据类型的变量，DST参数应指定除VARIANT外的任何数据类型。DST参数变量的数据类型必须与VARIANT指向的数据类型相匹配。下面以例子理解该指令。

```
VariantGet(SRC := #TagIn_Source,
           DST => "TagOut_Dest");
```

在该例子中，读取VARIANT类型的局部变量"#TagIn_Source"指向的变量值，并写入目标变量"TagOut_Dest"中。

（2）VariantPut指令

VariantPut指令用于将指定的变量值写入VARIANT指向的变量中，指令的格式如下。

```
VariantPut(SRC := _variant_in_,
           DST := _variant_in_);
```

可以使用该指令将SRC参数的变量值写入VARIANT所指向的DST参数存储区中。在SRC参数上指定除VARIANT外的任何数据类型，DST参数是VARIANT数据类型的变量。SRC参数变量的数据类型必须与VARIANT指向的数据类型相匹配。下面以例子理解该指令。

```
VariantPut(SRC := "TagIn_Source",
           DST := #TagIn_Dest);
```

在该例子中，将变量"TagIn_Source"的值写入VARIANT类型的局部变量"#TagIn_Dest"指向的变量中。

（3）TypeOf指令

TypeOf指令用于查询Variant变量所指向的数据类型。可以将块接口中声明的Variant变量所指向的数据类型与基本数据类型或PLC自定义的数据类型进行比较，以确定它们是不是该数据类型。下面以例子理解该指令。

```
IF TypeOf(#TagVariant) = BYTE THEN
...;
END_IF;
```

如果Variant指针#TagVariant所指向的操作数具有BYTE数据类型，则符合比较条件，执行IF语句中的语句。

6.3.3.3 西门子博途软件编程

打开西门子博途V16，新建一个项目，添加新设备CPU1214C AC/DC/Rly，版本号V4.2，生成了一个站点"PLC_1"。

（1）自定义数据类型

展开"项目树"下的PLC数据类型，双击"添加新数据类型"命令，添加一个自定义数据类型，命名为"Cycle（圆形）"，新建元素如图6-26（a）所示，"Radius"为半径，"Area"为面积；再添加一个名为"Triangle（三角形）"的数据类型，新建元素如图6-26（b）所示，"Height"为高，"Bottom"为底，"Area"为面积；再添加一个名为"Rectangle（矩形）"的数据类型，新建元素如图6-26（c）所示，"Length"为长，"Width"为宽，"Area"为面积。

Cycle		
	名称	数据类型
1	Radius	Real
2	Area	Real

（a）数据类型Cycle

Triangle		
	名称	数据类型
1	Height	Real
2	Bottom	Real
3	Area	Real

（b）数据类型Triangle

Rectangle		
	名称	数据类型
1	Length	Int
2	Width	Int
3	Area	Int

（c）数据类型Rectangle

图6-26 计算面积的自定义数据类型

（2）编写函数"CalculateArea"

函数"CalculateArea"用于根据输入指针指向的数据类型计算面积。展开在"项目树"下的程序块，双击"添加新块"命令，添加一个"函数FC"，命名为"CalculateArea"，语言选择"SCL"。

打开该函数，新建接口参数变量如图6-27所示，输入变量"InputVar"和输出变量"Area"均为Variant指针。

在编辑区编写ST语言代码如下。

CalculateArea			
	名称	数据类型	默认值
1	▼ Input		
2	■ InputVar	Variant	
3	▼ Output		
4	■ Area	Variant	
5	▶ InOut		
6	▼ Temp		
7	▶ TempCycle	"Cycle"	
8	▶ TempTriangle	"Triangle"	
9	▶ TempRectangle	"Rectangle"	
10	▼ Constant		
11	■ PI	Real	3.141593
12	▼ Return		
13	CalculateArea	Void	

图6-27 函数"CalculateArea"的接口参数

```
(*          计算面积函数
输入：InputVar—输入任意类型的变量值
输出：Area—输出任意类型的变量值
*)
// 如果输入类型为 Cycle，计算圆面积
IF TypeOf(#InputVar) = Cycle THEN
    VariantGet(SRC := #InputVar,  // 读取 Variant 变量值
            DST => #TempCycle);
    #TempCycle.Area := #PI * #TempCycle.Radius ** 2;
    VariantPut(SRC := #TempCycle.Area, // 写入 Variant 变量值
            DST := #Area);
END_IF;
// 如果输入类型为 TRiangle，计算三角形面积
```

```
   IF TypeOf(#InputVar) = Triangle THEN
      VariantGet(SRC := #InputVar,  // 读取 Variant 变量值
                 DST => #TempTriangle);
      #TempTriangle.Area :=#TempTriangle.Height* #TempTriangle.
Bottom/2;
      VariantPut(SRC := #TempTriangle.Area, // 写入 Variant 变量值
                 DST := #Area);
   END_IF;
   // 如果输入类型为 Rectangle，计算矩形面积
   IF TypeOf(#InputVar) = Rectangle THEN
      VariantGet(SRC := #InputVar,  // 读取 Variant 变量值
                 DST => #TempRectangle);
      #TempRectangle.Area :=#TempRectangle.Length*#TempRectangle.Width;
      VariantPut(SRC := #TempRectangle.Area, // 写入 Variant 变量值
                 DST := #Area);
   END_IF;
```

在程序中，首先判断输入变量InputVar所指向的数据类型，如果指向的数据类型为Cycle，表示要计算圆面积，将变量InputVar指向的数据读取到临时变量TempCycle中，然后进行计算，最后将计算结果TempCycle.Area写入Area指向的变量中。

如果变量InputVar所指向的数据类型为Triangle，表示要计算三角形面积，将变量InputVar指向的数据读取到临时变量TempTriangle中，然后进行计算，最后将计算结果TempTriangle.Area写入Area指向的变量中。

如果变量InputVar所指向的数据类型为Rectangle，表示要计算矩形面积，将变量InputVar指向的数据读取到临时变量TempRectangle中，然后进行计算，最后将计算结果TempRectangle.Area写入Area指向的变量中。

（3）在循环程序中调用函数

在"项目树"下，双击"添加新块"命令，添加一个全局数据块"CalculateData"，创建变量如图 6-28 所示，并输入起始值。删除组织块 OB1，再添加一个循环组织块 OB1，语言选择"SCL"。打开"OB1"，从"项目树"下将函数"CalculateArea"拖放到程序区，单击数据块"CalculateData"，从"详细视图"中将变量拖放到对应的位置，编写后的代码如下。

```
(*              计算面积循环组织块            *)
// 计算圆面积
"CalculateArea"(InputVar := "CalculateData".CycleArea,
               Area     => "CalculateData".CycleArea.Area);
```

```
// 计算矩形面积
"CalculateArea"(InputVar := "CalculateData".RectangleArea,
            Area     => "CalculateData".RectangleArea.Area);
// 计算三角形面积
"CalculateArea"(InputVar := "CalculateData".TriangleArea,
            Area     => "CalculateData".TriangleArea.Area);
```

在程序中，分别将数据块CalculateData中定义的变量作为输入，将计算结果输出到对应的Area中。

6.3.3.4 仿真运行

在"项目树"下的项目上使用鼠标右键单击，在弹出的快捷菜单中选择"属性"→"保护"选项，勾选"块编译时支持仿真"复选框。单击站点"PLC_1"，再单击工具栏中的"启动仿真"按钮🖥，打开仿真器。单击工具栏中的🕨按钮，使PLC运行。

打开数据块"CalculateData"，单击工具栏中的"启用监视"按钮☜，监视结果如图6-28所示，对不同的面积和数据类型均进行了计算。

	名称		数据类型	起始值	监视值
1	▼	Static			
2	■ ▼	RectangleArea	"Rectangle"		
3	■	Length	Int	5	5
4	■	Width	Int	3	3
5	■	Area	Int	0	15
6	■ ▼	CycleArea	"Cycle"		
7	■	Radius	Real	5.0	5.0
8	■	Area	Real	0.0	78.53983
9	■ ▼	TriangleArea	"Triangle"		
10	■	Height	Real	5.0	5.0
11	■	Bottom	Real	3.0	3.0
12	■	Area	Real	0.0	7.5

图 6-28　数据块"CalculateData"监视

6.3.4　[实例43]　使用可变长度数组计算最值

▶扫一扫　看视频◀

6.3.4.1　控制要求

使用可变长度数组计算一个数组中的最大值及其下标。

本实例采用西门子的博途软件进行组态与编程，使用的PLC为CPU1214C，本实例不能直接移植到三菱和施耐德PLC中。

6.3.4.2　相关知识

（1）IS_ARRAY指令

IS_ARRAY指令用于查询VARIANT是否指向ARRAY数据类型的变量，其指令的格式如下。

```
xVar:=IS_ARRAY(_variant_in_);
```

指令的返回值为 BOOL 类型，如果 _variant_in_ 指向的是数组类型，结果为 TRUE，否则结果为 FALSE。

（2）CountOfElements指令

CountOfElements指令用于查询VARIANT指针所包含的ARRAY元素数量，指令格式如下。

```
udiVar:=CountOfElements(_variant_in_);
```

指令的返回值为UDINT数据类型，如果是一维ARRAY，则输出ARRAY元素的个数。如果是多维ARRAY，则输出所有维元素的个数。

（3）TypeOfElements指令

TypeOfElements指令用于查询VARIANT所指向的变量的数据类型，指令格式如下。

```
TypeOfElements(_variant_in_);
```

指令的返回值为PLC的数据类型，变量可以是基本数据类型或PLC数据类型。如果VARIANT变量的数据类型为ARRAY，将比较ARRAY元素的数据类型。在IF或CASE指令中，只能使用指令检查VARIANT变量中ARRAY元素的数据类型。

（4）MOVE_BLK_VARIANT指令

MOVE_BLK_VARIANT块移动指令用于将一个存储区（源范围）的数据移动到另一个存储区（目标范围）中，指令格式如下。

```
iTemp:= MOVE_BLK_VARIANT(SRC:=_variant_in_,
                         COUNT:=_udint_in_,
                         SRC_INDEX:=_dint_in_,
                         DEST_INDEX:=_dint_in_,
                         DEST=>_variant_out_);
```

指令的返回值为INT类型的错误信息。SRC为待复制的源块；COUNT为复制的元素数量，如果参数SRC或参数DEST中未指定任何ARRAY，则将参数COUNT的值设置为1；SRC_INDEX为要复制的从0开始计算的第一个元素，如果SRC参数中未指定ARRAY或者仅指定了ARRAY的某个元素，则将SRC_INDEX参数的值赋值为0；DEST_INDEX为目标存储区的起点（从0开始），如果参数DEST中未指定任何ARRAY，则将参数DEST_INDEX赋值为0；DEST为将要复制到的目标区域。

通过执行该指令可以将一个完整的数组或数组的元素复制到另一个相同数据类型的数组中。源数组和目标数组的大小（元素个数）可能会不同。可以复制一个数组内的多个或单个元素。要复制的元素数量不得超过所选源范围或目标范围。

如果在创建块时使用该指令，则无需确定该数组，源和目标将使用VARIANT进行传输。无论后期如何声明该数组，参数SRC_INDEX和DEST_INDEX始终从下限0开始计数。如果复制的数据多于可用的数据，则不执行该指令。

（5）LOWER_BOUND指令

LOWER_BOUND指令用于读取可变数组"ARRAY[*]"的下限值，指令格式如下。

```
diTemp:=LOWER_BOUND(ARR:=_variant_in_, DIM:=_udint_in_);
```

指令的返回值为DINT类型，指令中参数ARR为数组，DIM为维数。使用该指令时，ARR必须是"ARRAY[*]"数组，并且要指定维数。

（6）UPPER_BOUND指令

UPPER_BOUND指令用于读取可变数组"ARRAY[*]"的上限值，指令格式如下。

```
diTemp:=UPPER_BOUND(ARR:=_variant_in_, DIM:=_udint_in_);
```

指令的返回值为DINT类型，指令中参数ARR为数组，DIM为维数。使用该指令时，ARR必须是"ARRAY[*]"数组，并且要指定维数。

6.3.4.3 使用Variant指针的定长数组计算

打开西门子博途V16，新建一个项目，添加新设备CPU1214C AC/DC/Rly，版本号V4.2，生成了一个站点"PLC_1"。

（1）编写函数"VariableArray1"

函数"VariableArray1"用指针Variant和定长数组计算整数数组和实数数组中元素的最大值及其下标。展开在"项目树"下的程序块，双击"添加新块"命令，添加一个"函数FC"，命名为"VariableArray1"，语言选择"SCL"。

打开该函数，新建接口参数变量如图6-29所示，输入变量"ArrayIn"和输出变量"MaxElement"均为Variant指针，设置数组的最大下标"MaxIndex"为"999"，输入数组元素的数量限制为不能超过1000。输出变量"MaxElementIndex"为最大值下标，"xError"为数组元素超过数量错误输出。

在下面的编辑区编写ST语言代码如下。

		VariableArray1		
		名称	数据类型	默认值
1	▼	Input		
2	■	ArrayIn	Variant	
3	▼	Output		
4	■	MaxElement	Variant	
5	■	MaxElementIndex	DInt	
6	■	xError	Bool	
7	▶	InOut		
8	▼	Temp		
9	■	ArrSize	DInt	
10	■	Index	DInt	
11	▶	TempArrInt	Array[0..#MaxIndex] of Int	
12	▶	TempArrReal	Array[0..#MaxIndex] of Real	
13	■	MaxNumofArrInt	DInt	
14	■	MaxNumofArrReal	Real	
15	■	IndexofMaxNum	DInt	
16	▼	Constant		
17	■	MaxIndex	DInt	999
18	▼	Return		
19	■	VariableArray1	Void	

图6-29 函数"VariableArray1"的接口参数

```
(*      计算 INT 数组或 REAL 数组的最大值及其下标
输入：ArrayIn—任意数据类型
输出：MaxElement—最大元素，任意数据类型；MaxElementIndex—最大值下标；
xError—错误信息输出
*)
IF IS_ARRAY(#ArrayIn) THEN   //判断是否是数组
    #xError := FALSE;
    #ArrSize := UDINT_TO_DINT(CountOfElements(#ArrayIn));// 将数组
元素数量转换为 DINT
    IF #ArrSize <= #MaxIndex+1 THEN    //判断数组元素数量是否小于最大
数量
```

```
        IF TypeOfElements(#ArrayIn) = Int THEN   // 判断数组元素的类型
是否为 INT
            VariantGet(SRC := #ArrayIn,            // 读取数组到临时数组
                DST => #TempArrInt);
            #MaxNumofArrInt := #TempArrInt[0]; // 赋比较初值
            #IndexofMaxNum := 0;
            FOR #Index := 0 TO #ArrSize-1 BY 1 DO
                IF #MaxNumofArrInt < #TempArrInt[#Index] THEN // 获取
最大值及其下标
                    #MaxNumofArrInt := #TempArrInt[#Index];
                    #IndexofMaxNum := #Index;
                END_IF;
            END_FOR;
            VariantPut(SRC := #MaxNumofArrInt,  // 将最大值写入输出
                DST := #MaxElement);
            ELSIF TypeOfElements(#ArrayIn)= Real THEN // 判断数组元素
是否为 REAL 类型
            VariantGet(SRC := #ArrayIn,            // 读取数组到临时数组
                DST => #TempArrReal);
            #MaxNumofArrReal := #TempArrReal[0];// 赋比较初值
            #IndexofMaxNum :=0;
            FOR #Index := 0 TO #ArrSize-1  BY 1 DO   // 获取最大值及其
下标
                IF #MaxNumofArrReal < #TempArrReal[#Index] THEN
                    #MaxNumofArrReal := #TempArrReal[#Index];
                    #IndexofMaxNum := #Index;
                END_IF;
            END_FOR;
            VariantPut(SRC := #MaxNumofArrReal,  // 将最大值写入输出
                DST := #MaxElement);
        END_IF;
        #MaxElementIndex := #IndexofMaxNum;      // 下标输出
    END_IF;
  ELSE
    #xError := TRUE;
  END_IF;
```

在程序中，首先判断输入是否是数组。如果输入是数组，统计数组元素的数量。如果数组长度小于最大长度，判断数组元素是否为INT类型。数组元素是INT类型，读取输入数组到临时数组TempArrInt中，设置数组的最大值的初始值为第一个元素，下标初始值为0。然后通过FOR循环获取最大值及其下标，最后将最大值写入输出MaxElement中。REAL类型的执行过程与INT类型的执行过程相同。

（2）在循环程序中调用函数

在"项目树"下，双击"添加新块"命令，添加一个全局数据块"ArrayData"，创建变量如图6-30所示，并输入起始值。删除组织块OB1，再添加一个循环组织块OB1，语言选择"SCL"。打开"OB1"，从"项目树"下将函数"VariableArray1"拖放到程序区，单击数据块"ArrayData"，从"详细视图"中将变量拖放到对应的引脚，编写后的代码如下。

			名称	数据类型	起始值	监视值
1		▼	Static			
2		■ ▼	ArrayInt	Array[0..5] of Int		
3		■	ArrayInt[0]	Int	6	6
4		■	ArrayInt[1]	Int	2	2
5		■	ArrayInt[2]	Int	23	23
6		■	ArrayInt[3]	Int	21	21
7		■	ArrayInt[4]	Int	233	233
8		■	ArrayInt[5]	Int	23	23
9		■ ▼	ArrayReal	Array[0..7] of Real		
10		■	ArrayReal[0]	Real	23.6	23.6
11		■	ArrayReal[1]	Real	25.0	25.0
12		■	ArrayReal[2]	Real	21.3	21.3
13		■	ArrayReal[3]	Real	33.6	33.6
14		■	ArrayReal[4]	Real	66.5	66.5
15		■	ArrayReal[5]	Real	789.3	789.3
16		■	ArrayReal[6]	Real	21.0	21.0
17		■	ArrayReal[7]	Real	58.0	58.0
18		■	MaxOfArrayInt	DInt	0	233
19		■	MaxIndexofInt	DInt	0	4
20		■	MaxOfArrayReal	Real	0.0	789.3
21		■	MaxIndexofReal	DInt	0	5
22		■	xErrorInt	Bool	false	FALSE
23		■	xErrorReal	Bool	false	FALSE

图 6-30　数据块"ArrayData"监视

```
(* 第一种方法：使用 Variant 指针的定长数组计算 *)
// 计算 INT 数组的最大值及其下标
"VariableArray1"(ArrayIn          := "ArrayData".ArrayInt,
         MaxElement      => "ArrayData".MaxOfArrayInt,
         MaxElementIndex => "ArrayData".MaxIndexofInt,
         xError          => "ArrayData".xErrorInt);
// 计算 REAL 数组的最大值及其下标
"VariableArray1"(ArrayIn          := "ArrayData".ArrayReal,
         MaxElement      => "ArrayData".MaxOfArrayReal,
         MaxElementIndex => "ArrayData".MaxIndexofReal,
         xError          => "ArrayData".xErrorReal);
```

在程序中，分别将数据块ArrayData中的INT数组和REAL数组作为输入，并将计算结果和错误信息输出到对应的变量中。

（3）仿真运行

在"项目树"下的项目上使用鼠标右键单击，在弹出的快捷菜单中选择"属性"→"保护"选项，勾选"块编译时支持仿真"复选框。单击站点"PLC_1"，再单击工具栏中的"启动仿真"按钮🖳，打开仿真器。单击工具栏中的▶按钮，使PLC运行。

打开数据块"ArrayData"，单击工具栏中的"启用监视"按钮👓，监视结果如图6-30所示，数组"ArrayInt"有6个元素，数组"ArrayReal"有8个元素，INT类型数组的最大值为"233"，其下标为"4"，即ArrayInt[4]；REAL类型数组的最大值为"789.3"，其下标为"5"。从中看到，可以对不同长度的数组进行计算。

6.3.4.4 使用Variant指针计算

（1）编写函数"VariableArray2"

函数"VariableArray2"用指针Variant计算整数数组和实数数组中元素的最大值及其下标。展开在"项目树"下的程序块，双击"添加新块"命令，添加一个"函数FC"，命名为"VariableArray2"，语言选择"SCL"。打开该函数，新建接口参数变量如图6-31所示，输入变量"ArrayIn"和输出变量"MaxElement"均为Variant指针，没有设置数组的最大长度，实现了真正意义的变长数组。

在编辑区编写ST语言代码如下。

		VariableArray2	
		名称	数据类型
1	▼	Input	
2	■	ArrayIn	Variant
3	▼	Output	
4	■	MaxElement	Variant
5	■	MaxElementIndex	DInt
6	■	xError	Bool
7	▶	InOut	
8	▼	Temp	
9	■	ArrSize	DInt
10	■	Index	DInt
11	■	MaxNumofArrInt	DInt
12	■	Temp1	Int
13	■	TempInt	Int
14	■	MaxNumofArrReal	Real
15	■	TempReal	Real
16	■	IndexofMaxNum	DInt
17	▶	Constant	
18	▼	Return	
19	■	VariableArray2	Void

图6-31 函数"VariableArray2"的接口参数

```
(*      计算 INT 数组或 REAL 数组的最大值及其下标
输入：ArrayIn—任意数据类型
输出：MaxElement—最大元素，任意数据类型；MaxElementIndex—最大值下标；
xError—错误信息输出
*)
IF IS_ARRAY(#ArrayIn) THEN //判断是否是数组
    #xError := FALSE;   // 如果是数组，输出错误信息为 FALSE
    #ArrSize := UDINT_TO_DINT(CountOfElements(#ArrayIn));// 将数组
元素数量转换为 DINT
    IF TypeOfElements(#ArrayIn) = Int THEN   // 判断数组元素的类型是否
为 INT
        #IndexofMaxNum := 0;    // 最大值的下标初始值设为 0
        // 读取输入数组 ArrayIn 的第一个元素到 MaxNumofArrInt 中
        #Temp1 := MOVE_BLK_VARIANT(SRC := #ArrayIn,
```

```
                                    COUNT := 1,
                                    SRC_INDEX := #IndexofMaxNum,
                                    DEST_INDEX := 0, DEST =>
#MaxNumofArrInt);
        FOR #Index := 0 TO #ArrSize - 1 BY 1 DO
            // 读取第 Index 个元素到 TempInt 中
            #Temp1 := MOVE_BLK_VARIANT(SRC := #ArrayIn,
                                    COUNT := 1,
                                    SRC_INDEX := #Index,
                                    DEST_INDEX := 0,
                                    DEST => #TempInt);
            IF #MaxNumofArrInt < #TempInt THEN   // 获取数组的最大值及其
下标
                #MaxNumofArrInt := #TempInt;
                #IndexofMaxNum := #Index;
            END_IF;
        END_FOR;
        VariantPut(SRC := #MaxNumofArrInt,   // 将最大值写入输出
MaxElement
                DST := #MaxElement);
    END_IF;
    IF TypeOfElements(#ArrayIn)= Real THEN
        #IndexofMaxNum := 0;
        #Temp1 := MOVE_BLK_VARIANT(SRC := #ArrayIn,
                                    COUNT := 1,
                                    SRC_INDEX := #IndexofMaxNum,
                                    DEST_INDEX := 0,
                                    DEST => #MaxNumofArrReal);
        FOR #Index := 0 TO #ArrSize - 1 BY 1 DO
            #Temp1 := MOVE_BLK_VARIANT(SRC := #ArrayIn,
                                    COUNT := 1,
                                    SRC_INDEX := #Index,
                                    DEST_INDEX := 0,
                                    DEST => #TempReal);
            IF #MaxNumofArrReal < #TempReal THEN
                #MaxNumofArrReal := #TempReal;
```

```
                #IndexofMaxNum := #Index;
            END_IF;
        END_FOR;
        VariantPut(SRC := #MaxNumofArrReal,
                   DST := #MaxElement);
    END_IF;
    #MaxElementIndex := #IndexofMaxNum;   // 将最大值下标赋值给输出
    ELSE
        #xError := TRUE;
END_IF;
```

在程序中，首先判断输入是否是数组，如果输入是数组，统计数组元素的数量。再判断数组元素是否为INT类型。如果数组元素是INT类型，设置数组最大值的下标初始值为0，使用块移动指令，将数组ArrayIn的第一个元素（下标为0）读取到变量MaxNumofArrInt中，也就是将最大值的初始值设为数组的第一个元素。然后执行FOR循环，每一次循环，将数组的第Index个元素读取到TempInt中，再进行比较，从而获取最大值及其下标。最后将最大值写入输出MaxElement中。REAL类型的执行过程与INT类型的执行过程相同。

（2）在循环程序中调用函数

打开"OB1"，从"项目树"下将函数"VariableArray2"拖放到程序区，单击数据块"ArrayData"，从"详细视图"中将变量拖放到对应的引脚，编写后的代码如下。

```
(* 第二种方法：使用 Variant 指针计算 *)
// 计算 INT 数组的最大值及其下标
"VariableArray2"(ArrayIn          := "ArrayData".ArrayInt,
            MaxElement      => "ArrayData".MaxOfArrayInt,
            MaxElementIndex => "ArrayData".MaxIndexofInt,
            xError          => "ArrayData".xErrorInt);
// 计算 REAL 数组的最大值及其下标
"VariableArray2"(ArrayIn          := "ArrayData".ArrayReal,
            MaxElement      => "ArrayData".MaxOfArrayReal,
            MaxElementIndex => "ArrayData".MaxIndexofReal,
            xError          => "ArrayData".xErrorReal);
```

在程序中，分别将数据块ArrayData中的INT数组和REAL数组作为输入，并将计算结果和错误信息输出到对应的变量中。其仿真执行结果与使用Variant指针的定长数组计算相同。仿真运行结果见图6-30。

6.3.4.5 使用Array[*]类型计算

（1）编写函数"VariableArray3"

函数"VariableArray3"用变长数组计算整型数组中元素的最大值及其下标。展开在"项目树"下的程序块，双击"添加新块"命令，添加一个"函数FC"，命名为"VariableArray3"，语言选择"SCL"。

打开该函数，新建接口参数变量如图6-32所示，输入变量"ArrayIn"声明为"Array[*] of Int"类型，也就是输入数组的长度不定。不定长数组"Array[*]"可以在函数FC的Input、Output或InOut中声明，也可以在函数块FB的InOut中声明，其余地方都不能声明。

在编辑区编写ST语言代码如下。

VariableArray3			
		名称	数据类型
1	▼	Input	
2	▶	ArrayIn	Array[*] of Int
3	▼	Output	
4		MaxElement	Int
5		MaxElementIndex	DInt
6	▶	InOut	
7	▼	Temp	
8		LowerBound	DInt
9		UpperBound	DInt
10		Index	DInt
11		MaxNumofArrInt	Int
12		IndexofMaxNum	DInt
13	▶	Constant	
14	▼	Return	
15		VariableArray3	Void

图6-32 函数"VariableArray3"的接口参数

```
(*      计算 INT 数组的最大值及其下标
输入：ArrayIn—任意长度的整数数组
输出：MaxElement—最大整数；MaxElementIndex—最大值下标；xError—错误信息输出
*)
#LowerBound := LOWER_BOUND(ARR := #ArrayIn, DIM := 1);// 获取 1 维
数组最小下标

#UpperBound := UPPER_BOUND(ARR := #ArrayIn, DIM := 1);// 获取 1 维
数组最大下标

#MaxNumofArrInt:= #ArrayIn[#LowerBound]; // 最大值的初始值设为最小下
标的元素

#IndexofMaxNum := 0;                     // 最大值下标初始值设为 0
FOR #Index := #LowerBound TO #UpperBound DO  // 获取最大值及其下标
   IF #MaxNumofArrInt < #ArrayIn[#Index] THEN
      #MaxNumofArrInt := #ArrayIn[#Index];
      #IndexofMaxNum := #Index;
   END_IF;
END_FOR;
#MaxElement := #MaxNumofArrInt;   // 输出最大值
#MaxElementIndex := #IndexofMaxNum;// 输出最大值下标
```

在程序中，首先获取输入数组ArrayIn的最小下标和最大下标，设置数组最大值的初始值为数组最小下标的元素，最大值的下标初始值为0。然后执行FOR循环，从最小下标到最大下标之间进行最大值与数组元素比较，从而获取最大值及其下标。最后将最大值及其下标赋值给输出。

（2）在循环程序中调用函数

打开"OB1"，从"项目树"下将函数"VariableArray3"拖放到程序区，单击数据块"ArrayData"，从"详细视图"中将变量拖放到对应的引脚，编写后的代码如下。

```
(* 第三种方法：使用 Array[*] 类型计算 *)
// 计算 INT 数组的最大值及其下标
"VariableArray3"(ArrayIn          := "ArrayData".ArrayInt,
            MaxElement       => "ArrayData".MaxOfArrayInt,
            MaxElementIndex => "ArrayData".MaxIndexofInt);
```

在程序中，将数据块ArrayData中的INT数组作为输入，并将计算结果输出到对应的变量中。其仿真执行结果与使用Variant指针的定长数组计算中整数数组计算相同。

6.4 数据管理

6.4.1 [实例44] 配方管理

扫一扫 看视频

6.4.1.1 控制要求

某蛋糕生产线根据产品要求通过触摸屏选择不同的配方，生产对应的产品，控制要求如下。

① 根据生产的产品，在触摸屏中调用配方下对应的产品参数进行生产。

② 可以根据需要，在触摸屏中修改某种产品的配方，并能保存。

③ 不需要的配方产品，在触摸屏中可以删除。

本实例采用西门子的博途软件进行组态与编程，使用的PLC为CPU1214C，本实例不能直接移植到三菱和施耐德PLC中。

6.4.1.2 相关知识

配方指的是某种产品的生产配方，它可以是生产某种产品的材料配比或生产工艺参数的分配。例如，某饮料生产厂的产品为各种果汁饮料，如纯橙汁、浓缩橙汁和橙汁饮料等，随着各种产品的不同，构成各种产品的成分比例也自然不同。例如，纯橙汁需要80%的鲜榨橙汁、10%的水、10%的其他配料，浓缩橙汁需要95%的鲜榨橙汁，而橙汁饮料需要30%的鲜榨橙汁。由此可见，每一种产品都有其独特的配方。在自动化生产中，配方可以认为是各种相关数据的集合，也就是生产一种产品的各种配料之间的比例关系或一种自动化过程的各种组成部分的相关参数设定值的集合。

配方是与某一特定生产工艺相关的所有参数的集合，这一工艺过程的每一个参数叫作配方的一个条目，这些参数的每一组特定值组成配方的一条数据记录。使用配方的目的是能够集中并同步地将某一工艺过程相关的所有参数以数据记录的形式从操作单元传送到控制器中，或者从控制器传送到操作单元中。

6.4.1.3 编写配方程序

打开西门子博途V16，新建一个项目，添加新设备CPU1214C AC/DC/Rly，版本号V4.2，生成了一个站点"PLC_1"。

（1）添加自定义数据类型和数据块

① 在"项目树"的"PLC数据类型"下，双击"添加新数据类型"命令，添加一个用户自定义的数据类型，将其命名为"Cake"，然后添加元素，如图6-33（a）所示。

② 双击"添加新块"命令，添加一个全局数据块"数据块DB"，命名为"RecipeData"，添加变量如图6-33（b）所示。创建了数组"CakeRecipe"，包含了10个产品的参数。为了使PLC掉电时，修改或添加的配方产品参数不丢失，要勾选"CakeRecipe"的"保持"复选框。变量"ActiveProduct"为活动产品，也就是正在使用该产品参数进行生产。"xSaveProduct""xCallProduct""xDeleteProduct"分别为保存、调用、删除产品，"ProductNo"为产品编号。"DeleteProduct"为删除产品，该产品的元素值均为0，删除某个产品时，用该变量覆盖，则被删除的产品元素值均清零。

Cake

	名称	数据类型	默认值
1	ProductName	WString[20]	WSTRING#''
2	Butter	Real	0.0
3	Sugar	Real	0.0
4	BrownSugar	Real	0.0
5	Egg	USInt	0
6	Vanilla	USInt	0
7	Flour	Real	0.0
8	Soda	Real	0.0
9	Yeast	Real	0.0
10	Salt	Real	0.0
11	Chocolate	Real	0.0
12	CookingTime	Time	T#0ms

（a）自定义数据类型"Cake"

RecipeData

	名称	数据类型	保持
1	▼ Static		☐
2	▶ CakeRecipe	Array[1..10] of "Cake"	☑
3	▶ ActiveProduct	"Cake"	☐
4	xSaveProduct	Bool	☐
5	xCallProduct	Bool	☐
6	xDeleteProduct	Bool	☐
7	ProductNo	DInt	☐
8	▶ DeleteProduct	"Cake"	☐
9	xError	Bool	☐

（b）数据块"RecipeData"

图 6-33　自定义数据类型和添加数据块

（2）编写配方函数块"RecipeManage"

函数块"RecipeManage"用于对配方进行管理。展开"项目树"下的程序块，双击"添加新块"命令，添加一个"函数FC"，命名为"RecipeManage"，语言选择"SCL"。

打开该函数块，创建接口参数如图6-34所示。输入参数"ProductNumber"为产品号，"xSave""xCall""xDelete"分别用于保存、调用和删除产品，"DeleteProduct"

为空参数产品。输出参数“xError”用于错误输出。输入输出参数“Recipe”为变长数组的产品配方，“ActiveProduct”为活动产品。

RecipeManage

	名称	数据类型	默认值
1	▼ Input		
2	ProductNumber	DInt	0
3	xSave	Bool	false
4	xCall	Bool	false
5	xDelete	Bool	false
6	▶ DeleteProduct	"Cake"	
7	▼ Output		
8	xError	Bool	false
9	▼ InOut		
10	▶ Recipe	Array[*] of "Cake"	
11	▶ ActiveProduct	"Cake"	
12	▼ Static		
13	▶ R1	R_TRIG	
14	▼ Temp		
15	LowerBound	DInt	
16	UpperBound	DInt	
17	Index	DInt	
18	▶ Constant		

图 6-34 函数块“RecipeManage”接口参数

在编辑区编写的ST语言代码如下。

```
(*      配方管理
输入：ProductNumber—产品号；xSave—保存配方的产品，1=保存；xCall—调用
配方的产品，1=调用；
        xDelete—删除配方产品，1=删除；DeleteProduct—配方产品的清除
输入/输出：Recipe—配方；ActiveProduct—当前处于活动的配方产品
*)
//判断配方的上下标
#LowerBound := LOWER_BOUND(ARR := #Recipe, DIM := 1);
#UpperBound := UPPER_BOUND(ARR := #Recipe, DIM := 1);
IF #LowerBound <= #ProductNumber AND #ProductNumber <=
#UpperBound THEN
    #xError := FALSE;
    //保存配方的产品
    IF #xSave THEN
        #Recipe[#ProductNumber] := #ActiveProduct;
    END_IF;
    //调用配方的产品
```

```
    IF #xCall THEN
        #ActiveProduct := #Recipe[#ProductNumber];
    END_IF;
    // 删除配方的产品
    #R1(CLK := #xDelete);
    IF #R1.Q THEN
        FOR #Index := #ProductNumber TO #UpperBound - 1 DO
            #Recipe[#Index] := #Recipe[#Index + 1];
        END_FOR;
        #Recipe[#UpperBound] := #DeleteProduct;
    END_IF;
ELSE
    #xError := TRUE; // 产品号超出范围
END_IF;
```

在程序中，使用了变长数组。首先读取数组的上下标，判断产品编号是否在组态的范围内，如果超出范围，返回错误信息。如果在组态的范围内，当按下"保存"按钮时，将修改后的当前活动产品参数保存到指定的配方下对应的产品编号中；如果按下"调用"按钮，将指定配方下的指定编号的产品调入活动产品中，可以按照活动产品配方进行生产；如果按下"删除"按钮，将产品参数前移，最后一个产品的参数清零。

（3）在循环程序中调用函数

打开"OB1"，从"项目树"下将函数块"RecipeManage"拖放到OB1中，生成对应的背景数据块。单击数据块"RecipeData"，从"详细视图"中将变量拖放到函数的对应引脚，编写后的代码如下。

```
"RecipeManage_DB"(ProductNumber := "RecipeData".ProductNo,
            xSave        := "RecipeData".xSaveProduct,
            xCall        := "RecipeData".xCallProduct,
            xDelete      := "RecipeData".xDeleteProduct,
            DeleteProduct := "RecipeData".DeleteProduct,
            xError       => "RecipeData".xError,
            Recipe       := "RecipeData".CakeRecipe,
            ActiveProduct := "RecipeData".ActiveProduct);
```

在程序中，数据块中的变量ProductNo用于指定配方下的产品编号，xSaveProduct用于将当前活动的产品参数ActiveProduct保存在指定配方下指定产品的编号中，xCall用于将指定配方下的产品调入当前活动配方的产品参数中，xDelete用于将当前活动的产品参数清零，DeleteProduct为用于清零的产品参数，xError为返回错误信息，Recipe为配方数据，ActiveProduct为当前活动的产品参数。

6.4.1.4 组态触摸屏界面

（1）建立PLC与触摸屏的连接

双击"项目树"下的"设备和网络"命令，打开"网络视图"选项卡，展开右边硬件目录下的"HMI"→"SIMATIC精智面板"→"7"显示屏→"TP700 Comfort"选项，将

订货号6AV2 124-0GC01-0AX0拖放到网络视图中，自动生成了一个名为"HMI_1"的触摸屏站点。单击"连接"按钮 连接，选择右边的"HMI连接"选项，按下左键从CPU1214C的PN接口拖动到TP700的PN接口，如图6-35所示，自动生成了一个HMI连接。单击"显示地址"按钮，可以显示PLC和触摸屏的地址。

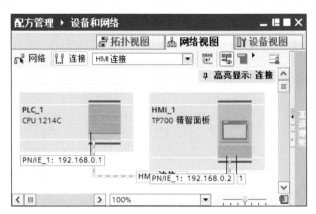

图6-35　PLC与触摸屏的通信连接

（2）组态触摸屏

① 创建文本列表

展开"项目树"下"HMI_1"站点，双击"文本和图形列表"命令，打开界面如图6-36所示。添加"文本列表"为"产品文本"，在"文本列表条目"下增加文本"产品1"~"产品10"，对应的值为1~10。

② 符号I/O域的组态

打开触摸屏画面，从右边元素下将符号I/O域拖放到画面中，单击"PLC_1"的数据块"RecipeData"，从"详细视图"中将"ProductNo"拖放到"属性"栏的过程变量中。单击"HMI_1"站点下的文本和图形列表，从"详细视图"中将"产品文本"拖放到"属性"栏"文本列表"中，"可见条目"选择"10"，如图6-37所示。

③ 组态按钮

从右边元素下将按钮拖放到画面中，修改标签为"保存"。单击"属性"栏中的"事件"选项卡，如

图6-36　创建文本列表

图6-37　符号I/O域的组态

图6-38所示，再单击"按下"选项，从右边下拉列表中的编辑位下选择"置位位"，将"详细视图"中的"xSaveProduct"拖放到变量后；再单击"释放"选项，选择"复位位"，从"详细视图"中将"xSaveProduct"拖放到变量后。按照同样的方法，组态"调用"按钮和"删除"按钮。

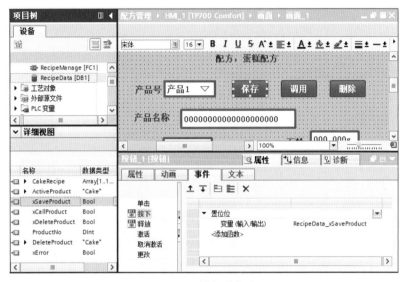

图 6-38　按钮的组态

④ I/O域的组态

从"详细视图"中，将变量"ActiveProduct"下的"ProductName"拖放的产品名称后，自动生成了一个字符串类型的I/O域，如图6-39所示，将"域长度"修改为"20"。将"Butter"拖放到黄油后，自动生成了一个I/O域，显示格式十进制，格式样式选择999.999，即显示3位整数、3位小数。单击"外观"选项，在单位下输入"g"。按照同样的方法组态其余的I/O域，只不过在组态烹饪时间I/O域时，要将小数点移动3位，这是因为PLC的时间是以ms为单位，左移3位，单位就是s。

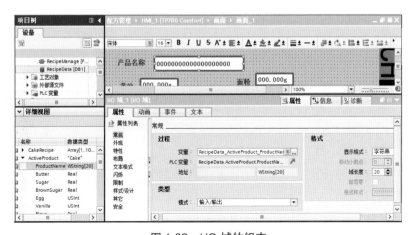

图 6-39　I/O 域的组态

6.4.1.5　PLC与触摸屏的联合仿真
（1）修改数据块的起始值

打开PLC的数据块"RecipeData"，修改变量的起始值如图6-40所示。由于篇幅的关系，这里只显示了"CakeRecipe[1]"和"CakeRecipe[2]"的起始值，其中"CakeRecipe[1]"存储产品1的参数、"CakeRecipe[2]"存储产品2的参数。

（2）启动PLC仿真器

在"项目树"下的项目上使用鼠标右键单击，在弹出的快捷菜单中选择"属性"→"保护"选项，勾选"块编译时支持仿真"复选框。单击站点"PLC_1"，再单击工具栏中的"启动仿真"按钮 ，打开仿真器。单击工具栏中的 按钮，使PLC运行。

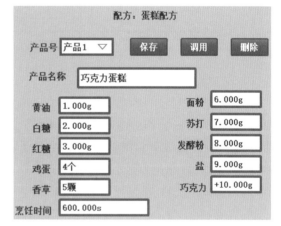

图 6-40　修改数据块变量的起始值

（3）启动触摸屏仿真器

单击站点"HMI_1"，再单击工具栏中的"启动仿真"按钮 ，打开触摸屏仿真器，如图6-41所示。

单击"产品号"下拉列表，选择"产品1"选项，单击"调用"按钮，下面显示巧克力蛋糕的产品配方参数，可以以此参数进行生产；如果从"产品号"下拉列表中选择"产品2"选项，单击"调用"按钮，则下面会显示冰淇淋蛋糕的产品配方参数。

修改产品的参数，单击"保存"按钮，则当前参数保存到指定的产品编号中。也可以选择一个空白（所有的参数都为0）的产品参数，输入各自的参数进行保存。

指定产品编号，单击"删除"按钮，该产品的参数都被删除。

图 6-41　触摸屏仿真界面

6.4.2　[实例45]　报警管理

▶扫一扫　看视频◀

6.4.2.1　控制要求

通过西门子S7-1200 PLC与触摸屏TP700通信，在主电路跳闸、变频器出现故障、打开车门或紧急停车时，实现故障报警，在触摸屏中显示对应的报警信息。

本实例采用西门子的博途软件进行组态与编程，使用的PLC为CPU1214C，其I/O端口分配见表6-5。由于要使用触摸屏进行仿真，本实例不能直接移植到三菱和施耐德PLC中。

表6-5 报警管理的I/O端口分配表

输入点	输入器件	作用
I0.0	主电路断路器常闭触点	主电路跳闸报警
I0.1	变频器故障输出（常开触点）	变频器故障报警
I0.2	SQ常开触点	门限保护报警
I0.3	SB常闭触点	紧急停车报警

6.4.2.2 相关知识

报警是用来指示控制系统中出现的事件或操作状态，可以用报警信息对系统进行诊断。报警事件可以在HMI设备上显示或输出到打印机，也可以将报警事件保存在记录中。

（1）报警的分类

报警可以分为自定义报警和系统报警。

自定义报警是用户组态的报警，用来在HMI上显示设备的运行状态或报告设备的过程数据。自定义报警又分为离散量报警和模拟量报警。离散量（又称开关量）对应二进制的1个位，用二进制1个位的"0"和"1"表示相反的两种状态，例如，断路器的接通与断开、故障信号的出现与消失等。模拟量报警是当模拟量的值超出上限或下限时，触发模拟量报警。

系统报警用来显示HMI设备或PLC中特定的系统状态，系统报警是在设备中预定义的，不需要用户组态。

（2）报警的状态和确认

对于离散量报警和模拟量报警，存在下列报警状态。

① 到达：满足触发报警的条件时状态。

② 到达/已确认：操作员确认报警后的状态。

③ 到达/离去：触发报警的条件消失。

④ 到达/离去/已确认：操作员确认已经离去的报警的状态。

报警的确认可以通过OP面板上的确认键或触摸屏报警画面上的确认按钮进行确认。

（3）报警显示

可以通过报警视图、报警窗口、报警指示器显示报警。

① 报警视图。报警视图在报警画面中显示报警。优点是可以同时显示多个报警，缺点是需要占用一个画面，只有打开该画面，才能看到报警。

② 报警窗口。报警窗口是在全局画面中进行组态，也可以同时显示多个报警，当出现报警时，自动弹出报警窗口；当报警消失时，报警窗口自动隐藏。

③ 报警指示器。报警指示器是组态好的图形符号，上面会显示报警个数。当出现报警时，报警指示器闪烁；确认后，不再闪烁；报警消失后，报警指示器自动消失。

6.4.2.3 西门子博途软件编程

打开西门子博途V16，新建一个项目，添加新设备CPU1214C AC/DC/Rly，版本号V4.2，生成了一个站点"PLC_1"。

（1）编写函数"BoolToWord"

由于在触摸屏中报警时需要使用字类型的位触发报警，所以编写一个函数"BoolToWord"将离散的位组合成字，供触摸屏使用。

展开在"项目树"下的程序块，双击"添加新块"命令，添加一个"函数FC"，命名为"BoolToWord"，语言选择"SCL"。在接口参数中添加变量如图6-42上部所示，输入为位数组，输出为Word类型的返回值"BoolToWord"。

在编辑区编写的ST语言代码如图6-42下部所

图6-42　函数"BoolToWord"

示。以第5次循环为例，将wAuxWord左移4位，则wAuxWord变为2#0000_0000_0001_0000，如果axInputArray[5]为1，则与wAuxWord相"或"后，wOutputWordAux为2#×××_×××_×××1_××××（×表示0或1），字的第5位变为了1。如果axInputArray[5]为0，则wOutputWordAux与NOT wAuxWord相"与"后，变为2#×××_××××_×××0_××××，字的第5位变为0。

（2）在循环程序中调用函数

双击"添加新块"命令，添加一个全局数据块"FaultlDB"，添加Word类型的变量"wFaultMessage"和Array[0..15] of Bool类型的变量"aFaultArray"。双击"项目树"下的"添加新变量表"命令，添加一个变量表，创建变量如图6-46（a）所示。删除组织块OB1，再添加一个循环组织块OB1，语言选择"SCL"，编写ST语言代码如下。

```
"FaultDB".aFaultArray[0] := "xMainCircuitTrip";// 主电路跳闸报警
"FaultDB".aFaultArray[1] := "xInverterFault";// 变频器故障报警
"FaultDB".aFaultArray[2] := NOT "xThresholdProtect";//门限保护报警
"FaultDB".aFaultArray[3] := NOT "xEmergencyStop";// 急停报警
"FaultDB".wFaultMessage := "BoolToWord"("FaultDB".aFaultArray);//
位组合成字
```

在程序中，由于主电路跳闸报警I0.0连接主电路断路器的常闭触点，正常运行情况下，断路器处于合闸状态，其常闭触点应断开，变量xMainCircuitTrip的状态为FALSE；变频器故障输出一般相当于常开触点，变频器正常时，变量xInverterFault的状态应为FALSE；门限保护使用行程开关SQ的常开触点，车门关闭时压住行程开关，正常运行时变量xThresholdProtect的状态应为TRUE；"急停"按钮SB为常闭触点，变量xEmergencyStop的状态应为TRUE。

6.4.2.4　触摸屏报警的组态

（1）报警类别

对于离散量报警和模拟量报警，HMI报警有如下类别。

① "Errors"（错误）：用于显示过程中的紧急、危险状态或者超越极限情况。用户

必须确认来自此报警类别的报警。

② "Warnings"（警告）：用于显示过程中的非常规的操作状态、过程状态和过程顺序。用户不需要确认来自此报警类别的报警。

③ "System"（系统）：用于显示关于HMI设备和PLC的状态的报警。该报警组不能用于自定义报警。

④ "Diagnosis events"（诊断事件）：用于显示SIMATIC S7控制器中的状态和报警的报警。用户不需要确认来自此报警类别的报警。

双击HMI站点下的"HMI报警"命令，进入报警组态画面。单击"报警类别"选项卡，将错误类型报警的显示名称由"！"修改为"错误"；系统报警由"$"修改为"系统"；警告类型的报警修改为"警告"，如图6-43所示。选择错误类型的报警，在"属性"栏的"常规"下，单击"状态"按钮，将报警的状态分别由"I""O""A"修改为"到达""离开"和"确认"。单击"颜色"按钮，可以修改每个状态所对应的背景颜色，也可以通过"错误"表单后面进行修改。例如本例中将"到达"设为红色，"达到/离开"设为天蓝色，"到达/已确认"设为蓝色，"到达/离开/已确认"设为绿色。

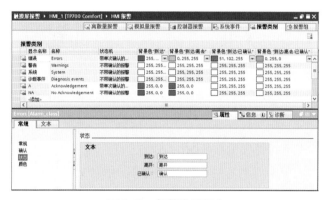

图6-43　报警类别组态

双击"HMI"站点下的"运行系统设置"命令，单击"报警"选项，勾选"报警类型颜色"复选框。

（2）离散量报警的组态

单击"离散量报警"选项卡，创建的报警如图6-44所示。在"名称"和"报警文本"下输入"主电路跳闸"，"报警类别"选择"Errors"，单击PLC的数据块"FaultDB"，从"详细视图"中将变量"wFaultMessage"拖放到"触发变量"中，"触发位"默认为0，"触发器地址"为"FaultDB.wFaultMessage.x0"。当"FaultDB.wFaultMessage.x0"为"1"时，触发主电路跳闸故障。在"信息文本"选项中，输入"主电路跳闸故障，检查：1. PLC的输入I0.0；2. 空气开关QF1；3. 风机"。当出现报警时，维修人员可以单击"信息文本"按钮，查看故障信息，便于快速维修。

采用同样的方法，组态变频器故障的触发条件为"wFaultMessage"的第1位，"信息文本"为"变频器故障，请检查：1. PLC的输入I0.1；2. 变频器"；组态门限保护的触发条件为"wFaultMessage"的第2位，"信息文本"为"设备车门打开故障，请检查：1. 车门是否打开；2. PLC

图6-44　离散量报警的组态

的输入I0.2；3.行程开关SQ"；组态紧急停车的触发条件为"wFaultMessage"的第3位，
"信息文本"为"紧急停车，请检查：1. PLC的输入I0.3；2. 是否有紧急情况发生"。

（3）报警窗口的组态

在"HMI_1"站点下，展开"画
面管理"选项，双击打开"全局画
面"界面，将"工具箱"中的"报警
窗口"拖放到画面中，调整控件大
小，注意不要超出编辑区域。在"属
性"的"常规"选项下，将"显示"
"当前报警状态"的"未决报警"和
"未确认的报警"都选上，将"报警
类别"的"Errors"选择"启用"，当
出现错误类报警时，就会显示该报
警，如图6-45所示。

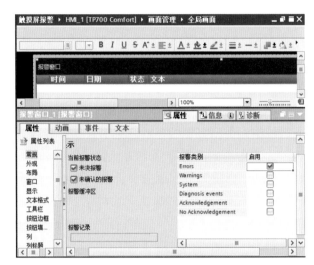

图 6-45　报警窗口组态

单击"布局"选项，设置每个报
警的行数为1行，显示类型为"高级"。

单击"窗口"选项，在设置项中选择"自动显示""可调整大小"；在标题项中，选
择"启用"，标题输入"报警窗口"，选择"关闭"按钮。当出现报警时会自动显示，右
上角有可关闭的按钮✖。

单击"工具栏"选项，选中"信息文本"和"确认"，自动在报警窗口中添加"信息
文本"按钮🖭和"确认"按钮🖭。

单击"列"选项可以选择要显示的列。本例中选择了"日期""时间""报警类
别""报警状态""报警文本"和"报警组"；报警的排序选择了"降序"，最新的报警
显示在第1行。

最后展开"HMI"站点下的"画面"选项，双击"添加新画面"命令，添加一个画面
作为起始画面。

6.4.2.5　PLC与触摸屏的报警仿真运行

（1）启动PLC仿真器

在"项目树"下的项目上使用鼠标右键单击，在弹出的快捷菜单中选择"属
性"→"保护"选项，勾选"块编译时支持仿真"复选框。单击站点"PLC_1"，再单击
工具栏中的"启动仿真"按钮🖳，打开仿真器。新建一个仿真项目，并将"PLC_1"站点
下载到仿真器中。单击工具栏中的🖳按钮，使PLC运行。

打开仿真器项目树下的"SIM表格_1"，单击表格工具栏中的🖭按钮，将项目变量
加载到表格中，如图6-46（a）所示。

（2）启动触摸屏仿真器

单击站点"HMI_1"，再单击工具栏中的"启动仿真"按钮🖳，打开触摸屏仿真器。

（3）报警

在正常运行情况下，车门关闭，勾选变量"xThresholdProtect"；没有按下"急停"按钮，勾选变量"xEmergencyStop"。如果勾选变量"xMainCircuitTrip"（主电路跳闸）和变量"xInverterFault"（变频器出现故障），取消勾选变量"xThresholdProtect"（车门打开）和变量"xEmergencyStop"，都会触发报警，报警界面如图6-46（b）所示。单击某一个报警，再单击 按钮，可以显示报警的具体信息。单击 按钮，可以对选中的故障进行确认。如果对所有的故障进行了确认，排除了所有故障，报警窗口自动关闭。

（a）PLC的仿真界面

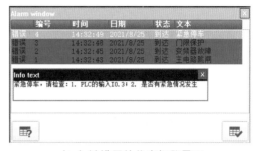

（b）触摸屏的仿真报警界面

图 6-46　PLC 与触摸屏的报警仿真运行

▶ **6.5　运动控制与PID**

6.5.1　**[实例46]　伺服定位控制**

6.5.1.1　控制要求

某工作台由西门子S7-1200 PLC（CPU1212C DC/DC/DC，版本号V4.4）和伺服驱动装置组成，伺服电动机通过丝杠拖动工作台做左右移动，伺服电动机每转一转，工作台移动10mm，控制要求如下。

① 按下"启动"按钮，工作台从原点位置左移到－30mm位置；延时5s后右移到+20mm位置，再延时5s后左移到－30mm位置，如此反复。

② 按下"停止"按钮，工作台停止；再按下"启动"按钮，工作台先到－30mm位置，然后做循环往复运动。

本实例采用西门子的博途软件进行组态与编程，使用的PLC为CPU1212C DC/DC/DC，伺服定位控制的I/O端口的分配见表6-6。

表6-6　伺服定位控制的I/O端口分配表

输入			输出		
输入点	输入器件	作用	输出点	输出器件	作用
I0.0	SQ1常闭触点	左限位	Q0.0	伺服驱动器脉冲输入	脉冲信号
I0.1	SQ2常闭触点	右限位			
I0.2	伺服驱动器就绪输出	伺服准备好	Q0.1	伺服驱动器方向输入	方向信号
I0.3	SQ3常开触点	原点检测			

输入			输出		
输入点	输入器件	作用	输出点	输出器件	作用
I0.4	SB1常开触点	停止			
I0.5	SB2常开触点	启动	Q0.2	伺服驱动器开启	启动信号
I0.6	SB3常开触点	复位			

6.5.1.2 西门子博途软编程

打开西门子博途V16，新建一个项目，添加新设备CPU1212C DC/DC/DC，版本号V4.4，生成了一个站点"PLC_1"。由于要使用高频脉冲输出，PLC一定要使用晶体管输出（也就是DC输出）类型或使用晶体管输出类型的信号板。

（1）创建变量

展开"项目树"下的PLC变量，双击"添加新变量表"命令，添加一个"变量表_1"，创建变量如图6-47所示。

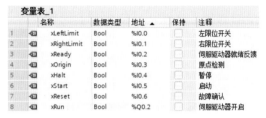

图6-47 伺服定位控制的变量表

（2）组态轴

在"项目树"下，展开"工艺对象"，双击"新增对象"命令。在弹出的对话框中，单击"运动控制"，再单击轴"TO_PositioningAxis"，单击"确定"按钮，在工艺对象下添加了一个名为"轴_1"的数据块。

① 轴的常规参数组态。单击轴_1功能图选项卡基本参数下的"常规"，打开的界面如图6-48所示。选择"PTO"单选按钮，"测量单位"选择"mm"。从图中可以看出，用户编写程序调用"工艺对象-轴"，输出PTO脉冲到伺服驱动器，从而驱动伺服电动机拖动工作台移动，工作台移动单位为mm。

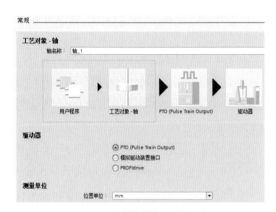

图6-48 轴的常规参数组态

② 驱动器参数组态。单击"驱动器"选项，打开的界面如图6-49所示。从"脉冲发生器"的下拉列表中选择"Pulse_1"选项，则默认选择"信号类型"为PTO、"脉冲输出"为Q0.0、"方向输出"为Q0.1。在"驱动装置的使能和反馈"下选择"使能输出"为变量xRun（Q0.2），驱动器"就绪输入"为变量xReady（I0.2）。

图6-49 驱动器参数组态

③ 机械参数组态。单击扩展参数下的"机械",打开的界面如图6-50所示。"电机每转的脉冲数"设定为"10000","电机每转的负载位移"设为10mm,也就是伺服驱动器每接收10000个脉冲,工作台移动10mm。"所允许的旋转方向"选择"双向",则伺服电动机可以正反转旋转,工作台可以左右移动。

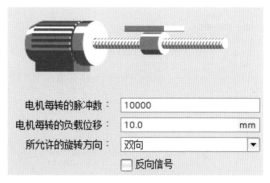

图 6-50　机械参数组态

④ 位置限制参数组态。单击扩展参数下的"位置限制",打开的界面如图6-51所示。勾选"启用硬限位开关"和"启用软限位开关"复选框,在"硬件下限位开关输入"下选择变量"xLeftLimit"(I0.0),"选择电平"为"低电平",则当I0.0没有输入时,表示工作台撞击了最左端的限位开关,工作台停止。在"硬件上限位开关输入"下选择变量"xRightLimit"(I0.1),"选择电平"为"低电平",则当I0.1没有输入时,表示工作台撞击了最右端的限位开关,工作台停止。

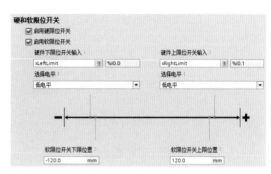

图 6-51　位置限制参数组态

设置"软限位开关下限位置"为-120mm、"软限位开关上限位置"为120mm,则当输出位置到-120mm或120mm时工作台停止。

⑤ 动态参数组态。单击扩展参数下的"动态",打开的界面如图6-52所示。"最大转速"设为5000脉冲/s,则工作台最大移动速度为5mm/s。设置"启动/停止速度"为200脉冲/s,则工作台启动时以0.2mm/s开

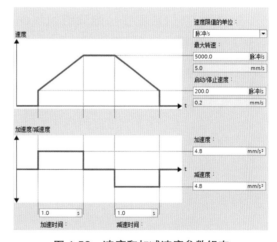

图 6-52　速度和加减速度参数组态

始加速,停止时工作台减速到0.2mm/s立即停止。加减速时间都设为1s,则加减速度为4.8mm/s^2。将急停减速时间设为0.1s,使伺服电动机快速急停。

⑥ 回原点参数组态。单击扩展参数下的"回原点",打开的界面如图6-53所示。在"输入归位开关"下选择变量"xOrigin"(I0.3),"选择电平"为"高电平",则找原点时,工作台到原点,I0.3有输入,取当前位置为原点位置。选择"接近/回原点方向"为"正方向"、"归位开关一侧"为"下侧"。"接近速度"和"回原点速度"要设置在最大速度5mm/s和停止速度0.2mm/s之间,并且"回原点速度"应小于等于"接近速度",此处将这两个速度都设为2mm/s。

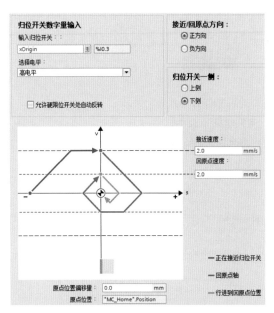

图 6-53　回原点参数组态

PositionControlDB					
		名称	数据类型		起始值
1	▼	Static			
2	■	rlAbsolutePosition	Real		-30.0
3	■	rlRelativePosition	Real		50.0
4	■	xHomeExec	Bool		false
5	■	xAbsoluteExec	Bool		false
6	■	xRelativeExec	Bool		false
7	■	xRunFlag	Bool		false
8	■	iStep	Int		0

图 6-54　数据块 "PositionControlDB"

（3）编写定位控制程序

① 添加数据块 "PositionControlDB"。双击 "添加新块" 命令，添加一个全局数据块 "PositionControlDB"，创建变量如图6-54所示。

② 编写ST语言程序。删除组织块OB1，再添加一个循环组织块OB1，语言选择 "SCL"，编写ST语言代码如下。

```
// 如果没有撞击左右机械位置限位开关，按下"启动"按钮，向伺服驱动器发出启动
IF "xStart" AND "xLeftLimit" AND "xRightLimit" THEN
    "xRun" := TRUE;
    IF "xReady" THEN        // 如果伺服驱动器准备好，运行标志为1，进入步1
        "PositionControlDB".xRunFlag := TRUE;
        "PositionControlDB".iStep := 1;
    END_IF;
END_IF;
IF "xHalt" THEN   // 如果按下"暂停"按钮，伺服驱动器停止，进入步0
    "xRun" := FALSE;
    "PositionControlDB".iStep := 0;
END_IF;
// 当运行标志 xRunFlag 为 TRUE 时，启用轴
"MC_Power_DB"(Axis      := "轴_1",
             Enable    := "PositionControlDB".xRunFlag,
             StartMode := 1,
```

```
            StopMode   := 0);
// 暂停轴
"MC_Halt_DB"(Axis      := "轴_1",
             Execute := "xHalt");
// 确认故障
"MC_Reset_DB"(Axis       := "轴_1",
               Execute   := "xReset");
CASE "PositionControlDB".iStep OF
    1:    // 步1, 找原点位置
        "PositionControlDB".xHomeExec  := TRUE;
        "MC_Home_DB"(Axis                   := "轴_1",
                     Execute                := "PositionControlDB".xHomeExec,
                     Position               := 0.0,
                     Mode                   := 3);// 模式3, 按轴的组态主动
回原点
        "PositionControlDB".xHomeExec := FALSE;   // 产生一个上升沿
        IF "MC_Home_DB".Done THEN     // 如果找到原点, 执行绝对定位, 进入
步2
            "PositionControlDB".xAbsoluteExec := TRUE;
            "PositionControlDB".iStep := 2;
        END_IF;
    2:    // 步2, 以速度5mm/s到绝对位置-30mm
        "MC_MoveAbsolute_DB"(Axis     := "轴_1",
                              Execute  := "PositionControlDB".xAbsoluteExec,
                              Position := "PositionControlDB".rlAbsolutePosition,
                              Velocity := 5.0);
        "PositionControlDB".xAbsoluteExec := FALSE;// 产生一个上升沿
        IF "MC_MoveAbsolute_DB".Done THEN
            "PositionControlDB".xRelativeExec := TRUE;
        END_IF;
        "T1".TON(IN :="PositionControlDB".xRelativeExec,// 到达绝对
位置延时5s
                 PT := T#5s);
        IF "T1".Q THEN
            "PositionControlDB".iStep := 3;// 延时5s时间到, 转到步3
        END_IF;
```

```
3:    // 步3，以速度5mm/s到相对位置50mm处，也就是绝对位置20mm处
    "MC_MoveRelative_DB"(Axis   := "轴_1",
                        Execute  := "PositionControlDB".xRelativeExec,
                        Distance := "PositionControlDB".rlRelativePosition,
                        Velocity := 5.0);
    "PositionControlDB".xRelativeExec := FALSE; // 产生一个上升沿
    IF "MC_MoveRelative_DB".Done THEN
        "PositionControlDB".xAbsoluteExec := TRUE;
    END_IF;
    "T2".TON(IN :="PositionControlDB".xAbsoluteExec,// 到达20mm
处，延时5s
            PT := T#5s);
    IF "T2".Q THEN
        "PositionControlDB".iStep := 2;// 延时5s时间到，转到步2
    END_IF;
END_CASE;
```

在程序中，如果左右限位开关正常，按下"启动"按钮xStart，xRun为TRUE，向伺服驱动器发出启动信号。如果伺服驱动器准备就绪，变量xRunFlag为TRUE，启用轴_1，同时步iStep设为1，进入步1。

如果按下"暂停"按钮xHalt，xRun为FALSE，伺服驱动器停止，步iStep设为0。

启用轴函数块MC_Power的参数Enable为TRUE，启用轴_1；参数StartMode设为1，启用位置受控的定位轴；参数StopMode设为0，停止时为紧急停止。

暂停函数块MC_Halt的参数Execute设为变量xHalt，当按下"暂停"按钮时，工作台停止。

故障确认函数块MC_Reset的参数Execute设为变量xReset，当按下"确认"按钮时，对由于轴停止出现的运行错误或组态错误进行确认。

当启动运行时，步iStep为1，进入了步1。在步1中，先使回原点函数块MC_Home的参数Execute为TRUE，按照模式3（轴组态的回原点）找原点位置，如果找到原点，将此位置作为原点位置0.0。如果找到原点，下面要执行绝对位置定位，使xAbsoluteExec为TRUE，转到步2。

在步2中，绝对定位函数块MC_MoveAbsolute的参数Execute为TRUE，以参数Velocity设定的速度5.0mm/s运动到rlAbsolutePosition设定的绝对位置（即左移到-30mm处）。如果执行完成，下面要执行相对定位，使xRelativeExec为TRUE，定时器T1延时5s。延时时间到，转到步3。

在步3中，相对定位函数块MC_MoveRelative的参数Execute为TRUE，以参数Velocity设定的速度5.0mm/s运动到rlRelativePosition设定的相对位置（即右移到20mm处）。如果

执行完成，下面要移动到−30mm处，使xAbsoluteExec为TRUE，定时器T2延时5s。延时时间到，转到步2，执行下一个循环。

6.5.1.3 运行监视

在"项目树"下，单击站点"PLC_1"，再单击工具栏中的"编译"按钮，编译结果应显示没有错误。单击工具栏中的"下载"按钮，将站点"PLC_1"下载到PLC中。

双击"项目树"下的"添加新监控表"命令，添加了一个监控表_1，在监控表中添加变量，如图6-55所示。由于左右限位开关为常闭触点，所以变量"xLeftLimit"和"xRightLimit"应为"TRUE"。

	i	名称	地址	显示格式	监视值
1		"xLeftLimit"	%I0.0	布尔型	TRUE
2		"xRightLimit"	%I0.1	布尔型	TRUE
3		"xReady"	%I0.2	布尔型	TRUE
4		"xOrigin"	%I0.3	布尔型	FALSE
5		"xHalt"	%I0.4	布尔型	FALSE
6		"xStart"	%I0.5	布尔型	FALSE
7		"xReset"	%I0.6	布尔型	FALSE
8		"xRun"	%Q0.2	布尔型	TRUE
9		"轴_1".ActualPosition		浮点数	-30.0
10		"轴_1".ActualVelocity		浮点数	0.0

图 6-55　伺服定位控制监视

按下"启动"按钮xStart，xRun为TRUE，伺服驱动器准备好，xReady为TRUE，伺服电动机开始启动以速度2mm/s找原点。当原点开关xOrigin为TRUE时，找到原点，工作台开始以速度−5mm/s（"轴_1".ActualVelocity的值）左移到-30mm位置，"轴_1".ActualPosition为−30，然后延时5s。延时5s时间到，工作台以速度5mm/s右移到20mm位置，"轴_1".ActualPosition为20，然后延时5s。延时时间到，工作台再移动到−30mm位置，如此反复。

6.5.2　[实例47]　温度的PID控制

6.5.2.1 控制要求

对某电炉进行恒温控制，测量用的温度传感器输出电压为0~10V，测量范围为0~1000℃，使用PWM输出控制加热器进行调温，控制要求如下。

▶扫一扫　看视频◀

① 正常测温范围为0~800℃，当温度低于100℃或高于750℃，进行警告。

② 控制电炉的温度保持在700℃。

③ 当按下手动控制的按钮时，PWM输出50%占空比的脉冲进行加热。

本实例采用西门子的博途软件进行组态与编程，使用的PLC为CPU1212C DC/DC/DC，温度PID控制的I/O端口的分配见表6-7。

表6-7　温度PID控制的I/O端口分配表

输入			输出	
输入点	输入器件	作用	输出点	作用
I0.0	SB常闭触点	手动操作	Q0.0	PWM调节温度

6.5.2.2　相关知识

（1）PLC的闭环控制系统

在工业生产中，一般用闭环控制方式来控制温度、压力、流量这一类连续变化的模拟量，PID控制系统是应用最为广泛的闭环控制系统。PID控制的原理是给被控对象一个设定值，然后通过测量元件将过程值测量出来，并与设定值进行比较，将其差值送入PID控制器，PID控制器通过运算，计算出输出值，送到执行器进行调节，其中的P、I、D指的是比例、积分、微分运算。通过这些运算，可以使被控对象追随设定值变化并使系统达到稳定，自动消除各种干扰对控制过程的影响。根据被控对象的具体情况，可以采用P、PI、PD和PID等方式，S7-1200的PID指令采用了一些改进的控制方式，还可以实现PID参数自整定。

① 典型的PLC闭环控制。典型的模拟量负反馈闭环控制系统如图6-56所示，点画线中的部分是用PLC实现的，它可以使过程变量PV_n等于或跟随设定值SP_n。以加热炉温度闭环控制系统为例，用热电偶检测被控量$c(t)$（炉温），温度变送器将热电偶输出的微弱的电压信号转换为标准量程的直流电流或直流电压$PV(t)$，PLC用模拟量输入模块中的A/D转换器，将它们转换为与温度成比例的过程变量PV_n（反馈值）。CPU将它与温度设定值SP_n进行比较，误差$e_n=SP_n-PV_n$。假设被控量温度值$c(t)$低于给定的温度值，过程变量PV_n小于设定值SP_n，误差e_n为正，经过PID控制运算，模拟量输出模块的D/A转换器将PID控制器的数字量输出值M_n转换为直流电压或直流电流$M(t)$，控制器的输出值$M(t)$将增大，使执行机构（电动调节阀）的开度增大，进入加热炉的天然气流量增加，加热炉的温度升高，最终使实际温度接近或等于设定值。

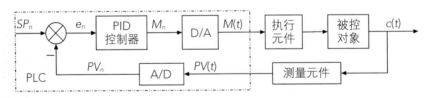

图 6-56　PLC 的闭环控制系统

模拟量与数字量之间的相互转换和PID程序的执行都是周期性的操作，其间隔时间称为采样周期T_s。各数字量中的下标n表示该变量是第n次采样时的数字量。

② 闭环控制系统主要的性能指标。由于给定输入信号或扰动输入信号的变化，使系统的输出量发生变化，在系统输出量达到稳态值之前的过程称为动态过程。系统的动态过

程的性能指标用阶跃响应的参数来描述，如图6-57所示。阶跃响应是指系统的输入信号阶跃变化时系统的输出。被控量$c(t)$从0上升，第一次到达稳态值$c(\infty)$的时间称为上升时间t_r。

一个系统要正常工作，阶跃响应曲线应该是收敛的，最终能趋近于某一个稳态值$c(\infty)$。系统进入并停留在$c(\infty) \pm 5\%$的误差带内的时间t_s称为调节时间，到达调节时间表示过渡过程已基本结束。

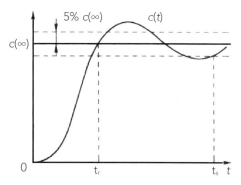

图 6-57　被控对象的阶跃响应曲线

系统的相对稳定性可以用超调量来表示。设动态过程中输出量的最大值为$c_{max}(t)$，如果它大于输出量的稳态值$c(\infty)$，定义超调量为

$$\sigma\% = \frac{c_{max}(t) - c(\infty)}{c(\infty)} \times 100\% \qquad (6\text{-}1)$$

超调量越小，动态稳定性越好。

（2）PID指令

S7-1200 PLC所支持的PID控制器回路数仅受存储器大小及程序执行时间的影响，没有具体数量的限制，可同时进行多个回路的控制。展开指令列表的"工艺"→"PID控制"→"Compact PID"选项，可以查看到有3条指令，分别为集成了调节功能的通用PID控制器指令PID_Compact、集成了阀门调节功能的PID控制器指令PID_3Step、温度PID控制器指令PID_Temp。

用户可以手动调节PID参数，也可以使用PID指令自带的自整定功能，即由PID控制器根据被控对象自动计算参数。同时，TIA博途软件还提供了调试面板，用户可以查看被控对象状态，也可直接进行参数调节。

① PID_Compact指令的算法。PID_Compact指令采集被控对象的实际过程值，与设定值进行比较，生成的偏差用于计算该控制器的输出值。PID_Compact指令是对具有比例作用的执行器进行集成调节的PID控制器，其有抗积分饱和功能，并且能够对比例作用和微分作用进行加权运算。其计算公式为

$$y = K_P[(bw - x) + \frac{1}{T_I s}(w - x) + \frac{T_D s}{aT_D s + 1}(cw - x)] \qquad (6\text{-}2)$$

式中　　y——PID算法的输出值；

　　K_P——比例增益；

　　s——拉普拉斯运算符；

　　b——比例作用权重；

　　w——设定值；

　　x——过程值；

T_I——积分作用时间；

T_D——微分作用时间；

a——微分延迟系数（$T_I=aT_D$）；

c——微分作用权重。

a. 比例增益K_P。比例部分是偏差乘以的一个系数。在误差出现时，比例控制能立即给出控制信号，使被控制量朝着误差减小的方向变化。

如果比例增益K_P太小，会使系统输出量变化缓慢，调节时间过长。增大K_P使系统反应灵敏，上升速度加快，并且可以减小稳态误差。但是K_P过大会使调节力度太强，造成调节过头，超调量增大，振荡次数增加，动态性能变坏。K_P过大甚至会使闭环系统不稳定。

b. 积分时间T_I。积分部分与误差对时间的积分成正比。因为积分时间T_I在积分项的分母中，T_I越小，积分速度越快，积分作用越强。

控制器中的积分作用与当前误差的大小和误差的累加值都有关系，只要误差不为零，控制器的输出就会因为积分作用而不断变化，误差为正时，积分项不断增大，反之不断减小。积分项有减小误差的作用，一直到系统处于稳定状态，这时误差恒为零，比例部分和微分部分均为零，积分部分才不再变化，并且刚好等于稳态时需要的控制器的输出值。因此积分部分的作用是消除稳态误差和提高控制精度，积分作用一般是必需的。

但是积分作用具有滞后特性，不像比例部分，只要误差一出现，就立即起作用。积分作用太强（即T_I太小），其累积的作用与增益过大相同，将会使超调量增大，甚至使系统不稳定。积分作用太弱（即T_I太大），则消除误差的速度太慢，T_I的值应取得适中。

c. 微分时间T_D。微分部分的输出与误差的变化速率成正比，反映了被控量变化的趋势，其作用是阻碍被控量的变化。在图6-57启动过程的上升阶段，当$c(t)<c(\infty)$时，被控量尚未超过其稳态值，超调还没有出现。但是因为被控量不断增大，误差$e(t)$不断减小，误差的导数和控制器输出的微分部分为负，减小了控制器的输出量，相当于提前给出制动作用，以阻碍被控量的上升，所以可以减少超调量。因此微分控制具有超前和预测的特性，在输出$c(t)$超出稳态值之前，就能提前给出控制作用。适当的微分控制作用可以使超调量减小，缩短调节时间，增加系统的稳定性。

对于有较大惯性或滞后的被控对象，控制器输出量变化后，要经过较长的时间才能引起反馈量的变化，如果PI控制器的控制效果不理想，可以考虑在控制器中增加微分作用，以改善系统在调节过程中的动态特性。

微分时间T_D与微分作用的强弱成正比，T_D越大，微分作用越强。但是T_D太大对误差的变化压抑过度，将会使响应曲线变化迟缓，还可能会产生频率较高的振荡。如果将T_D设置为0，微分部分将不起作用。

② 调用PID_Compact指令。调用PID_Compact指令的时间间隔称为采样时间，为了保证精确的采样时间，用固定的时间间隔执行PID指令，因此在循环中断OB中调用PID_Compact指令。

双击"项目树"的"程序块"中的"添加新块"命令，生成循环中断组织块OB30，设置其循环时间为100ms。将"PID_Compact"指令拖放到"OB30"中，弹出"调用选项"对话框。单击"确认"按钮,在"程序块"→"系统块"→"程序资源"中生成名为"PID_Compact"的函数块,生成的背景数据块"PID_Compact_1"显示在"项目树"的文件夹"工艺对象"中。在循环中断组织块OB30中生成的ST语言代码如下。

```
"PID_Compact_1"(Setpoint        := _real_in_,
               Input           := _real_in_,
               Input_PER       := _int_in_,
               Disturbance     := _real_in_,
               ManualEnable    := _bool_in_,
               ManualValue     := _real_in_,
               ErrorAck        := _bool_in_,
               Reset           := _bool_in_,
               ModeActivate    := _bool_in_,
               ScaledInput     => _real_out_,
               Output          => _real_out_,
               Output_PER      => _int_out_,
               Output_PWM      => _bool_out_,
               SetpointLimit_H => _bool_out_,
               SetpointLimit_L => _bool_out_,
               InputWarning_H  => _bool_out_,
               InputWarning_L  => _bool_out_,
               State           => _int_out_,
               Error           => _bool_out_,
               ErrorBits       => _dword_out_,
               Mode            := _int_inout_ );
```

PID_Compact指令的参数主要分为输入参数与输出参数,定义这些参数可实现控制器的控制功能,输入参数见表6-8,输出参数见表6-9。

表6-8　PID_Compact的输入参数

参数	数据类型	默认值	说明
Setpoint	Real	0.0	PID控制器在自动模式下的设定值
Input	Real	0.0	PID控制器的过程值(工程量)
Input_PER	Int	0	PID控制器的过程值(模拟量)
Disturbance	Real	0.0	扰动变量或预控制值
ManualEnable	Bool	FALSE	上升沿时激活手动模式,只要为TRUE,便无法通过ModeActivate的上升沿或使用"调试"对话框来更改工作模式。出现下降沿时会激活由Mode指定的工作模式。建议只使用ModeActivate更改工作模式

续表

参数	数据类型	默认值	说明
ManualValue	Real	0.0	手动模式下PID的输出值
ErrorAck	Bool	FALSE	错误确认，上升沿将复位ErrorBits和Warning
Reset	Bool	FALSE	重新启动控制器，上升沿或切换到"未激活"模式，清除错误；只要为TRUE不能更改工作模式
ModeActivate	Bool	FALSE	上升沿时，PID_Compact将切换到保存在Mode参数中的工作模式
Mode	Int	4	工作模式包括：Mode=0为未激活；Mode=1为预调节；Mode=2为精确调节；Mode=3为自动模式；Mode=4为手动模式

表6-9 PID_Compact的输出参数

参数	数据类型	默认值	说明
ScaledInput	Real	0.0	标定的过程值
Output	Real	0.0	PID控制器的输出值（工程量）
Output_PER	Int	0	PID控制器的输出值（模拟量）
Output_PWM	Bool	FALSE	PID控制器的输出值（脉宽调制）
SetpointLimit_H	Bool	FALSE	为TRUE时设定值达到绝对上限（Setpoint≥Config.SetpointUpperLimit）
SetpointLimit_L	Bool	FALSE	为TRUE时设定值达到绝对下限（Setpoint≤Config.SetpointLowerLimit）
InputWarning_H	Bool	FALSE	为TRUE时过程值已达到或超出警告上限
InputWarning_L	Bool	FALSE	为TRUE时过程值已达到或低于警告下限
State	Int	0	显示PID控制器的当前工作模式。State=0为未激活；State=1为预调节；State=2为精确调节；State=3为自动模式；State=4为手动模式；State=5为带错误监视的替代输出值
Error	Bool	FALSE	为TRUE时表示周期内至少有一条错误消息处于未决状态
ErrorBits	DWord	DW#16#0	ErrorBits参数显示了处于未决状态的错误消息

6.5.2.3 PID控制的组态

打开西门子博途V16，新建一个项目，添加新设备CPU1212C DC/DC/DC，版本号V4.4，生成了一个站点"PLC_1"。

（1）创建变量

双击"项目树"下的"添加新变量表"命令，添加了一个变量表"变量表_1"，创建变量如图6-58所示。

（2）在循环中断组织块中调用PID函数块

双击"项目树"下的"添加新块"命令，

		名称	数据类型	地址
1		CurrentTemp	Int	%IW64
2		Heater	Bool	%Q0.1
3		En_Manual	Bool	%I0.0
4		SetTemp	Real	%MD10

图 6-58 温度 PID 控制的变量表

弹出"添加新块"对话框。单击循环中断组织块"Cyclic interrupt",选择语言"SCL",设定循环时间100ms,然后单击"确定"按钮,添加了一个循环中断组织块。在程序编辑器中,展开指令下的"工艺"→"PID控制"→"Compact PID"选项,将函数块"PID_Compact"拖放到循环中断组织块中,弹出"调用选项"对话框,单击"确定"按钮,生成了背景数据块"PID_Compact_1"。单击"变量表_1",从"详细视图"中将变量拖放到对应引脚,生成的ST语言代码如下。

```
"PID_Compact_1"(Setpoint      := "SetTemp",
                Input_PER     := "CurrentTemp",
                ManualEnable  := "En_Manual",
                ManualValue   := 50.0,
                Output_PWM    => "Heater");
```

在程序中,变量SetTemp为设置温度;变量CurrentTemp为模拟量输入通道0的模拟值;PWM输出使用变量Heater,即通过Q0.0输出PWM对加热器进行控制,调节温度;变量En_Manual为手动操作,参数ManualValue设为50.0,即手动调节时Q0.0输出的PWM占空比为50%。

（3）PID参数的组态

① 设置PID控制器类型。控制器的类型用于选择设定值与过程值的物理量及单位。单击程序中的背景数据块"PID_Compact_1",巡视窗口显示如图6-59所示。选择"控制器类型"为"温度",单位为"℃"。

如果勾选PID控制"反转控制逻辑",则为反作用。正作用表示随着PID输出的增加（或减小）,偏差变小（或变大）;反作用表示随着PID

图 6-59 PID 的基本设置

输出的增加（或减小）,偏差变大（或变小）。如果受控值的增加会引起实际值的减小,如由于阀门开度增加而使水位下降或者由于冷却性能增加而使温度降低,则选中"反转控制逻辑"复选框。

CPU重启后激活Mode:如果勾选后,可选择所需工作模式,本例选择"自动模式";如果不勾选,则为"非激活"模式。

② Input/Output参数设置。在图6-59所示的"Input/Output参数"区域可为设定值、输入值和输出值提供参数。输入值类型可以选择"Input"或"Input_PER（模拟量）",Input为标定后的过程值,例如0~100%。Input_PER为模拟量通道值,其值为0~27648。

PID输出类型可以选择"Output_PER（模拟量）""Output""Output_PWM",Output_PER为直接输出模拟量通道值,其值为0~27648;Output为0~100%;Output_PWM

为脉宽调制输出。

在编写程序时，已经为PID控制指定了对应的输入输出变量，图6-59中会自动显示对应的变量。

（4）过程值设置

过程值可以在巡视窗口中设置，也可以在PID组态中设置。展开"项目树"下的"工艺对象"命令，双击"PID_Compact_1"下的"组态"命令，打开组态的功能视图。单击"过程值标定"选项，打开的界面如图6-60所示。在本实例中，由于温度传感器输入的0~10V转换为数字量0~27648，对应0~1000℃。因此输入参数的下限为0、上限为27648，标定过程值的下限是0，上限为1000。

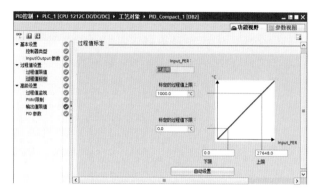

图 6-60　PID 过程值标定

单击"过程值限值"选项，打开的界面如图6-61所示。本例中要求控制温度范围为0~800℃，故设定过程值下限为0，过程值上限为800。

图 6-61　PID 过程值限值

（5）高级设置

单击"过程值监视"选项，打开的界面如图6-62所示，可以设置过程值警告上下限值。当过程值超出上下限时，PID_Compact输出错误代码16#0001。

单击"PWM限制"选项，设定最短接通时间和最短关闭时间均为0.5s。单击"PID参数"选项，选择

图 6-62　PID 过程值监视

控制器结构为"PID"，PID参数不修改，使用后面自整定后的PID参数。

6.5.2.4　PID控制的调试

为保证PID控制器能正常运行，需要设置符合实际运行系统的控制参数，但由于每套系统都不完全相同，所以每一套系统的控制参数也不尽相同。PID控制参数可以由用户自己手动设置，也可以通过TIA博途软件提供的自整定功能实现。PID自整定是按照一定的数学算法，通过外部输入信号激励系统，并根据系统的反应来确定PID参数。S7-1200提供了预调节和精确调节两种自整定方式，可通过调试面板进行整定。

单击"项目树"下的站点"PLC_1"，再单击工具栏中的"下载"按钮，将该站点下载到PLC中，在监视状态下将变量"SetTemp"的值修改为700。单击"项目树"下的

"工艺对象"→"PID_Compact_1"→"调试"选项，打开调试面板，如图6-63所示。

图6-63的上部为趋势图窗口，选择"采样时间"为0.3s，单击后面的"Start"按钮进行采样；"调节模式"下可以选择"预调节"或"精确调节"，这里选择"精确调节"，然后单击后面的"Start"按钮，则趋势图中显示过程值（绿色）、设定值（黑色）和PWM输出值（红色）。

图6-63下部的调试状态显示当前调节的进度及状态。调试过程出现错误时，可以单击"ErrorAck"按钮进行确认。"控制器的在线状态"用于显示过程值、设定值、PID输出值及控制启停PID_Compact。

接通手动按钮I0.0，则输出"Output"为50%，可以通过PWM进行手动调节温度。

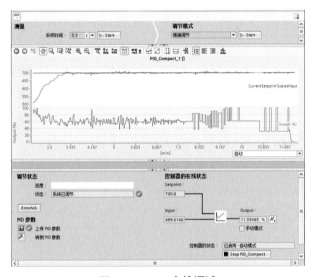

图 6-63　PID 在线调试

6.5.2.5　温度的PID控制运行

精确调节结束后显示"系统已调节"，可以单击图6-63中的"上传PID参数"按钮 ![上传PID参数]，将调试后的PID参数进行上传。单击图6-62中的"PID参数"选项，调试后的PID参数如图6-64所示，然后将该PID参数下载到PLC中就可以对温度进行PID控制。

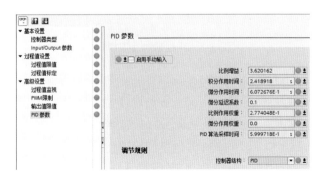

图 6-64　调试后的 PID 参数

第 7 章

PLC的通信

▶ 7.1 网络通信基础

国际标准化组织ISO提出了开放系统互连模型OSI（Open System Interconnection），作为通信网络国际标准化的参考模型，它详细描述了通信功能的7个层次（图7-1）。发送方传送给接收方的数据，实际上是经过发送方各层从上到下传递到物理层，通过物理媒体（又称介质）传输到接收方后，再经过从下到上各层的传递，最后到达接收方的应用程序。发送方的每一层协议都要在数据报文前增加一个报文头，报文头包含完成数据传输所需的控制信息，只能被接收方的同一层识别和使用。接收方的每一层只阅读本层的报文头的控制信息，并进行相应的协议操作，然后删除本层的报文头，最后得到发送方发送的数据。

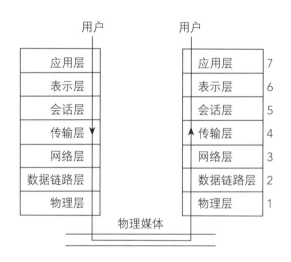

图 7-1　开放系统互连模型

① 物理层的下面是物理媒体，例如双绞线、同轴电缆和光纤等。物理层为用户提供建立、保持和断开物理连接的功能，定义了传输媒体接口的机械、电气、功能和规程的特性。RS-232C、RS-422和RS-485等就是物理层标准的例子。

② 数据链路层的数据以帧（Frame）为单位传送，每一帧包含一定数量的数据和必要的控制信息，例如同步信息、地址信息和流量控制信息。通过校验、确认和要求重发等方法实现差错控制。数据链路层负责在两个相邻节点间的链路上，实现差错控制、数据成帧和同步控制等。

③ 网络层的主要功能是报文包的分段、报文包阻塞的处理和通信子网中路径的选择。

④ 传输层的信息传送单位是报文（Message），它的主要功能是流量控制、差错控制、连接支持，传输层向上一层提供一个可靠的端到端（end-to-end）的数据传送服务。

⑤ 会话层的功能是支持通信管理和实现最终用户应用进程之间的同步，按正确的顺序收发数据，进行各种对话。

⑥ 表示层用于应用层信息内容的形式变换，例如数据加密/解密、信息压缩/解压和数据兼容，把应用层提供的信息变成能够共同理解的形式。

⑦ 应用层为用户的应用服务提供信息交换，为应用接口提供操作标准。

7.2 西门子PLC的通信

7.2.1 以太网通信

S7-1200 CPU至少集成了一个PROFINET接口，它是10Mbit/s或100Mbit/s的RJ45以太网口，支持电缆交叉自适应，可以使用标准的或交叉的以太网电缆。集成的以太网接口可支持非实时通信和实时通信等通信服务。非实时通信包括PG通信、HMI通信、S7通信、OUC（Open User Communication）通信、Modbus TCP通信和PROFINEIO通信等。实时通信可支持PROFINET IO通信，S7-1200 CPU固件V4.0或更高版本除了可以作为PROFINET IO控制器，还可以作为PROFINET IO智能设备（I-Device）；S7-1200 CPU从固件V4.1开始支持共享设备（Shared-Device）功能，可与最多2个PROFINET IO控制器连接。S7-1200 CPU的各种以太网通信服务会使用到OSI参考模型不同层级，如图7-2所示。

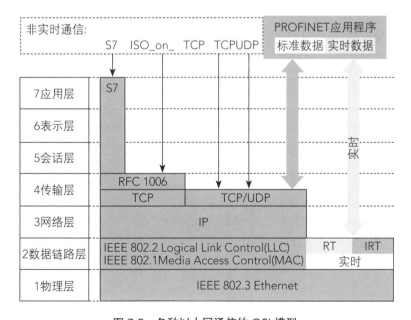

图 7-2 各种以太网通信的 OSI 模型

（1）PG通信

S7-1200 CPU的编程组态软件为TIA博途软件，使用TIA博途软件对S7-1200 CPU进行在线连接、上下载程序、调试和诊断时会使用S7-1200 CPU的PG通信功能。

（2）HMI通信

S7-1200 CPU的HMI通信可用于连接西门子的系列面板、WinCC以及一些带有S7-1200 CPU驱动的第三方HMI设备。S7-1200与第三方HMI设备连接时，需要在CPU属性的"防护与安全"中激活"允许来自远程对象的PUT/GET通信访问"选项。

（3）S7通信

S7通信作为SIMATIC的内部通信，用于SIMATIC CPU之间相互通信，该通信标准未公开，不能用于与第三方设备进行通信。基于工业以太网的S7通信协议除了使用OSI参考模型第4层传输层，还使用了模型第7层应用层。S7通信数据传输过程中除了存在传输层应答，还有应用层应答，因此，相对于OUC通信来说，S7通信是一种更加安全的通信协议。

（4）OUC通信

开放式用户通信采用开放式标准，可与第三方设备或PC进行通信，也适用于S7-300/400/1200/1500 CPU之间通信。S7-1200 CPU支持TCP、ISO-on-TCP和UDP等开放式用户通信。

TCP是TCP/IP传输层的主要协议，主要为设备之间提供全双工、面向连接、可靠安全的连接服务。传输数据时需要指定IP地址和端口号作为通信端点。TCP连接传输数据期间，不传送消息的开始和结束信息，接收方无法通过接收到的数据流来判断一条消息的开始与结束。

ISO-on-TCP是在TCP中定义了ISO传输的属性，ISO协议是通过数据包进行数据传输。ISO-on-TCP是面向消息的协议，数据传输时传送关于消息长度和消息结束标志。ISO-on-TCP是利用传输服务访问点(Transport Service Access Point，TSAP)将消息路由至接收方特定的通信端点。

UDP是一种非面向连接协议，发送数据之前，无需建立通信连接，传输数据时，只需要指定IP地址和端口号作为通信端点，不具有TCP中的安全机制，数据的传输无需伙伴方应答，因而数据传输的安全不能得到保障。

（5）Modbus TCP通信

Modbus协议是一种简单、经济和公开透明的通信协议，用于在不同类型总线或网络中设备之间的客户端/服务器通信。Modbus TCP结合了Modbus协议和TCP/IP网络标准，它是Modbus协议在TCP/IP上的具体实现，数据传输时在TCP报文中插入了Modbus应用数据单元。Modbus TCP使用TCP通信作为Modbus通信路径，通信时其将占用CPU开放式用户通信资源。

（6）PROFINET IO通信

PROFINET IO是PROFIBUS/PROFINET国际组织基于以太网自动化技术标准定义的一种跨供应商的通信、自动化系统和工程组态的模型，它是基于工业以太网的开放的现场总线，可以将分布式IO设备直接连接到工业以太网，实现从公司管理层到现场层的直接的、透明的访问。PROFINET IO主要用于模块化、分布式控制，S7-1200 CPU可使用PROFINET IO通信连接现场分布式站点（例如ET200SP、ET200MP等）。

使用PROFINET IO，现场设备可以直接连接到以太网，与PLC进行高速数据交换。PROFIBUS各种丰富的设备诊断功能同样也适用于PROFINET。

PROFINET使用以太网和TCP/IP/UDP协议作为通信基础，对快速性没有严格要求的数据使用TCP/IP协议，响应时间在100ms数量级，可以满足工厂控制级的应用。

PROFINET的实时（Real-Time，RT）通信功能适用于对信号传输时间有严格要求的场合，例如用于传感器和执行器的数据传输。通过PROFINET，分布式现场设备可以直接连接到工业以太网，与PLC等设备通信。其响应时间比PROFIBUS-DP等现场总线相同或更短，典型的更新循环时间为1~10ms，完全能满足现场级的要求。

7.2.2 [实例48] 两台S7-1200PLC的以太网通信

7.2.2.1 控制要求

有两台西门子PLC S7-1200，一台为CPU1214C AC/DC/Rly（PLC_1），版本号V4.2；另一台为CPU1212C DC/DC/DC（PLC_2），版本号V4.4，通过TCP通信实现如下控制要求。

① PLC_1控制PLC_2电动机的正反转

如果按下"正转启动"按钮，PLC_2的电动机以设定速度正转；如果按下"反转启动"按钮，PLC_2的电动机设定速度反转；如果按下"停止"按钮，PLC_2电动机停止。

② PLC_2控制PLC_1电动机的Y-△降压启动

如果按下"启动"按钮，PLC_1电动机Y形启动，根据PLC_2设定的延时时间进行延时，延时时间到，切换为运行；如果按下"停止"按钮，PLC_1电动机停止。

本实例组态与编程的输入/输出端口分配见表7-1。

表7-1　以太网通信控制的I/O端口分配表

PLC_1（CPU 1214C）			PLC_2（CPU 1212C）		
输入/输出点	输入/输出器件	作用	输入/输出点	输入/输出器件	作用
I0.0	SB1常开触点	正转启动按钮	I0.0	SB4常开触点	启动按钮
I0.1	SB2常开触点	反转启动按钮	I0.1	SB5常开触点	停止按钮
I0.2	SB3常开触点	停止按钮	Q0.0	变频器启动输入	电动机M2正转
Q0.0	接触器KM1	电动机M1的电源连接	Q0.1	变频器反转输入	电动机M2反转
Q0.1	接触器KM2	电动机M1的Y形连接	QW80	变频器模拟量输入	电动机M2调速
Q0.2	接触器KM3	电动机M1的△形连接	—	—	—

7.2.2.2 相关知识

博途软件TIA为S7-1200提供了两套OUC通信指令，一套是不带自动连接管理功能的指令TCON、TSEND/TRCV（TUSEND/TURCV）和TDISCON。TCP/ISO-on-TCP是面向连接的通信，数据交换之前首先需要建立连接，S7-1200 CPU可使用TCON指令建立通信连接。连接建立后，S7-1200 CPU就可使用TSEND和TRCV指令发送和接收数据了。通信结束后，S7-1200 CPU可使用TDISCON指令断开连接，释放通信资源。

另一套是带自动连接管理功能的指令TSEND_C、TRCV_C等，其内部集成了TCON、TSEND/TRCV（TUSEND/TURCV）和TDISCON等指令。

（1）TSEND_C指令

TSEND_C指令用于设置并建立TCP或ISO-on-TCP通信连接，并通过已经建立的连接发送数据。设置并建立连接后，CPU会自动保持并监视该连接。展开程序编辑器右边"指令"下的"通信"→"开放式用户通信"选项，将指令"TSEND_C"拖放到程序中，弹出"调用背景数据块"对话框，单击"确定"按钮，生成了一个名称为"TSEND_C_DB"的背景数据块。指令的格式如下，该指令的输入输出参数见表7-2。

```
"TSEND_C_DB"(REQ      := _bool_in_,
             CONT     := _bool_in_,
             LEN      := _udint_in_,
             DONE     => _bool_out_,
             BUSY     => _bool_out_,
             ERROR    => _bool_out_,
             STATUS   => _word_out_,
             CONNECT  := _variant_inout_,
             DATA     := _variant_inout_,
             ADDR     := _variant_inout_,
             COM_RST  := _bool_inout_);
```

① 设置并建立通信连接。参数CONNECT中指定的连接描述用于设置通信连接。通过CONT=TRUE设置并建立通信连接。连接成功建立后，参数 DONE将置位为TRUE并持续一个周期。CPU进入STOP模式后，将终止现有连接并移除已设置的连接。要再次设置并建立该连接，需要再次执行"TSEND_C"。

② 通过现有通信连接发送数据。通过参数DATA可指定发送区，包括要发送数据的地址和长度。在参数REQ中检测到上升沿时执行发送。使用参数LEN可指定通过一个发送作业发送的最大字节数。发送数据时，参数CONT的值必须为TRUE才能建立或保持连接。在发送作业完成前不允许编辑要发送的数据。如果发送成功执行，则参数DONE将设置为TRUE。请勿在DATA参数中使用数据类型为BOOL或Array of BOOL的数据区。如果在参数DATA中使用纯符号值，则 LEN参数的值必须为0。

③ 终止通信连接。参数CONT设为FALSE时，即使当前进行的数据传送尚未完成，也

将终止通信连接。

表7-2　TSEND_C的参数说明

参数	声明	数据类型	说明
REQ	Input	BOOL	上升沿启动发送
CONT	Input	BOOL	FALSE—断开；TRUE—连接
LEN	Input	UINT	要发送的最大字节数。使用符号值，必须为0
CONNECT	InOut	TCON_Param	指向连接描述的指针
DATA	InOut	VARIANT	指向发送区的指针，包含地址和长度
ADDR	InOut	VARIANT	UDP使用的隐藏参数
COM_RST	InOut	BOOL	重启该指令
DONE	Output	BOOL	TRUE—成功；FALSE—未启动或正在执行
BUSY	Output	BOOL	FALSE—完成；TRUE—还没有完成，不能启动新任务
ERROR	Output	BOOL	FALSE—无错误；TRUE—任务出错
STATUS	Output	WORD	指令的状态

（2）TRCV_C指令

TRCV_C指令用于设置并建立TCP或ISO-on-TCP通信连接，并通过已经建立的连接接收数据。设置并建立连接后，CPU会自动保持和监视该连接。将指令TRCV_C拖放到程序中，弹出调用背景数据块对话框，单击"确定"按钮，生成了一个名称为"TRCV_C_DB"的实例。指令的格式如下，该指令的输入输出参数见表7-3。

```
"TRCV_C_DB"(EN_R    := _bool_in_,
        CONT    := _bool_in_,
        LEN     := _udint_in_,
        ADHOC   := _bool_in_,
        DONE    => _bool_out_,
        BUSY    => _bool_out_,
        ERROR   => _bool_out_,
        STATUS  => _word_out_,
        RCVD_LEN => _udint_out_,
        CONNECT := _variant_inout_,
        DATA    := _variant_inout_,
        ADDR    := _variant_inout_,
        COM_RST := _bool_inout_);
```

① 设置并建立通信连接。参数CONNECT中指定的连接描述用于设置通信连接。要建立连接，参数CONT的值必须设置为值TRUE。成功建立连接后，参数DONE将被设置为TRUE。

CPU进入STOP模式后，将终止现有连接并移除已设置的连接。要再次设置并建立该连接，需要再次执行"TRCV_C"。

②通过现有通信连接接收数据。如果参数EN_R的值设置为TRUE，则启用数据接收。接收数据时，参数CONT的值必须为TRUE才能建立或保持连接。接收到的数据将输入接收区中。根据所用的协议选项，接收区长度通过参数LEN指定或者通过参数DATA的长度信息来指定。如果在参数DATA中使用纯符号值，则LEN参数的值必须为0。

成功接收数据后，参数DONE的信号状态为TRUE。如果数据传送过程中出错，参数DONE将设置为FALSE。

③终止通信连接。参数CONT设置为FALSE时，将立即终止通信连接。

表7-3 TRCV_C的参数说明

参数	声明	数据类型	说明
EN_R	Input	BOOL	TRUE—启用接收功能
CONT	Input	BOOL	FALSE—断开；TRUE—连接
LEN	Input	UDINT	待接收的最大字节数。使用符号值，必须为0
ADHOC	Input	BOOL	可选参数
CONNECT	InOut	TCON_Param	指向连接描述的指针
DATA	InOut	VARIANT	指向接收区的指针，包含地址和长度
ADDR	InOut	VARIANT	UDP使用的隐藏参数
COM_RST	InOut	BOOL	重启该指令
DONE	Output	BOOL	TRUE—成功；FALSE—未启动或正在执行
BUSY	Output	BOOL	FALSE—完成；TRUE—还没有完成，不能启动新任务
ERROR	Output	BOOL	FALSE—无错误；TRUE—任务出错
STATUS	Output	WORD	指令的状态
RCVD_LEN	Output	UINT	实际接收到的字节数量

7.2.2.3 通信的组态

（1）组态CPU的硬件

首先新建一个项目，单击"项目树"中的"添加新设备"命令，添加一块CPU1214C AC/DC/Rly，版本号为V4.2，生成站点的默认名称为"PLC_1"。双击站点"PLC_1"下的"设备组态"选项，打开设备视图。选中巡视窗口的"属性"→"常规"→"系统和时钟存储器"选项，启用MB0为时钟存储器字节。

在网络视图中，从右边的硬件目录下将一块CPU1212C DC/DC/DC（版本号V4.4）拖放到网络视图中，生成站点的默认名称为"PLC_2"。选中该CPU，单击巡视窗口的"属性"→"常规"→"系统和时钟存储器"选项，启用MB0为时钟存储器字节。打开PLC_2的设备视图，展开硬件目录下的"信号板"→"AQ"→"AQ 1×12BIT"选项，将订货号6ES7 232-4HA30-0XB0拖放到CPU面板的方框中，从巡视窗口可以看到通道0的输出地址为QW80，输出类型为电压±10V。

（2）组态通信网络

在网络视图中，单击"网络设备"按钮 🔓 网络，用鼠标左键选中PLC_1的以太网接口不放，将其拖放到PLC_2的以太网接口上，松开鼠标指针，将会生成如图7-3所示的绿色的以太网线以及"PN/IE_1"连接。

选中PLC_1的CPU左下角表示以太网接口的绿色小方框，然后选中巡视窗口的"属性"→"常规"→"以太网地址"选项，PN接口默认的IP地址为192.168.0.1，默认的子网掩码为255.255.255.0。按照同样的方法可以查看PLC_2的IP地址为192.168.0.2，默认子网掩码为255.255.255.0。单击

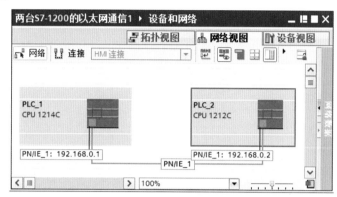

图 7-3 网络组态

"显示地址"按钮 📇，可以显示PLC_1和PLC_2的IP地址。

7.2.2.4 PLC_1编程

（1）添加自定义数据类型和数据块

双击"项目树"的PLC数据类型下的"添加新数据类型"命令，创建一个名为"SendData"的数据类型，添加变量如图7-4（a）所示，用于发送数据；再创建一个名为"RcvData"的数据类型，添加变量如图7-4（b）所示，用于接收数据。

双击程序块下的"添加新块"命令，添加一个全局数据块"SendRcvData"，添加变量"SendToPLC2"，数据类型选择"SendData"。

SendData

		名称	数据类型	默认值
1	🔵	xForwardStart	Bool	false
2	🔵	xBackwardStart	Bool	false
3	🔵	xStop	Bool	false
4	🔵	iSpeed	Int	0

（a）自定义数据类型 "SendData"

RcvData

		名称	数据类型	默认值
1	🔵	xStart	Bool	false
2	🔵	xStop	Bool	false
3	🔵	tChangeTime	Time	T#0ms

（b）自定义数据类型 "RcvData"

图 7-4 PLC_1 的自定义数据类型

（2）编写函数块"SendAndRcvPLC1"

函数块"SendAndRcvPLC1"用于将PLC_1的数据发送到PLC_2并接收来自PLC_2的数据控制本机电动机的Y-△降压启动。展开"项目树"下的程序块，双击"添加新块"命令，添加一个"函数块FB"，命名为"SendAndRcvPLC1"，语言选择"SCL"。打开该函数，创建接口参数如图7-5所示。输入参数"xSendReq"用于发送请求，

"SendToPLC2"为发送到PLC_2的数据。输出参数主接触器"xMainContactor"、Y形接触器"xStarContactor"和△形接触器"xTriangleContactor"用于对本机电动机的Y-△降压启动控制。

在编辑区编写ST语言代码如下。

SendAndRcvPLC1				
	名称		数据类型	默认值
1	▼ Input			
2	xSendReq		Bool	false
3	▶ SendToPLC2		"SendData"	
4	▼ Output			
5	xTriangleContactor		Bool	false
6	▼ InOut			
7	xMainContactor		Bool	false
8	xStarContactor		Bool	false
9	▼ Static			
10	▶ RcvFromPLC2		"RcvData"	
11	▶ TON1		TON_TIME	
12	xVar		Bool	false
13	▶ TSEND_C_Instance		TSEND_C	
14	▶ TRCV_C_Instance		TRCV_C	
15	▶ Temp			
16	▶ Constant			

图7 5 函数块"SendAndRcvPLC1"的接口参数

```
(*************** 发送和接收函数块 *********************
输入：xSendReq—发送请求，1—发送；SendToPLC2—发送到 PLC2 的数据
输入 / 输出：xMainContactor—主接触器；xStarContactor—Y 形接触器
        xTriangleContactor—△形接触器
*)
// 当 xSendReq 为 TRUE 时，发送 SendToPLC2 的数据
#TSEND_C_Instance(REQ      := #xSendReq,
            CONNECT  := "PLC_1_Send_DB",
            DATA     := #SendToPLC2, CONT := TRUE);
// 将接收到的数据保存到 RcvFromPLC2
#TRCV_C_Instance(EN_R      := 1,
            CONNECT  := "PLC_1_Send_DB",
            DATA     := #RcvFromPLC2, CONT := TRUE);
// 如果接收到启动，△形连接未接通，主接触器和 Y 形接触器连接，电动机 Y 形启动
IF #RcvFromPLC2.xStart AND NOT #xTriangleContactor THEN
    #xMainContactor := TRUE;
    #xStarContactor := TRUE;
ELSIF #RcvFromPLC2.xStop THEN   // 如果接收到停止，输出全部为 FALSE，电
动机停止
    #xMainContactor := FALSE;
    #xStarContactor := FALSE;
    #xTriangleContactor := FALSE;
END_IF;
```

```
//Y 形启动后，按照来自 PLC_2 的延时时间进行延时
#TON1(IN := #xStarContactor,
     PT := #RcvFromPLC2.tChangeTime,
     Q  => #xVar);
// 延时时间到，Y 形连接断开，△形接触器接通
IF #xVar THEN
    #xStarContactor := FALSE;
    #xTriangleContactor := TRUE;
END_IF;
```

① TSEND_C指令的编写。在程序中，展开程序编辑器右边"指令"下的"通信"→"开放式用户通信"选项，将指令"TSEND_C"拖放到程序中，弹出"调用选项"对话框，选择"多重实例"命令，单击"确定"按钮，生成了一个名称为"TSEND_C_Instance"的实例。

单击程序中的"TSEND_C_Instance"，然后选择下面巡视窗口中的"组态"→"连接参数"选项，如图7-6所示。在右边窗口中，单击"伙伴"下的"端点"选择框右边的▼按钮，从下拉列表中选择通信伙伴为PLC_2，两台PLC图标之间出现绿色的连线。

单击PLC_1下面的"连接数据"选择框右边的▼按钮，从下拉列表中选择"<新建>"选项，自动生成了一个名称为"PLC_1_Send_DB"的连接数据块，"连接ID"为"1"，"连接类型"为"TCP"。按照同样的方法，在PLC_2下生成连接数据块"PLC_2_Receive_DB"，"连接ID"为"1"，PLC_1"为主动建立连接"。

从接口参数区将参数xSendReq拖放到REQ的引脚，将参数SendToPLC2拖放到DATA的引脚，则当xSendReq为TRUE时，将发送数据SendToPLC2发送到PLC_2。

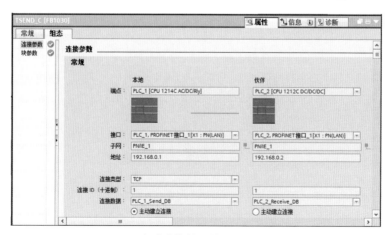

图 7-6　自动连接管理的 TCP 通信组态

② TRCV_C指令的编写。从"开放式用户通信"下将指令TRCV_C拖放到程序中，弹出"调用选项"对话框，选择"多重实例"选项，单击"确定"按钮，生成了一个名称为"TRCV_C_Instance"的实例。

单击程序中的"TRCV_C_Instance",然后选择下面巡视窗口中的"组态"→"连接参数"选项,在右边窗口中,单击"伙伴"下的"端点"选择框右边的▾按钮,从下拉列表中选择通信伙伴为PLC_2。单击PLC_1下面的"连接数据"选择框右边的▾按钮,从下拉列表中选择已经建立的"PLC_1_Send_DB"。在PLC_2下,选择已经建立的连接数据"PLC_2_Receive_DB",两个PLC下的连接ID都为1。

将参数EN_R设为1,一直保持接收状态;从接口参数区将变量RcvFromPLC2拖放到DATA的引脚,则将接收到的数据保存到RcvFromPLC2中。

③ 输出控制。如果接收到来自PLC_2的启动信号xStart为TRUE,并且未在△连接情况下,将主接触器xMainContactor和Y形接触器xStarContactor都置位为TRUE,电动机以Y形连接启动。

如果接收到停止信号xStop为TRUE,使输出都为FALSE,则电动机停止。

在Y形连接启动下,定时器以PLC_2设定的延时tChangeTime进行延时,延时时间到,将xStarContactor变为FALSE,Y形连接断开;将xTriangleContactor变为TRUE,△形连接接通,电动机由Y形连接启动切换为△形连接启动。

(3)在循环程序中调用函数块

按照图7-9(a)所示在变量表中对应物理地址创建变量。打开"OB1",从"项目树"下将函数块"SendAndRcvPLC1"拖放到OB1中,弹出"调用选项"对话框,单击"确定"按钮,添加了该函数块的背景数据块"SendAndRcvPLC1_DB"。单击PLC变量表和数据块"SendRcvData",从"详细视图"中将变量拖放到背景数据块对应的引脚,编写后的代码如下。

```
(*****************PLC_1 的循环组织块 OB1*********************)
// 外设信号传送到数据块进行发送
"SendRcvData".SendToPLC2.xForwardStart := "xForwardStart";
"SendRcvData".SendToPLC2.xBackwardStart := "xBackwardStart";
"SendRcvData".SendToPLC2.xStop := "xStop";
"SendRcvData".SendToPLC2.iSpeed := "iPresetSpeed";
// 调用函数块, 每 0.1s 发送一次数据, 用接收到的数据控制外设
"SendAndRcvPLC1_DB"(xSendReq:="Clock_10Hz",
                SendToPLC2:="SendRcvData".SendToPLC2,
                xMainContactor:="xMainContactor",
                xStarContactor:="xStarContactor",
                xTriangleContactor:="xTriangleContactor");
```

在程序中,将正转启动xForwardStart、反转启动xBackwardStart、停止xStop和设定速度iPresetSpeed送入数据块SendRcvData的SendToPLC2中。然后调用函数块SendAndRcvPLC1每0.1s将SendToPLC2发送一次,并通过输出xMainContactor、xStarContactor、xTriangleContactor分别控制电动机的主接触器、Y形接触器和△形接

触器。

7.2.2.5 PLC_2编程

（1）添加自定义数据类型和数据块

双击"项目树"的PLC数据类型下的"添加新数据类型"选项，创建一个名为"SendData"的数据类型，添加变量如图7-7（a）所示，与PLC_1的RcvData相同，用于发送数据；再创建一个名为"RcvData"的数据类型，添加变量如图7-7（b）所示，与PLC_1的SendData相同，用于接收数据。

双击程序块下的"添加新块"命令，添加一个全局数据块"SendRcvData"，添加变量"SendToPLC1"，"数据类型"选择"SendData"。

SendData

		名称	数据类型	默认值
1		xdStart	Bool	false
2		xStop	Bool	false
3		tChangeTime	Time	T#0ms

（a）自定义数据类型"SendData"

RcvData

		名称	数据类型	默认值
1		xForwardStart	Bool	false
2		xBackwardStart	Bool	false
3		xStop	Bool	false
4		iSpeed	Int	0

（b）自定义数据类型"RcvData"

图 7-7　PLC_2 的自定义数据类型

（2）编写函数块"SendAndRcvPLC2"

函数块"SendAndRcvPLC2"用于将PLC_2的数据发送到PLC_1并接收来自PLC_1的数据控制本机电动机的正反转。展开在"项目树"下的程序块，双击"添加新块"命令，添加一个"函数块FB"，命名为"SendAndRcvPLC2"，语言选择"SCL"。打开该函数，创建接口参数如图7-8所示。输入参数"xSendReq"用于发送请求，"SendToPLC1"为发送到PLC_1的数据。输出参数"xForward""xBackward"和"iAnalog"用于对本机电动机的正反转和调速控制。

在编辑区编写ST语言代码如下。

SendAndRcvPLC2

		名称	数据类型	默认值
1		▼ Input		
2		■ xSendReq	Bool	false
3		■ ▶ SendToPLC1	"SendData"	
4		▼ Output		
5		■ xForward	Bool	false
6		■ xBackward	Bool	false
7		■ iAnalog	Int	0
8		▶ InOut		
9		▼ Static		
10		▶ RcvFromPLC1	"RcvData"	
11		▶ TSEND_C_Instance	TSEND_C	
12		▶ TRCV_C_Instance	TRCV_C	
13		▼ Temp		
14		rlTempSpeed	Real	
15		▶ Constant		

图 7-8　函数块"SendAndRcvPLC2"的接口参数

(＊＊＊＊＊＊＊＊＊＊＊＊＊＊ 发送和接收函数块 ＊＊＊＊＊＊＊＊＊＊＊＊＊＊＊＊＊＊

输入：xSendReq—发送请求，1—发送；SendToPLC1—发送到 PLC1 的数据

输出：xForward—正转控制；xBackward—反转控制；iAnalog—模拟量调速

＊)

// 当 xSendReq 为 TRUE 时，发送 SendToPLC1 的数据

```
#TSEND_C_Instance(REQ      := #xSendReq,
                  CONNECT := "PLC_2_Receive_DB_1",
                  DATA    := #SendToPLC1, CONT := TRUE);
```

// 将接收到的数据保存到 RcvFromPLC1

```
#TRCV_C_Instance(EN_R    := 1,
                 CONNECT := "PLC_2_Receive_DB_1",
                 DATA    := #RcvFromPLC1, CONT := TRUE);
```

// 如果接收到正转启动，没有反转启动，正转输出 TRUE，反转输出 FALSE

```
IF #RcvFromPLC1.xForwardStart AND NOT #RcvFromPLC1.
xBackwardStart THEN
    #xForward := TRUE;
    #xBackward := FALSE;
ELSIF #RcvFromPLC1.xStop THEN // 如果接收到停止，正转输出为 FALSE
    #xForward := FALSE;
END_IF;
```

// 如果接收到反转启动，没有接收到正转启动，正转输出为 FALSE，反转输出为 TRUE

```
IF #RcvFromPLC1.xBackwardStart AND NOT #RcvFromPLC1.
xForwardStart THEN
    #xForward := FALSE;
    #xBackward := TRUE;
ELSIF #RcvFromPLC1.xStop THEN  // 如果接收到停止，反转输出为 FALSE
    #xBackward := FALSE;
END_IF;
```

// 将接收到设定速度标准化为 0.0~0.1

```
#rlTempSpeed := NORM_X(MIN := 0, VALUE := #RcvFromPLC1.iSpeed,
MAX := 1430);
```

// 将标准化速度缩放为 0~27648

```
#iAnalog := SCALE_X(MIN := 0, VALUE := #rlTempSpeed, MAX :=
27648);
```

在程序中，TSEND_C指令与TRCV_C指令的编写与PLC_1相同，只不过在组态"连接参数"时，"本地"与"伙伴"进行了互换，"本地"变成了PLC_2，选择"伙伴"为

PLC_1。单击PLC_2下面的"连接数据"选择框右边的▼按钮，从下拉列表中选择已经建立的"PLC_2_Receive_DB"即可。

如果接收到来自PLC_1的正转启动信号xForwardStart为TRUE，将正转输出xForward赋值为TRUE，反转输出xBackward赋值为FALSE，电动机正转启动。如果接收到xStop为TRUE，xForward变为FALSE，电动机正转停止。

如果接收到来自PLC_1的反转启动信号xBackwardStart为TRUE，将反转输出xBackward赋值为TRUE，正转输出xForward赋值为FALSE，电动机反转启动。如果接收到xStop为TRUE，xBackward变为FALSE，电动机反转停止。

将接收到的速度iSpeed（范围0~1430r/min）线性标准化为0.0~1.0，然后线性缩放为0~27648，赋值给iAnalog，输出模拟量进行调速。

（3）在循环程序中调用函数块

按照图7-9（b）所示的对应物理地址在变量表中创建变量。打开"OB1"，从"项目树"下将函数块"SendAndRcvPLC2"拖放到OB1中，弹出"调用选项"对话框，单击"确定"按钮，添加了该函数块的背景数据块"SendAndRcvPLC2_DB"。单击PLC变量表和数据块"SendRcvData"，从"详细视图"中将变量拖放到背景数据块对应的引脚，编写后的代码如下。

```
(******************PLC_2的循环组织块OB1**************************)
// 外设信号传送到数据块进行发送
"SendRcvData".SendToPLC1.xdStart := "xStart";
"SendRcvData".SendToPLC1.xStop := "xStop";
"SendRcvData".SendToPLC1.tChangeTime := "tPresetTime";
// 调用函数块，每0.1s发送一次数据，用接收到的数据控制外设
"SendAndRcvPLC2_DB"(xSendReq    := "Clock_10Hz",
            SendToPLC1 := "SendRcvData".SendToPLC1,
            xForward   => "xForwardContactor",
            xBackward  => "xBackwardContactor",
            iAnalog    => "iAnalogOut");
```

在程序中，将启动xStart、停止xStop和设定时间tPresetTime送入数据块SendRcvData的SendToPLC1中。然后调用函数块SendAndRcvPLC2每0.1s将SendToPLC1发送一次，并通过输出xForward、xBackward、iAnalog分别控制电动机的启动、停止和通过模拟量输出对电动机进行调速。

7.2.2.6 仿真运行

在"项目树"下的项目上使用鼠标右键单击，在弹出的快捷菜单中选择"属性"→"保护"选项，勾选"块编译时支持仿真"复选框。单击站点"PLC_1"，再单击工具栏中的"启动仿真"按钮，打开仿真器。新建一个仿真项目，并将"PLC_1"站点下载到IP地址为192.168.0.1的仿真器中。单击工具栏中的按钮，使PLC_1运行。

单击站点"PLC_2",再单击工具栏中的"启动仿真"按钮![icon],再打开一个仿真器。新建一个仿真项目,并将"PLC_2"站点下载到IP地址为192.168.0.2的仿真器中。单击工具栏中的![icon]按钮,使PLC_2运行。

分别打开两个仿真器项目树下的"SIM表格_1",单击表格工具栏中的![icon]按钮,将项目变量加载到表格中,如图7-9所示。

（1）PLC_1控制PLC_2的电动机正反转

在图7-9（a）所示的PLC_1仿真器中,单击SIM表工具栏中的"启用非输入修改"按钮![icon],将变量"iPresetSpeed"的值修改为1000,单击变量"xForwardStart"的按钮。在图7-9（b）所示的仿真器中,变量"xForwardContactor"变为TRUE,PLC_2的电动机正转启动,输出"19334"对应的模拟量,通过变频器进行调速。单击变量"xBackwardStart"的按钮,PLC_2电动机反转。单击变量"xStop"的按钮,PLC_2电动机停止。

（2）PLC_2控制PLC_1的电动机Y-△启动

在图7-9（b）中,单击SIM表工具栏中的"启用非输入修改"按钮![icon],将变量"tPresetTime"的值修改为T#10s,单击变量"xStart"的按钮。在图7-9（a）中,"xMainContactor"和"xStarContactor"同时为"TRUE",PLC_1的电动机Y形连接启动,同时定时器TON1的当前值ET在延时。延时时间到,"xStarContactor"变为FALSE,"xTriangleContactor"变为TRUE,由Y形启动切换为△形连接运行。单击"xStop"按钮,输出都变为"FALSE",电动机停止。

（a）PLC_1仿真运行

（b）PLC_2仿真运行

图7-9 以太网通信的PLC_1与PLC_2仿真

7.2.3 [实例49] 两台S7-1200PLC基于以太网的S7通信

7.2.3.1 控制要求

有两台西门子PLC S7-1200,一台为CPU1214C AC/DC/Rly,版本号V4.2,作为服务器;另一台为CPU1212C DC/DC/DC,版本号V4.4,作为客户机,通过S7通信实现如下控制要求。

①客户机向服务器发送启动、停止和设定速度,对服务器水泵进行启停和调速控制。

②服务器向客户机发送水泵的运行状态和测量压力（传感器测量范围0~10kPa,输出0~10V）。

本实例组态与编程的输入/输出端口分配见表7-4。

表7-4　S7通信控制的I/O端口分配表

服务器（CPU 1214C）			客户机（CPU 1212C）		
输出点	输出器件	作用	输入点	输入器件	作用
Q0.0	接触器KM1	水泵	I0.0	SB1常开触点	启动按钮
			I0.1	SB2常开触点	停止按钮

7.2.3.2　相关知识

（1）S7-1200基于以太网的S7通信

S7-1200 CPU与其他S7-300/400/1200/1500 CPU通信可采用多种通信方式，但是最常用、最简单的还是S7通信。S7协议是西门子自动化产品的专有协议，它是面向连接的协议，在进行数据交换之前，必须与通信伙伴建立连接。面向连接的协议具有较高的安全性。

连接是指两个通信伙伴之间为了执行通信服务建立的逻辑链路，而不是指两个站之间用物理媒体（如电缆）实现的连接。S7连接是需要组态的静态连接，静态连接要占用CPU的连接资源。基于连接的通信分为单向连接和双向连接，S7-1200仅支持S7单向连接。

单向连接中的客户机（Client）是向服务器（Server）请求服务的设备，S7-1200 CPU进行S7通信时，需要在客户端调用PUT/GET指令。"PUT"指令用于将数据写入服务器CPU，"GET"指令用于从服务器CPU中读取数据。服务器是通信中的被动方，用户不用编写服务器的S7通信程序。因为客户机可以读、写服务器的存储区，单向连接实际上可以双向传输数据。V2.0及以上版本的S7-1200 CPU的PROFINET通信口可以作S7通信的服务器或客户机。

（2）PUT指令

PUT指令用于将数据写入伙伴CPU。展开右边"指令"下的"通信"→"S7通信"选项，将PUT指令拖放到程序中，在弹出的"调用选项"对话框中，单击"确定"按钮，自动生成了一个名为"PUT_DB"的背景数据块，指令格式如下。

```
"PUT_DB"(REQ    := _bool_in_,
         ID     := _word_in_,
         DONE   => _bool_out_,
         ERROR  => _bool_out_,
         STATUS => _word_out_,
         ADDR_1 := _remote_inout_,
         ADDR_2 := _remote_inout_,
         ADDR_3 := _remote_inout_,
         ADDR_4 := _remote_inout_,
```

```
SD_1    := _variant_inout_,
SD_2    := _variant_inout_,
SD_3    := _variant_inout_,
SD_4    := _variant_inout_);
```

参数REQ（Bool）用于触发PUT指令的执行，上升沿触发。

参数ID（Word）为S7通信连接的ID，该连接ID在组态S7连接时生成。

参数ADDR_x（Remote）是指向伙伴CPU写入区域的指针，包含数据的地址和长度。如果写入区域为数据块，则该数据块必须为标准访问的数据块，不支持优化访问。

参数SD_x（Variant）是指向本地CPU发送区域的指针。本地数据区域可支持优化访问或标准访问。

参数DONE（Bool），数据被成功写入伙伴CPU，则接通一个扫描周期。

参数ERROR（Bool）为"1"时表示执行任务出错，参数STATUS（Word）保存出错的详细信息。

（3）GET指令

GET指令用于从伙伴CPU读取数据。将GET指令拖放到程中，自动生成一个名为"GET_DB"的背景数据块，指令格式如下。

```
"GET_DB"(REQ    := _bool_in_,
        ID     := _word_in_,
        NDR    => _bool_out_,
        ERROR  => _bool_out_,
        STATUS => _word_out_,
        ADDR_1 := _remote_inout_,
        ADDR_2 := _remote_inout_,
        ADDR_3 := _remote_inout_,
        ADDR_4 := _remote_inout_,
        RD_1   := _variant_inout_,
        RD_2   := _variant_inout_,
        RD_3   := _variant_inout_,
        RD_4   := _variant_inout_);
```

ADDR_x是指向伙伴CPU待读取区域的指针，将其数据读取到参数RD_x指向的区域。RD_x是指向本地CPU要写入区域的指针。NDR是伙伴CPU数据被成功读取后接通一个扫描周期。其余参数与PUT的参数含义相同。

7.2.3.3 S7通信组态

打开博途软件创建一个新项目，单击"项目树"中的"添加新设备"命令，添加一块CPU1214C AC/DC/Rly，版本号为V4.2，生成站点的名称修改为"Server"。双击

"Server"的CPU，进入设备视图，单击巡视窗口中的"防护与安全"下的"连接机制"，勾选"允许来自远程对象的PUT/GET通信访问"复选框。从硬件目录下将模拟量输出信号板AQ拖放到CPU中间的方框中。

单击"网络视图"选项卡，从右边的硬件目录中将CPU1212C DC/DC/DC（版本号V4.4）拖放到网络视图中，将其名称修改为"Client"。单击该CPU，选中巡视窗口的"属性"→"常规"→"系统和时钟存储器"选项，启用MB0为时钟存储器字节。

打开网络视图，单击"连接"按钮🔲 连接，从右侧的下拉列表中选择"S7连接"选项。将鼠标指针放置在"Client"的PN口（绿色）上，按住左键不放，拖动到"Server"的PN口，即添加了一个名为"S7_连接_1"的S7连接，如图7-10所示。单击网络视图中的🔲按钮，可以看到"Server"的IP地址为192.168.0.1，"Client"的IP地址为192.168.0.2。

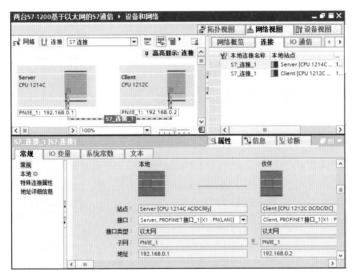

图 7-10　S7 通信组态

7.2.3.4　服务器端编程

（1）添加数据块

在"项目树"的"Server"站点下，双击"添加新块"命令，添加一个全局数据块"ServerData"，如图7-11所示。创建结构体变量"RcvFromClient"，用于接收来自客户机的数据，包括启动xStart、停止xStop和设定速度iPresetSpeed；再创建结构体变量"SendToClient"，用于发送数据到客户机，包括运行状态xRunStatus和测量压力iPressure。由于S7通信时客户机读写服务器端的数据块时，服务器端的数据块不能是优化的数据块，所以在"项目树"下该数据块上使用鼠标右键单击，选择"属性"选项，取消勾选"优化的块访问"复选框，显示"偏移量"列。单击工具栏中的"编译"按钮🔲对数据块进行编译，编译后"偏移量"列显示各变量的偏移地址。

		名称		数据类型	偏移量	起始值
			ServerData			
1	🔲	▼	Static			
2	🔲	■ ▼	RcvFromClient	Struct	0.0	
3	🔲	■	xStart	Bool	0.0	false
4	🔲	■	xStop	Bool	0.1	false
5	🔲	■	iPresetSpeed	Int	2.0	0
6	🔲	■ ▼	SendToClient	Struct	4.0	
7	🔲	■	xRunStatus	Bool	4.0	false
8	🔲	■	iPressure	Int	6.0	0

图 7-11　数据块"ServerData"

（2）编写程序

按照图7-14（a）所示在变量表中对应物理地址创建变量。打开"OB1"，编写ST程序如下。

```
(*        S7 通信的服务器端循环程序 OB1        *)
// 接收到来自客户机启动，水泵启动；接收到停止，水泵停止
IF "ServerData".RcvFromClient.xStart THEN
    "xPump" := TRUE;
ELSIF "ServerData".RcvFromClient.xStop THEN
    "xPump" := FALSE;
END_IF;
// 将设定速度 0~1430 换算为 0~27648，送到模拟量输出进行调速
"iSpeedAdjust":=REAL_TO_INT(
(INT_TO_REAL("ServerData".RcvFromClient.iPresetSpeed) / 1430.0 *
27648.0));
// 将水泵的运行状态和测量压力返回给客户机
"ServerData".SendToClient.xRunStatus := "xPump";
"ServerData".SendToClient.iPressure := "iPressureMeasure";
```

由于S7-1200的S7通信只能用单向连接，服务器端不需要编写通信程序。在程序中，如果接收到来自客户机的启动xStart为TRUE，那么将xPump置为TRUE，水泵启动；如果接收到停止xStop为TRUE，那么将xPump置为FALSE，水泵停止。

假设水泵的额定速度为1430r/min，可以将接收到来自客户机的设定速度iPresetSpeed先转换为实数，然后除以1430再乘以27648，再将实数结果转换为整数送给iSpeedAdjust，输出模拟量进行调速。

将水泵的运行状态和测量压力送给发送客户机的结构体元素xRunStatus和iPressure，由客户机读取。

7.2.3.5 客户机端编程

（1）添加数据块

在"项目树"的Client站点下，双击"添加新块"命令，添加一个全局数据块"ClientData"，如图7-12所示。创建结构体变量"RcvFromServer"，用于接收来自服务器的数据，与服务器端结构体"SendToClient"对应；再创建结构体变量"SendToServer"，用于发送数据到服务器，与服务器端结构体"RcvFromClient"对应。客户端数据块可以使用优化的数据块或标准数据块。

		名称	数据类型	偏移量	起始值
		ClientData			
1	▼	Static			
2	■ ▼	RcvFromServer	Struct	0.0	
3	■	xRun	Bool	0.0	false
4	■	iPressure	Int	2.0	0
5	■ ▼	SendToServer	Struct	4.0	
6	■	xStart	Bool	4.0	false
7	■	xStop	Bool	4.1	false
8	■	iPresetSpeed	Int	6.0	0
9	■	iShowPressure	Int	8.0	0

图 7-12　数据块"ClientData"

（2）编写程序

按照图7-14（b）所示的对应物理地址在变量表中创建变量。打开"OB1"，编写ST程序如下。

```
(*          S7 通信的客户机循环程序 OB1          *)
// 将客户端的结构体 SendToServer 发送到服务器 DB1 中地址从 0 开始的 4 个字节中
"PUT_DB"(REQ   := "Clock_10Hz",
        ID    := W#16#100,
        ADDR_1 := p#DB1.DBX0.0 BYTE 4,
        SD_1  := "ClientData".SendToServer);
// 读取服务器 DB1 中地址从 4 开始的 4 个字节到 RcvFromServer 中
"GET_DB"(REQ   := "Clock_10Hz",
        ID    := W#16#100,
        ADDR_1 := P#DB1.DBX4.0 BYTE 4,
        RD_1  := "ClientData".RcvFromServer);
// 向服务器发送启动、停止和设定速度
"ClientData".SendToServer.xStart := "xStartButton";
"ClientData".SendToServer.xStop := "xStopButton";
"ClientData".SendToServer.iPresetSpeed := "iSpeed";
// 将从服务器端读取的测量压力 iPressure（范围 0~27648）线性转换为 0~10000Pa
显示
"ClientData".iShowPressure := REAL_TO_INT(
INT_TO_REAL("ClientData".RcvFromServer.iPressure) / 27648.0 * 10000.0);
```

在程序中，PUT指令用于将数据发送到服务器端。将指令PUT拖放到程序区，弹出"调用选项"对话框，单击"确定"按钮，自动生成了一个背景数据块PUT_DB。单击"PUT_DB"选项，从巡视窗口中单击"连接参数"选项，如图7-13所示，选择"伙伴"为Server，"连接ID"变为W#16#100。ADDR_1为服务器端写入地址指针，设为P#DB1.DBX0.0 BYTE 4，表示将被写入的数据写入服务器数据块DB1从DBB0开始的连续4个字节中。SD_1为客户机写入数据的地址指针，将数据块"ClientData"中的结构体SendToServer拖放到这里即可。

GET指令用于从服务器端读取数据，其组态过程与PUT相同。这里将服务器端的数据块DB1中从DBB4开始的4个字节读取到客户机的RcvFromServer中。

然后将启动xStartButton、xStop、iSpeed赋值给结构体"SendToServer"中对应元素，发送给服务器。

压力传感器测量范围为0~10kPa，可以将接收到来自服务器的iPressure先转换为实数，然后除以27648再乘以10000，再将实数结果转换为整数送给iShowPressure，转换为工程量压力值0~10000Pa。

图 7-13　PUT 指令的组态

7.2.3.6 仿真运行

在"项目树"下的项目上使用鼠标右键单击，在弹出的快捷菜单中选择"属性"→"保护"选项，勾选"块编译时支持仿真"复选框。单击站点"Server"，再单击工具栏中的"启动仿真"按钮█，打开仿真器。新建一个仿真项目，并将"Server"站点下载到IP地址为192.168.0.1的仿真器中。单击工具栏中的█按钮，使Server运行。

单击站点"Client"，再单击工具栏中的"启动仿真"按钮█，再打开一个仿真器。新建一个仿真项目，并将"Client"站点下载到IP地址为192.168.0.2的仿真器中。单击工具栏中的█按钮，使Client运行。

分别打开两个仿真器项目树下的"SIM表格_1"，单击表格工具栏中的█按钮，将项目变量加载到表格中，如图7-14所示。

（1）Client控制Server的水泵启停与调速

在图7-14（b）中，单击SIM表工具栏中的"启用非输入修改"按钮█，将变量"iSpeed"的值修改为"1000"，单击变量"xStartButton"按钮，在图7-14（a）中，"xPump"变为"TRUE"，水泵启动，同时变量"iSpeedAdjust"值变为"19334"（即1000r/min对应的0~27648值），输出对应的模拟量，通过变频器进行调速。单击变量"xStopButton"按钮，服务器端"xPump"变为"FALSE"，水泵停止。

（2）Server返回给Client水泵状态和压力测量值

在图7-14（a）中，单击SIM表工具栏中的"启用非输入修改"按钮█，将变量"iPressureMeasure"的值修改为"27648"，在图7-14（b）所示的仿真器中，变量"iShowPressure"显示10000Pa。同时水泵运行时，"xRun"为TRUE；水泵停止时，"xRun"为FALSE，服务器返回了水泵的运行状态。

（a）服务器端仿真

（b）客户机仿真

图 7-14　S7 通信控制仿真

7.2.4 [实例50] 两台S7-1200PLC的Modbus TCP通信

▶扫一扫 看视频◀

7.2.4.1 控制要求

有两台西门子PLC S7-1200，一台为CPU1214C AC/DC/Rly，版本号V4.2，作为服务器；另一台为CPU1212C DC/DC/DC，版本号V4.4，作为客户机，通过Modbus TCP通信实现如下控制要求。

① 客户机发送给服务器设定速度并控制服务器电动机的启停。

② 服务器根据客户机发送的启停信号和设定速度对电动机进行启动、停止和调速，并将测量速度发送给客户机，同时控制客户机电动机的正反转。测量速度使用增量型的旋转编码器，每转输出1000个脉冲。

③ 客户机根据服务器发送的正反转信号对电动机进行正反转控制。

本实例组态与编程的输入/输出端口分配见表7-5。

表7-5　Modbus TCP通信控制的I/O端口分配表

服务器（CPU 1214C）			客户机（CPU 1212C）		
输入/输出点	输入/输出器件	作用	输入/输出点	输入/输出器件	作用
I0.0	旋转编码器A	测量速度	I0.0	SB4常开触点	服务器电动机启动
I0.1	SB1常开触点	客户机电动机正转	I0.1	SB5常开触点	服务器电动机停止
I0.2	SB2常开触点	客户机电动机反转	Q0.0	接触器KM1	电动机M2正转
I0.3	SB3常开触点	客户机电动机停止	Q0.1	接触器KM2	电动机M2反转
Q0.2	变频器启动输入	控制电动机M1	—	—	—

7.2.4.2 相关知识

Modbus通信协议是Modicon公司提出的一种报文传输协议，Modbus协议在工业控制中得到了广泛的应用，它已经成为一种通用的工业标准，许多工控产品都有Modbus通信功能。Modbus协议根据使用网络的不同，可分为串行链路上Modbus RTU/ASCII和TCP/IP上的Modbus TCP。Modbus TCP结合了Modbus协议和TCP/IP网络标准，它是Modbus协议在TCP/IP上的具体实现。

S7-1200 CPU集成的以太网接口支持Modbus TCP，可作为Modbus TCP客户端或服务器。Modbus TCP使用TCP通信作为Modbus通信路径，其通信时将占用CPU的OUC通信连接资源。

TIA博途软件为S7-1200 CPU实现Modbus TCP通信提供了Modbus TCP客户端指令"MB_CLIENT"和Modbus TCP服务器指令"MB_SERVER"。

（1）MB_CLIENT指令

MB_CLIENT指令用于将S7-1200 CPU作为Modbus TCP客户端，使S7-1200 CPU可通过以太网与Modbus TCP服务器进行通信。通过MB_CLIENT指令，可以在客户端和服务器之间建立连接、发送Modbus请求、接收响应。

MB_CLIENT指令是一个综合性指令，其内部集成了TCON、TSEND、TRCV和TDISCON等OUC通信指令，因此Modbus TCP建立连接方式与TCP通信建立连接方式相同。S7-1200 CPU作为Modbus TCP客户端时，其本身即为TCP客户端。

在程序编辑器中，展开右边"指令"下的"通信"→"其它"→"MODBUS TCP"选项，将MB_CLIENT指令拖放到程序编辑区，自动生成一个实例MB_CLIENT_DB，该指令的ST语言代码如下。

```
"MB_CLIENT_DB"(REQ             := _bool_in_,
              DISCONNECT   := _bool_in_,
              MB_MODE      := _usint_in_,
              MB_DATA_ADDR := _udint_in_,
              MB_DATA_LEN  := _uint_in_,
              DONE         => _bool_out_,
              BUSY         => _bool_out_,
              ERROR        => _bool_out_,
              STATUS       => _word_out_,
              MB_DATA_PTR  := _variant_inout_,
              CONNECT      := _variant_inout_);
```

MB_CLIENT指令主要参数定义如下。

① REQ：电平触发Modbus请求作业。当REQ="0"时，无Modbus通信请求；当REQ="1"时，请求与Modbus TCP服务器通信。

② DISCONNECT：用于程序控制与Modbus服务器设备的连接和断开。如果DISCONNECT为FALSE且不存在连接，则MB_CLIENT尝试连接到分配的IP地址和端口号。如果DISCONNECT为TRUE且存在连接，则尝试断开连接操作。每当启用此输入时，无法尝试其他操作。

③ MB_MODE：Modbus请求模式，常用模式值有0、1和2，0为读请求，1和2为写请求。

④ MB_DATA_ADDR：要访问的Modbus TCP服务器数据起始地址。

⑤ MB_DATA_LEN：数据访问的位数或字数。

⑥ MB_DATA_PTR：指向数据缓冲区的指针，该数据区用于从Modbus服务器读取数据或向Modbus服务器写入数据。

Modbus通信使用不同的功能码对不同的地址区进行读写操作，例如用功能码01对服务器输出位进行读取操作。而MB_CLIENT指令使用MB_MODE输入而非功能代码，MB_DATA_ADDR分配远程数据的起始Modbus地址。MB_MODE和MB_DATA_ADDR一起确定实际Modbus消息中使用的功能代码。表7-6列出了MB_MODE、MB_DATA_ADDR和Modbus功能之间的对应关系。利用MB_CLIENT指令可以对服务器的数据块或位存储器M进行读写操作，也可以对输出映像区按位读写操作，对输入映像区按位或字读取操作。

表7-6 Modbus通信模式及对应的功能、CPU输入输出过程映像

MB_MODE	MB_DATA_ADDR	MB_DATA_LEN	Modbus功能	操作功能	CPU 输入输出过程映像（对应 Modbus 地址）
0	1~ 9999	1~2000	01	读取输出位	Q0.0~Q1023.7（1~8192）
0	10001~19999	1~2000	02	读取输入位	I0.0~I1023.7（10001~18192）
0	40001~49999	1~125	03	读取保持寄存器	—
0	30001~39999	1~125	04	读取输入字	IW0~IW1022（30001~30512）
1	1~9999	1	05	写一个输出位	Q0.0~Q1023.7（1~8192）
1	40001~49999	1	06	写一个保持寄存器	—
1	1~9999	2~19682	15	写多个输出位	Q0.0~Q1023.7（1~8192）
1	40001~49999	2~123	16	写多个保持寄存器	—
2	1~9999	1~1968	15	写一个或多个输出位	Q0.0~Q1023.7（1~8192）
2	40001~49999	1~123	16	写一个或多个保持寄存器	—

⑦ CONNECT：指向连接描述结构的指针，数据类型为TCON_IP_v4。当S7-1200作为ModbusTCP客户端时，CONNECT参数的设置如图7-15所示。必须使用全局数据块并存储所需的连接数据，然后才能在CONNECT参数中引用此DB。

创建新的全局数据块DB来存储CONNECT数据，命名为“MB_Client_Conn”，可使用一个DB存储多个TCON_IP_v4数据结构。每个Modbus TCP客户端或服务器连接使用一个TCON_IP_v4数据结构，可在CONNECT参数中引用连接数据。在该数据块中创建静态变量，命名为“Client”。在“数据类型”列中输入系统数据类型“TCON_IP_v4”。展开TCON_IP_v4的结构，可以修改连接参数。

InterfaceId为硬件标识符，在设备视图中单击PROFINET接口，然后单击巡视窗口中的“系统常数”选项卡可以显示硬件标识符。

ID为连接ID，介于1~4095，不能与OUC通信重叠。

ConnectionType为连接类型，对于TCP/IP，使用默认值16#0B。

ActiveEstablished的值必须为TRUE，表示主动连接，由MB_CLIENT启动Modbus通信。

RemoteAddress为目标IP地址，将目标Modbus TCP服务器的IP地址输入四个ADDR数组单元中。例如192.168.0.2。

RemotePort为目标端口，默认值为502，该编号为MB_CLIENT试图连接和通信的Modbus服务器的IP端口号。一些第三

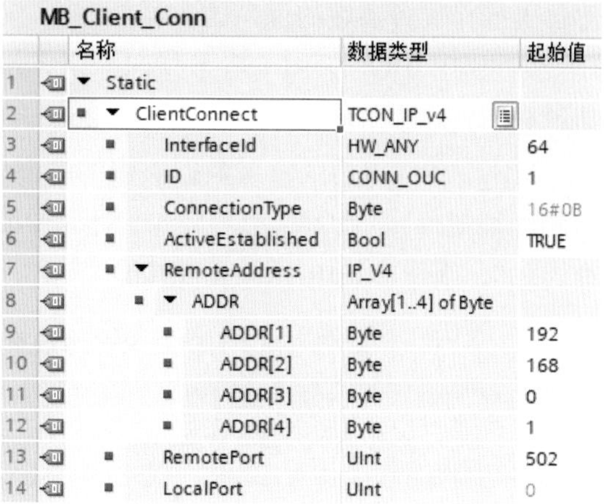

MB_Client_Conn

	名称	数据类型	起始值
1	Static		
2	ClientConnect	TCON_IP_v4	
3	InterfaceId	HW_ANY	64
4	ID	CONN_OUC	1
5	ConnectionType	Byte	16#0B
6	ActiveEstablished	Bool	TRUE
7	RemoteAddress	IP_V4	
8	ADDR	Array[1..4] of Byte	
9	ADDR[1]	Byte	192
10	ADDR[2]	Byte	168
11	ADDR[3]	Byte	0
12	ADDR[4]	Byte	1
13	RemotePort	UInt	502
14	LocalPort	UInt	0

图 7-15 MB_CLIENT 指令的 CONNECT 参数设置

方Modbus服务器要求使用其他端口号。

LocalPort为本地端口，对于MB_CLIENT连接，该值必须为0。

输出参数DONE、ERROR、STATUS与TSEND_C等指令的含义相同。

（2）MB_SERVER指令

MB_SERVER指令用于将S7-1200 CPU作为Modbus TCP服务器，使S7-1200 CPU可通过以太网与Modbus TCP客户端进行通信。MB_SERVER指令将处理Modbus TCP客户端的连接请求、接收和处理Modbus请求，并发送Modbus应答报文。

S7-1200 CPU作为Modbus TCP服务器时，其本身即为TCP服务器。在程序编辑器中，展开右边"指令"下的"通信"→"其它"→"MODBUS TCP"选项，将MB_SERVER指令拖放到程序编辑区，自动生成一个实例MB_SERVER_DB，该指令的ST语言代码如下。

```
"MB_SERVER_DB"(DISCONNECT  := _bool_in_,
               NDR         => _bool_out_,
               DR          => _bool_out_,
               ERROR       => _bool_out_,
               STATUS      => _word_out_,
               MB_HOLD_REG := _variant_inout_,
               CONNECT     := _variant_inout_);
```

MB_SERVER指令主要参数定义如下。

① DISCONNECT：用于建立与Modbus TCP客户端的被动连接。DISCONNECT为FALSE时，可响应参数CONNECT指定的通信伙伴的连接请求；DISCONNECT为TRUE时，断开TCP连接。

② MB_HOLD_REG：指向Modbus保持寄存器的指针。保持寄存器必须是一个全局数据块或位存储区地址。位储存区用于保存数据，Modbus客户端可通过Modbus功能码3（读取保持寄存器）、功能码6（写入单个保持寄存器）和功能码16（写入单个或多个保持寄存器）操作服务器端的保持寄存器。

如果MB_HOLD_REG参数指向一个Word数组，那么数组中第一个元素即对应Modbus地址40001，MB_HOLD_REC参数与Modbus保持寄存器地址映射关系见表7-7。

MB_SERVER指令背景数据块中的静态变量HR_Start_Offset可以修改Modbus保持寄存器的地址偏移，默认值为0。例如，原来Modbus地址40001对应MW100，如果地址偏移修改为100，则地址40101对应MW100。

表7-7　MB_HOLD_REG参数与Modbus保持寄存器地址映射关系

Modbus 地址	MB_HOLD_REG 参数		
	P#M100.0 WORD 10	P#DB1.DBX0.0 WORD 10	"ServerData".Server
40001	MW100	DB1.DBW0	"ServerData".Server [0]

续表

Modbus 地址	MB_HOLD_REG 参数		
	P#M100.0 WORD 10	P#DB1.DBX0.0 WORD 10	“ServerData”.Server
40002	MW102	DB1.DBW2	“ServerData”.Server [1]
40003	MW104	DB1.DBW4	“ServerData”.Server [2]
…	…	…	…
40010	MW118	DB1.DBW18	“ServerData”.Server [9]

③ CONNECT：指向连接描述结构的指针，数据类型为TCON_IP_v4，CONNECT参数的设置如图7-16所示。必须使用全局数据块并存储所需的连接数据，然后才能在CONNECT参数中引用此DB。

创建新的全局数据块DB来存储CONNECT数据，命名为“MB_Server_Conn”，可使用一个DB存储多个TCON_IP_v4数据结构。每个Modbus TCP客户端或服务器连接使用一个TCON_IP_v4数据结构，可在CONNECT参数中引用连接数据。在该数据块中创建静态变量，命名为“Server”。在“数据类型”列中输入系统数据类型“TCON_IP_v4”。展开TCON_IP_v4的结构，可以修改连接参数。

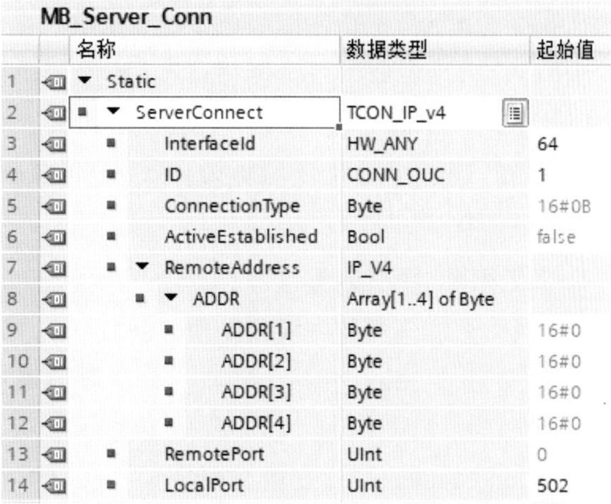
MB_Server_Conn

	名称	数据类型	起始值
1	▼ Static		
2	▼ ServerConnect	TCON_IP_v4	
3	InterfaceId	HW_ANY	64
4	ID	CONN_OUC	1
5	ConnectionType	Byte	16#0B
6	ActiveEstablished	Bool	false
7	▼ RemoteAddress	IP_V4	
8	▼ ADDR	Array[1..4] of Byte	
9	ADDR[1]	Byte	16#0
10	ADDR[2]	Byte	16#0
11	ADDR[3]	Byte	16#0
12	ADDR[4]	Byte	16#0
13	RemotePort	UInt	0
14	LocalPort	UInt	502

图 7-16 MB_SERVER 指令的 CONNECT 参数设置

InterfaceID为硬件标识符，在设备视图中单击PROFINET接口，然后单击巡视窗口中的“系统常数”选项卡可以显示硬件标识符。

ID为连接ID，介于1~4095，不能与OUC通信重叠。

ConnectionType为连接类型，对于TCP/IP，使用默认值16#0B。

ActiveEstablished的值必须为FALSE，表示被动连接，MB_SERVER正在等待。

RemoteAddress为目标IP地址，有两个选项：一个是使用0.0.0.0，则MB_SERVER将响应来自任何TCP客户端的Modbus请求。另一个是输入目标Modbus TCP客户端的IP地址，则MB_SERVER仅响应来自该客户端IP地址的请求。

RemotePort为目标端口，对于MB_SERVER连接，该值必须为0。

LocalPort为本地端口，默认值为502，该编号为MB_SERVER试图连接和Modbus客户端的IP端口号。一些第三方Modbus服务器要求使用其他端口号。

④ NDR：FALSE表示无新数据；TRUE表示从Modbus客户端写入了新数据。

⑤ DR：FALSE表示无数据被读取；TRUE表示有数据被Modbus客户端读取。

参数ERROR、STATUS与MB_CLIENT含义相同。

7.2.4.3 Modbus TCP通信组态

新建一个项目，添加一块CPU1214C AC/DC/Rly，版本号V4.2，命名为“Server”，作为服务器。双击“Server”的CPU，进入设备视图，展开巡视窗口中的“高速计数器（HSC）”→“HSC1”→“常规”选项，勾选“启动该高速计数器”复选框；单击“功能”选项，选择计数类型为“频率”；单击“硬件输入”选项，可以看到脉冲输入地址为I0.0；单击“I/O地址”选项，可以看到输入地址为ID1000。单击巡视窗口中的DI14/DQ10，再单击数字量输入的通道0，选择输入滤波器为10 microsec（即周期为10μs），从I0.0接收脉冲的最高频率为100kHz。从硬件目录下将模拟量输出信号板AQ拖放到CPU中间的方框中，从巡视窗口中可以查看通道0的地址为QW80，输出类型为电压±10V。

单击“网络视图”选项卡，从右边的硬件目录中将CPU1212C DC/DC/DC（版本号V4.4）拖放到网络视图中，将其名称修改为“Client”，作为客户机。在“网络视图”中，将“Server”的PN接口拖曳到“Client”的PN接口，自动生成了一个网络“PN/IE_1”。单击“网络视图”中的“显示地址”按钮，可以看到“Server”的IP地址为192.168.0.1，“Client”的IP地址为192.168.0.2。

ClientData

	名称	数据类型	起始值	监视值
1	▼ Static			
2	iPresetSpeed	Int	0	1000
3	iSpeed	Int	0	180
4	xStatus	Bool	false	TRUE
5	▼ SendData	Array[0..2] of Int		
6	SendData[0]	Int	0	19334
7	SendData[1]	Int	0	0
8	SendData[2]	Int	0	0
9	▼ RcvData	Array[0..2] of Int		
10	RcvData[0]	Int	0	3000
11	RcvData[1]	Int	0	0
12	RcvData[2]	Int	0	0

图 7-17　客户机数据块“ClientData”

7.2.4.4 客户端编程

（1）添加连接数据块和变量数据块

在站点“Client”下，添加一个全局数据块，命名为“MB_Client_Conn”，新建一个变量“ClientConnect”，变量类型输入“TCON_IP_v4”，变量设置如图7-15所示。再新建一个全局数据块，命名为“ClientData”，新建变量如图7-17所示，两个数组变量“RcvData”和“SendData”分别用于收发数据。

（2）编写函数块程序

添加一个函数块，命名为“ClientFB”。由于要读取服务器的物理输入字节，将字节分解为位，使用AT指令，故需要取消该块的优化。在“项目树”下的该函数块上使用鼠标右键单击，在弹出的快捷菜单中选择“属性”选项，取消该块的“优化的块访问”的勾选。打开该函数块，添加接口参数变量，如图7-18所示。

在编辑区编写的ST代码如下。

ClientFB

	名称		数据类型	偏移量	默认值
1	▼ Input				
2	xStartServer		Bool	0.0	false
3	xStopServer		Bool	0.1	false
4	▶ MBConn		TCON_IP_v4	2.0	
5	▼ Output				
6	xForwardOut		Bool	16.0	false
7	xBackwardOut		Bool	16.1	false
8	▼ InOut				
9	▶ RcvHoldData		Array[0..2] of Int	18.0	
10	▶ SendHoldData		Array[0..2] of Int	24.0	
11	xServerRunStatus		Bool	30.0	false
12	▼ Static				
13	▶ R1		R_TRIG		
14	▶ MB_CLIENT_1		MB_CLIENT		
15	xTempServerOut		Bool	296.0	false
16	xREQ1		Bool	296.1	false
17	xREQ2		Bool	296.2	false
18	xREQ3		Bool	296.3	false
19	xREQ4		Bool	296.4	false
20	xREQ5		Bool	296.5	false
21	▼ Temp				
22	xDone1		Bool	0.0	
23	xError1		Bool	0.1	
24	xDone2		Bool	0.2	
25	xError2		Bool	0.3	
26	xDone3		Bool	0.4	
27	xError3		Bool	0.5	
28	xDone4		Bool	0.6	
29	xError4		Bool	0.7	
30	xDone5		Bool	1.0	
31	xError5		Bool	1.1	
32	bTempClientIn		Byte	2.0	
33	▶ xTempArray	AT "bTempClientIn"	Array[0..7] of Bool	2.0	
34	MBStatus1		Word	4.0	
35	MBStatus2		Word	6.0	
36	MBStatus3		Word	8.0	
37	MBStatus4		Word	10.0	
38	MBStatus5		Word	12.0	
39	▶ Constant				

图 7-18　函数块“ClientFB”的接口参数

```
(*          Modbus TCP 通信函数块
```

输入：xStartServer—启动服务器电动机，1= 启动；xStopServer—停止服务器电动机，1= 停止；

MBConn—TCP 通信连接参数

输出：xForwardOut—客户机电动机的正转，1= 正转；xBackwardOut—客户机电动机的反转，1= 反转；

输入 / 输出：RcvHoldData—接收存储器数组；SendHoldData—发送存储器数组；xServerRunStatus—服务器电动机状态

```
*)
#R1(CLK := #MB_CLIENT_1.Connected);
IF #R1.Q THEN
    #xREQ1 := TRUE;
END_IF;
// 读取服务器的物理输入
#MB_CLIENT_1(REQ           := #xREQ1,
            DISCONNECT  := FALSE,
            MB_MODE     := 0,
            MB_DATA_ADDR := 10002,
            MB_DATA_LEN := 3,
            DONE        => #xDone1,
            ERROR       => #xError1,
            STATUS      => #MBStatus1,
            MB_DATA_PTR := #bTempClientIn,
            CONNECT     := #MBConn);
// 控制本机的正反转
IF #xTempArray[0] AND NOT #xTempArray[1] THEN
    #xForwardOut := TRUE;
    #xBackwardOut := FALSE;
ELSIF NOT #xTempArray[0] AND #xTempArray[1] THEN
    #xForwardOut := FALSE;
    #xBackwardOut := TRUE;
ELSIF #xTempArray[2] THEN
    #xForwardOut := FALSE;
    #xBackwardOut := FALSE;
END_IF;
// 本机控制服务器启停
```

```
IF #xStartServer THEN
    #xTempServerOut := TRUE;
ELSIF #xStopServer THEN
    #xTempServerOut := FALSE;
END_IF;
// 写入服务器输出 Q0.2
IF #xDone1 OR #xError1 THEN
    #xREQ1 := FALSE;
    #xREQ2 := TRUE;
END_IF;
#MB_CLIENT_1(REQ            := #xREQ2,
            DISCONNECT   := FALSE,
            MB_MODE      := 1,
            MB_DATA_ADDR := 3,
            MB_DATA_LEN  := 1,
            DONE         => #xDone2,
            ERROR        => #xError2,
            STATUS       => #MBStatus2,
            MB_DATA_PTR  := #xTempServerOut,
            CONNECT      := #MBConn);
// 设置服务器电动机速度
IF #xDone2 OR #xError2 THEN
    #xREQ2 := FALSE;
    #xREQ3 := TRUE;
END_IF;
#MB_CLIENT_1(REQ            := #xREQ3,
            DISCONNECT   := FALSE,
            MB_MODE      := 1,
            MB_DATA_ADDR := 40001,
            MB_DATA_LEN  := 3,
            DONE         => #xDone3,
            ERROR        => #xError3,
            STATUS       => #MBStatus3,
            MB_DATA_PTR  := #SendHoldData,
            CONNECT      := #MBConn);
// 读取服务器电动机速度
```

```
IF #xDone3 OR #xError3 THEN
    #xREQ3 := FALSE;
    #xREQ4 := TRUE;
END_IF;
#MB_CLIENT_1(REQ         := #xREQ4,
             DISCONNECT  := FALSE,
             MB_MODE     := 0,
             MB_DATA_ADDR := 40004,
             MB_DATA_LEN := 3,
             DONE        => #xDone4,
             ERROR       => #xError4,
             STATUS      => #MBStatus4,
             MB_DATA_PTR := #RcvHoldData,
             CONNECT     := #MBConn);
IF #xDone4 OR #xError4 THEN
    #xREQ4 := FALSE;
    #xREQ5 := TRUE;
END_IF;
// 读取服务器电动机的状态
#MB_CLIENT_1(REQ         := #xREQ5,
             DISCONNECT  := FALSE,
             MB_MODE     := 0,
             MB_DATA_ADDR := 3,
             MB_DATA_LEN := 1,
             DONE        => #xDone5,
             ERROR       => #xError5,
             STATUS      => #MBStatus5,
             MB_DATA_PTR := #xServerRunStatus,
             CONNECT     := #MBConn);
IF #xDone5 OR #xError5 THEN
    #xREQ5 := FALSE;
    #xREQ1 := TRUE;
END_IF;
```

在程序中，一定要注意使用相同的连接实例MB_CLIENT_1和连接参数MBConn。该程序使用了轮询的方式进行编写，首先取MB通信连接的上升沿，如果连接成功，xREQ1置为TRUE，轮询开始。展开右边的"指令"→"通信"→"其它"→"MODBUS TCP"

选项，将指令MB_CLIENT拖放到程序中，弹出"调用选项"对话框，选择"多重实例"选项，实例名称修改为"MB_CLIENT_1"，单击"确定"按钮。后面的所有该指令都选择"多重实例"，名称都选择这个已经创建的实例"MB_CLIENT_1"。

第一个MB_CLIENT指令用于读取服务器的外设输入。当xREQ1为TRUE时，MB_MODE设为0，表示读取；MB_DATA_ADDR设为10002，表示读取外设输入从I0.1开始；MB_DATA_LEN设为3，表示读取3位，将读取的3个位保存到bTempClientIn中。如果第0位为TRUE，电动机正转；如果第1位为TRUE，电动机反转；如果第2位为TRUE，电动机停止。

然后是客户机控制服务器电动机的启停。如果启动xStartServer为TRUE，发送给服务器的变量xTempServerOut为TRUE，启动服务器电动机；如果停止xStopServer为TRUE，发送给服务器FALSE。如果第一个MB_CLIENT指令执行完（xDone1为TRUE）或有错误（xError1为TRUE），xREQ2为TRUE，执行下一个MB_CLIENT指令。

第二个MB_CLIENT指令用于控制服务器的输出Q0.2。MB_MODE设为1，表示写入；MB_DATA_ADDR设为3，表示写入外设输出第3位（即Q0.2）；MB_DATA_LEN设为1，表示写入1位，写入值为xTempServerOut。如果第二个MB_CLIENT指令执行完（xDone2为TRUE）或有错误（xError2为TRUE），xREQ3为TRUE，执行下一个MB_CLIENT指令。

第三个MB_CLIENT指令用于设置服务器电动机的速度。MB_MODE设为1，表示写入；MB_DATA_ADDR设为40001，表示写入存储器的首地址；MB_DATA_LEN设为3，表示写入3个字，写入值为数组SendHoldData。如果第三个MB_CLIENT指令执行完（xDone3为TRUE）或有错误（xError3为TRUE），xREQ4为TRUE，执行下一个MB_CLIENT指令。

第四个MB_CLIENT指令用于读取服务器电动机的速度。MB_MODE设为0，表示读取；MB_DATA_ADDR设为40004，表示读取存储器的首地址从第4个字开始；MB_DATA_LEN设为3，表示读取3个字，将读取的数据写入数组RcvHoldData中。如果第四个MB_CLIENT指令执行完（xDone4为TRUE）或有错误（xError4为TRUE），xREQ5为TRUE，执行下一个MB_CLIENT指令。

第五个MB_CLIENT指令用于读取服务器电动机的状态。MB_MODE设为0，表示读取；MB_DATA_ADDR设为3，表示读取物理输出第3个位（即Q0.2）；MB_DATA_LEN设为1，表示读取1个位，将读取的数据写入xServerRunStatus中。如果第五个MB_CLIENT指令执行完（xDone5为TRUE）或有错误（xError5为TRUE），xREQ5为TRUE，执行第一个MB_CLIENT指令。

（3）在循环程序中调用函数块

打开OB1，从"项目树"下将函数块"ClientFB"拖放到"OB1"中，弹出"调用选项"对话框，单击"确定"按钮，添加了该函数块的背景数据块"ClientFB_DB"。单击PLC变量表和数据块"ClientData"，从"详细视图"中将变量拖放到背景数据块对应的引脚，编写后的代码如下。

```
(*      客户机循环程序           *)
// 将设定速度 0~1430 线性转换为 0~27648
"ClientData".SendData[0] := DINT_TO_INT(INT_TO_
DINT("ClientData".iPresetSpeed) * 27648 / 1430);
// 调用函数块
"ClientFB_DB"(xStartServer    := "xStartServer",  //I0.0，服务器电
动机启动
              xStopServer     := "xStopServer",    //I0.1，服务器电
动机停止
              MBConn          := "MB_Client_Conn".ClientConnect,
              xServerRunStatus := "ClientData".xStatus,
              xForwardOut     => "xForwardMotor",   //Q0.0，电动机正转
              xBackwardOut    => "xBackwardMotor",  //Q0.1，电动机反转
              RcvHoldData     := "ClientData".RcvData,
              SendHoldData    := "ClientData".SendData);
// 计算服务器电动机运行速度
"ClientData".iSpeed := DINT_TO_INT(INT_TO_DINT("ClientData".
RcvData[0]) * 60 / 1000);
```

在程序中，假设服务器电动机的额定速度为1430r/min。首先将设定速度线性转换为0~27648，发送到服务器，用于调速。然后调用函数块ClientFB进行通信，对服务器进行读写操作。旋转编码器的精度为每转1000个脉冲，可以将读取到的服务器电动机的测量值（单位为Hz）先乘以60变成每秒的脉冲数，然后除以1000换算为测量速度（单位为r/min）。

7.2.4.5 服务器端编程

在站点"Server"下，添加一个全局数据块，命名为"MB_Server_Conn"，新建一个变量"Server"，变量类型输入"TCON_IP_v4"，变量设置如图7-16所示。再新建一个全局数据块，命名为"ServerData"，新建一个数组变量"Server"，数据类型为"Array[0..5] of Int"，将读写数据保存到数组"Server"中。打开OB1，编写ST语言程序如下。

```
(*          服务器端循环程序     *)
// 调用服务器端函数块 MB_SERVER
"MB_SERVER_DB"(MB_HOLD_REG := "ServerData".Server,
              CONNECT     := "MB_Server_Conn".ServerConnect);
// 将设定速度送入模拟量输出 QW80 进行调速
"iAnalogOut" := "ServerData".Server[0];
// 将测量速度 ID1000 转换为整数发送
"ServerData".Server[3] := DINT_TO_INT("diSpeed");
```

在程序中，先调用服务器端函数块MB_SERVER对Modbus通信进行服务。要指定存储器为数据块"ServerData"的数组Server和连接参数ServerConnect。然后将读取的设定速度（保存在Server[0]中）送给iAnalogOut（地址QW80）通过变频器进行调速。由于测量速度diSpeed（地址ID1000）为双整数，将其转换为整数，赋值给Server[3]，发送到客户机。

7.2.4.6 运行监视

本实例不能仿真运行，可以通过实物监视运行。

单击站点"Server"，再单击工具栏中的"下载"按钮，将其下载到CPU 1214C的PLC中。单击工具栏中的按钮，使Server运行。单击站点"Client"，再单击工具栏中的"下载"按钮，将其下载到CPU 1212C的PLC中。单击工具栏中的按钮，使Client运行。

（1）客户机对服务器电动机的启停控制

打开服务器的监控表，添加变量如图7-19（a）所示，单击工具栏中的"监视"按钮，按下客户机的I0.0启动按钮，Q0.2为TRUE，服务器电动机启动；按下客户机的I0.1停止按钮，Q0.2为FALSE，服务器电动机停止。

（2）服务器对客户机电动机的正反转控制

打开客户机的监控表，添加变量如图7-19（b）所示。单击工具栏中的"监视"按钮，按下服务器的I0.1正转启动按钮，Q0.0为TRUE，客户机电动机正转启动；按下服务器的I0.2反转启动按钮，Q0.1为TRUE，客户机电动机反转启动；按下服务器的I0.3停止按钮，Q0.0和Q0.1均为FALSE，客户机电动机停止。

（a）服务器监控表　　　　　　　　　　（b）客户机监控表

图7-19　服务器和客户机的监控表

（3）客户机对服务器电动机调速

打开客户机数据块"ClientData"，单击工具栏中的"监视"按钮，如图7-20所示，双击"iPresetSpeed"的监视值，将其修改为"715"（额定速度1430的1/2），在图7-19（a）中可以看到QW80的输出为"13824"（27648的1/2），输出模拟量5V电压通过变频器进行调速。

（4）服务器返回给客户机测量速度和运行状态

高速计数器HSC1对旋转编码器的输入脉冲进行

图7-20　客户机的数据块监视

计数，其频率值保存在ID1000中。在图7-19（a）中，ID1000的值为12167，则其速度为 $12167 \times 60/1000 = 730$r/min。在图7-20中可以看到当前速度iSpeed为730r/min。

7.3 三菱PLC的通信

7.3.1 [实例51] 两台FXCPU的N：N链接通信

扫一扫 看视频

7.3.1.1 控制要求

某生产线有两台FX3U，一台作为主站，另一台作为从站，两台PLC都有FX3U-485BD通信板。从站PLC接有模拟量输出模块FX2U-2DA对从站电动机进行调速，模拟量输入模块FX2U-2AD对从站压力进行测量。通过N：N通信实现如下控制要求。

① 主站按下"启动"按钮，主站电动机启动后，延时5s，从站水泵以主站的设定转速启动。

② 将从站的测量压力发送给主站，压力传感器的测量范围为0~10kPa，输入信号为0~10V。

③ 主站按下"停止"按钮或从站变频器出现故障时，主站电动机和从站水泵同时停止。

④ 如果从站变频器出现故障，向主站发送故障信息。

通过N：N通信实现控制的I/O端口分配见表7-8。

表7-8　N：N通信控制的I/O端口分配表

主站 0			从站 1		
输入 /输出点	输入 / 输出器件	作用	输入 /输出点	输入 / 输出器件	作用
X0	SB1常开触点	启动	X1	变频器故障	故障检测
X1	SB2常开触点	停止			
X2	KH常闭触点	主站电动机过载保护	Y0	变频器启动输入	从站水泵启动
Y0	接触器KM1	控制主站电动机			

7.3.1.2 相关知识

（1）N：N网络

① N：N网络的配置。N:N网络的功能是指在最多8台FX可编程控制器之间，通过RS-485-BD通信板进行通信连接。N：N通信网络通过一对屏蔽双绞线把各站点的RS-485-BD通信板连接起来，例如，5台PLC组成的N：N网络配置如图7-21所示。

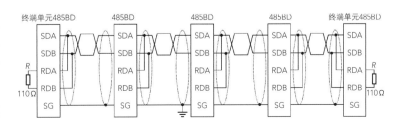

图 7-21　N ：N 网络配置

② N：N网络连接模式及共享软元件。FX系列PLC的N：N网络通信模式有3种，各模式下各站使用的位、字软元件见表7-9，其中主站站号为0，从站站号为1~7。从表中可以看出，模式0中每个站点没有可用的位元件，都有4个字元件；模式1中每个站点可以用32个位元件和4个字元件；模式2中每个站点可以用64个位元件和8个字元件。

表7-9　N：N网络共享软元件

站号	模式 0		模式 1		模式 2	
	位元件	4 点字元件	32 点位元件	4 点字元件	64 点位元件	8 点字元件
主站0	—	D0~D3	M1000~M1031	D0~D3	M1000~M1063	D0~D7
从站1	—	D10~D13	M1064~M1095	D10~D13	M1064~M1127	D10~D17
从站2	—	D20~D23	M1128~M1159	D20~D23	M1128~M1191	D20~D27
从站3	—	D30~D33	M1192~M1223	D30~D33	M1192~M1255	D30~D37
从站4	—	D40~D43	M1256~M1287	D40~D43	M1256~M1319	D40~D47
从站5	—	D50~D53	M1320~M1351	D50~D53	M1320~M1383	D50~D57
从站6	—	D60~D63	M1384~M1415	D60~D63	M1384~M1447	D60~D67
从站7	—	D70~D73	M1448~M1479	D70~D73	M1448~M1511	D70~D77

③ N：N网络设定软元件。N：N网络设定软元件见表7-10，网络中必须设定一台PLC为主站，其他PLC为从站，与N：N网络控制参数有关的特殊数据寄存器D8177~D8180均在主站中设定。

表7-10　N：N网络设定用的特殊软元件

软元件	名称	功能	设定值
M8038	参数设定	通信参数设定的标志位	—
D8176	主从站号设定	主站设定为0，从站设定为1~7[初始值：0]	0~7
D8177	从站总数设定	从站总站数，只在主站中设定[初始值：7]	1~7
D8178	选择通信模式	只在主站中设定[初始值：0]	0~2
D8179	重试次数	重试次数，从站无需设定[初始值：3]	0~10
D8180	监视时间	通信超时时间，单位为10ms，从站无需设定[初始值：5]	5~255

（2）缓冲存储区读写指令

① 缓冲存储区读指令FROM。FROM指令用于将特殊功能单元/模块的缓冲存储区（BFM）中的内容读入PLC中，其指令格式如下。

```
FROM( ?BOOL_EN? , ?ANY16_n1? , ?ANY16_n2? , ?ANY16_n3? , ?ANY16_d? );
```

在该指令中，ANY16表示16位数据类型。参数BOOL_EN为使能输入端；参数ANY16_n1为模块编号；参数ANY16_n2为读取数据的缓冲区起始地址；参数ANY16_n3为读取数据数量；参数ANY16_d为读取数据保存的起始地址。

FROM指令的功能是，当使能输入端BOOL_EN有效时，从指定模块ANY16_n1的缓冲区中读取从地址ANY16_n2开始的ANY16_n3个数据保存到从地址ANY16_d开始的存储单元中。

② 缓冲存储区写指令TO。TO指令用于将数据从PLC中写入特殊功能单元/模块的缓冲存储区（BFM）中，其指令格式如下。

```
TO( ?BOOL_EN? , ?ANY16_s? , ?ANY16_n1? , ?ANY16_n2? , ?ANY16_n3?
);
```

在该指令中，ANY16表示16位数据类型。参数BOOL_EN为使能输入端；参数ANY16_s为写入数据的起始地址；参数ANY16_n1为模块编号；参数ANY16_n2为写入缓冲区的起始地址；参数ANY16_n3为写入数据数量。

TO指令的功能是，当使能输入端BOOL_EN有效时，将从ANY16_s开始的ANY16_n3个数据写入指定模块ANY16_n1的缓冲区从起始地址ANY16_n2开始的单元中。

7.3.1.3 主站编程

（1）添加全局变量

打开GX Works2，系列选择"FXCPU"，工程类型选择"结构化工程"，程序语言选择"ST"，单击"确定"按钮，打开工程。双击导航栏下的"Global1"，打开"全局标签设置"，添加全局变量如图7-22所示。其中D0、M1000为发送到从站的速度和启动信息，D10、M1064为读取到的从站压力和从站故障信息。

	类	标签名	数据类型		常量	软元件	地址
1	VAR_GLOBAL	xInitNN	Bit	...		M8038	%MX0.8038
2	VAR_GLOBAL	iStationSet	Word[Signed]	...		D8176	%MW0.8176
3	VAR_GLOBAL	iSlaveStationCount	Word[Signed]	...		D8177	%MW0.8177
4	VAR_GLOBAL	iMode	Word[Signed]	...		D8178	%MW0.8178
5	VAR_GLOBAL	xStart	Bit	...		X000	%IX0
6	VAR_GLOBAL	xStop	Bit	...		X001	%IX1
7	VAR_GLOBAL	xThermalDelay	Bit	...		X002	%IX2
8	VAR_GLOBAL	xMasterMotor	Bit	...		Y000	%QX0
9	VAR_GLOBAL	iToSlaveSpeed	Word[Signed]	...		D0	%MW0.0
10	VAR_GLOBAL	iFromSlavePressure	Word[Signed]	...		D10	%MW0.10
11	VAR_GLOBAL	xToSlaveStart	Bit	...		M1000	%MX0.1000
12	VAR_GLOBAL	xFromSlaveFault	Bit	...		M1064	%MX0.1064

图7-22 N：N通信的主站全局标签设置

（2）编写N：N通信初始化程序

N：N通信初始化程序不能使用ST语言实现，在本例中使用了功能块图编写。展开导航栏下的程序部件，在"程序"上使用鼠标右键单击，在弹出的快捷菜单中选择"新建数据"选项。在弹出的对话框中，数据类型选择"程序块"，数据名输入"InitNN"，程序语言选择"结构化梯形图/FBD"，然后编写程序如图7-23所示。

在程序中，N：N初始化时，将0送入iStationSet（地址D8176），设置主站号为0；将1送入iSlaveStationCount（地址D8177），设置从站数为1；将1送入iMode（地址D8178），设置通信模式为1。

编写完程序后，展开导航栏下的"程序设置"→"执行程序"→"Main"选项，将程序InitNN从程序部件下拖放到Task_01中，程序循环扫描时，执行该初始化程序。

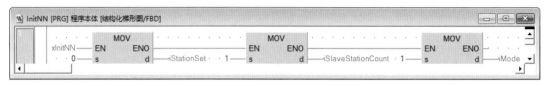

图 7-23 N:N 通信主站初始化程序 InitNN

（3）编写POU程序

打开程序部件下POU_01的程序本体，编写ST语言程序如下。注意：三菱编程软件中行注释不能用"//"。

```
IF xStart  AND xThermalDelay THEN   (* 没有发生过载，如果按下"启动"按
钮，主站电动机启动 *)
    xMasterMotor:=TRUE;
END_IF;
TON_1(IN:= xMasterMotor ,PT:= T#5s );   (* 延时 5s*)
IF TON_1.Q THEN    (* 延时 5s 时间到启动从站电动机 *)
    xToSlaveStart:=TRUE;
ELSE
    xToSlaveStart:=FALSE;
END_IF;
IF xStop OR NOT  xThermalDelay OR  xFromSlaveFault THEN(* 如果按下
"停止"按钮或主站电动机过载或从站变频器故障，主站电动机停止 *)
    xMasterMotor:=FALSE;
END_IF;;
```

在程序中，过载保护xThermalDelay（地址X2）预先接通，按下"启动"按钮xStart（地址X0），xMasterMotor为TRUE，主站电动机启动。延时5s，xToSlaveStart为TRUE，发送到从站，启动从站水泵电动机。如果按下"停止"按钮xStop（地址X1）、发生过载（xThermalDelay为FALSE）或来自从站故障（xFromSlaveFault为TRUE），xMasterMotor为FALSE，主站电动机停止。

7.3.1.4 从站编程

（1）添加全局变量

打开GX Works2，系列选择"FXCPU"，工程类型选择"结构化工程"，程序语言选择"ST"，单击"确定"按钮，打开工程。双击导航栏下的"Global1"，打开"全局标签设置"，添加全局变量如图7-24所示。其中D0、M1000为来自主站的速度和启动信息，D10、M1064为发送给主站的压力和故障信息。

	类	标签名	数据类型		常量	软元件	地址
1	VAR_GLOBAL ▼	xInitNN	Bit	...		M8038	%MX0.8038
2	VAR_GLOBAL ▼	xSlaveMotor	Bit	...		Y000	%QX0
3	VAR_GLOBAL ▼	xInverterFault	Bit	...		X001	%IX1
4	VAR_GLOBAL ▼	xToMasterFault	Bit	...		M1064	%MX0.1064
5	VAR_GLOBAL ▼	iFromMasterSpeed	Word[Signed]	...		D0	%MW0.0
6	VAR_GLOBAL ▼	iToMasterPressure	Word[Signed]	...		D10	%MW0.10
7	VAR_GLOBAL ▼	iSlaveStationNumber	Word[Signed]	...		D8176	%MW0.8176
8	VAR_GLOBAL ▼	xFromMasterStart	Bit	...		M1000	%MX0.1000

图 7-24　N∶N 通信的从站全局标签设置

（2）编写N∶N通信初始化程序

展开导航栏下的程序部件，在"程序"上使用鼠标右键单击，在弹出的快捷菜单中选择"新建数据"选项。在弹出的对话框中，数据类型选择"程序块"，数据名输入"InitSlaveNN"，程序语言选择"结构化梯形图/FBD"，然后编写程序如图7-25所示。

在程序中，N∶N初始化时，将1送入iSlaveStationNumber（地址D8176），设置从站号为1。

编写完程序后，展开导航栏下的"程序设置"→"执行程序"→"Main"选项，将程序InitSlaveNN从程序部件下拖放到Task_01中，程序循环扫描时，执行该初始化程序。

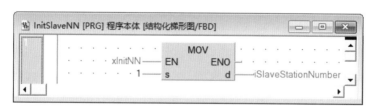

图 7-25　N∶N 通信从站初始化程序 InitSlaveNN

（3）编写模拟量输出功能块AnalogOut

在从站中，需要根据主站设定速度通过模拟量输出模块对水泵电动机进行调速，故编写一个模拟量输出功能块。在程序部件下的FB/FUN上使用右键单击，在弹出的快捷菜单中选择"新建数据"选项。在弹出的对话框中，数据类型选择"FB"，数据名输入"AnalogOut"，程序语言选择"ST"，单击"确定"按钮。打开AnalogOut的"函数/FB标签设置"，添加变量如图7-26所示。

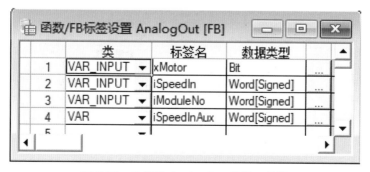

图 7-26　功能块 AnalogOut 的接口参数

打开AnalogOut的程序本体，编写ST语言代码如下。

```
(*          模拟量输出                    *)
iSpeedInAux:=REAL_TO_INT(INT_TO_REAL(iSpeedIn )/1430.0*4000.0);
(* 速度 0~1430 转换为 0~4000*)
(* 低 8 位写入模块 iModuleNo 的 BFM#16*)
TO( xMotor, iSpeedInAux , iModuleNo , 16, 1 );
TO(xMotor, 4, iModuleNo ,17,1);     (*BFM#17 的第 2 位由 1 到 0 锁存 *)
TO(xMotor,0,iModuleNo,17,1);
SWAP( xMotor , iSpeedInAux );(*  高低 8 位交换 *)
(* 高 4 位写入模块 iModuleNo 的 BFM#16*)
TO(xMotor,iSpeedInAux,iModuleNo,16,1);
TO(xMotor, 2, iModuleNo ,17,1);(*BFM#17 的第 1 位由 1 到 0 输出 *)
TO(xMotor,0,iModuleNo,17,1);
```

在程序中，首先将输入速度iSpeedIn转换为实数，然后除以1430再乘以4000。这是由于从站水泵的额定速度为1430，而模拟量数据范围为0~4000，需要将设定速度范围0~1430线性换算为0~4000。最后转换为整数赋值给iSpeedInAux。

模拟量输出模块FX$_{2U}$-2DA为12位的D/A转换器。使用TO指令将iSpeedInAux写入模块iModuleNo的BFM#16，然后分别将4和0写入模块iModuleNo的BFM#17，则由2#100到2#000，第2位出现下降沿，锁存输入数据的低8位。将iSpeedInAux进行高低8位交换，高8位中的低4位交换到低8位中的低4位。通过TO指令写入模块iModuleNo的BFM#16，再分别将2和0写入BFM#17，即由2#10到2#00，第1位出现下降沿，启动通道0开始DA转换，输出模拟量电压进行调速。注意：位是从0开始，按照第0位、第1位等进行排序。

（4）编写模拟量输入函数

在从站中，需要通过压力传感器测量压力，故编写一个模拟量输入函数。在程序部件下的FB/FUN上使用右键单击，在弹出的快捷菜单中选择"新建数据"选项。在弹出的对话框中，数据类型选择"函数"，数据名输入"AnalogIn"，程序语言选择"ST"，返回值类型选择"Word[Signed]"，单击"确定"按钮。打开AnalogIn的"函数/FB标签设置"，添加变量如图7-27所示。

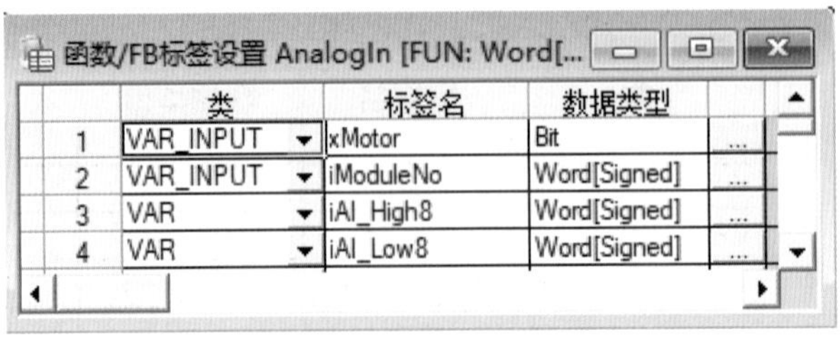

	类	标签名	数据类型	
1	VAR_INPUT	xMotor	Bit	...
2	VAR_INPUT	iModuleNo	Word[Signed]	...
3	VAR	iAI_High8	Word[Signed]	...
4	VAR	iAI_Low8	Word[Signed]	...

图 7-27　函数 AnalogIn

打开AnalogIn的程序本体，编写ST语言代码如下。

```
(*                    模拟量输入读取      *)
TO( xMotor, 1 , iModuleNo, 17 , 1 );    (* 将 1 写 入 模 块 iModuleNo 的
BFM#17*)
TO( xMotor, 3 , iModuleNo ,17 , 1 );(* 模块 iModuleNo 的第 1 位由 0 到 1 开
始转换 *)
FROM( xMotor, iModuleNo , 0, 1 , iAI_Low8 );(* 读取模块 iModuleNo 的
BFM#0*)
FROM( xMotor, iModuleNo , 1, 1 , iAI_High8 );(* 读取模块 iModuleNo 的
BFM#1*)
SWAP(xMotor,iAI_High8);(* 高低 8 位交换，将高 4 位数据交换到低 8 位中的低 4 位 *)
WOR( xMotor , iAI_Low8 , iAI_High8 , iAI_Low8 ); (* 高 4 位与低 8 位合并 *)
AnalogIn:= DINT_TO_INT( INT_TO_DINT( iAI_Low8)*10000/4000);(*0~4000 转
换为 0~10000*)
```

在程序中，分别将1和3写入模块iModuleNo的BFM#17，即由2#01到2#11，第0位都是1，选择通道1，第1位由0变为1，开始转换。然后读取BFM#0到iAI_Low8（读取输出数据的低8位），读取BFM#1到iAI_High8（读取输出数据的高4位），交换iAI_High8的高低8位，则将高4位交换到低8位中的低4位，再与iAI_Low8的低8位进行合并，最终变成12位有效数据，保存到iAI_Low8中，范围是0~4000。最后将0~4000线性转换为工程量0~10000Pa，通过返回值输出。

（5）编写POU程序

打开程序部件下POU_01的程序本体，编写ST语言程序如下。

```
(* 如果接收到来自主站的启动并且变频器没有故障，从站电动机启动 *)
IF xFromMasterStart AND NOT xInverterFault THEN
    xSlaveMotor:=TRUE;
ELSE
    xSlaveMotor:=FALSE;
END_IF;
(* 从站变频器故障信息发送到主站 *)
xToMasterFault:=xInverterFault;
(* 调用模拟量输出功能块对从站电动机调速，模拟量输出模块单元编号为 0*)
AnalogOut_1(xMotor:= xSlaveMotor,
            iSpeedIn:= iFromMasterSpeed ,
            iModuleNo:= 0 );
(* 调用模拟量输入函数读取测量压力，模拟量输入模块单元编号为 1*)
iToMasterPressure:=AnalogIn( xSlaveMotor ,1 );
```

在程序中，如果变频器没有故障，接收到来自主站的启动信号，xSlaveMotor为TRUE，从站电动机启动。然后将变频器故障信息发送到主站，调用功能块AnalogOut对从站电动机调速。由于实际器件的连接顺序分别为CPU、模拟量输出模块和模拟量输入模块，则模拟量输出模块的模块号为0，模拟量输入模块的模块号为1，所以将模拟量输出功能块的iModuleNo设为0。从站电动机启动时，调用函数AnalogIn，将读取到的压力测量值发送到主站，函数中的1为模拟量输出模块的编号。

7.3.1.5 运行监视

单击工具栏中的"下载"按钮，分别将主站和从站下载到对应的PLC中。再单击工具栏中的"全部监视"按钮，POU_01程序显示如图7-28所示，底纹蓝色表示为TRUE。可以看出，热继电器输入xThermalDelay已经预先接通。

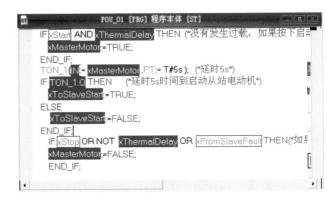

图 7-28　主站的 POU_01 监视

（1）主站电动机启停监视

在图7-28中，按下"启动"按钮xStart，xMasterMotor为TRUE，主站电动机启动。经过5s，xToSlaveStart为TRUE，启动从站电动机。按下"停止"按钮xStop、发生过载或从站变频器故障，xMasterMotor为FALSE，主站电动机停止。

（2）在主站中设置从站速度并获取测量压力

在主站中，单击"批量监视"按钮，打开如图7-29所示界面，双击D0的监视值，在弹出的对话框中将其修改为500，即设定从站电动机的速度为500r/min。并显示来自从站的测量压力D10为5860Pa。

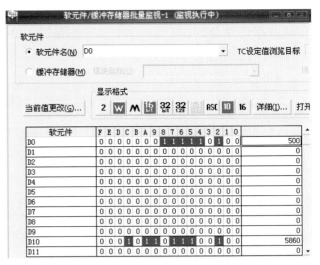

图 7-29　主站的批量监视

（3）从站电动机启停和模拟量输入/输出监视

在从站中，单击工具栏中的"全部监视"按钮，POU_01程序显示如图7-30所示，底纹蓝色表示为TRUE。接收到来自主站的启动信号xFromMasterStart为TRUE，xSlaveMotor变为TRUE，从站电动机启动。接收到来自主站的设定速度为500，发送到主站的测量压力为5860。

如果双击"xInverterFault"，使其变为TRUE，模拟变频器故障，在图7-28中可以看到主站电动机停止，在图7-30中可以看到从站电动机也停止。

图 7-30　从站 POU_01 监视

7.3.2　[实例52]　两台FXCPU的CC-Link通信

▶扫一扫　看视频◀

7.3.2.1　控制要求

某车间有两台设备，一台设备的控制器为三菱PLC FX$_{3U}$，作为主站，连接一个FX$_{3U}$-16CCL的CC-Link主站模块；另一台的控制器也为三菱PLC FX$_{3U}$，作为从站，连接一个FX$_{3U}$-64CCL的CC-Link从站模块。二者之间使用CC-Link通信，实现如下控制要求。

① 主站和从站各自发送和接收48个位。

② 主站和从站各自发送和接收8个寄存器单元数据。

7.3.2.2　相关知识

CC-Link系统是用专用电缆将分散配置的输入/输出单元、智能功能单元及特殊功能单元等连接起来并通过可编程控制器对这些单元进行控制所需的系统。CC_Link模块有主站模块FX$_{3U}$-16CCL-M和从站模块FX$_{3U}$-64CCL。

（1）CC_Link模块的开关设置

主站模块FX$_{3U}$-16CCL-M和从站模块FX$_{3U}$-64CCL的开关如图7-31所示。主站开关有站号设置旋钮"STATION NO."和传送设置旋钮"COM SETTING"（传送速度设置旋钮"B RATE"）；从站开关有站号设置旋钮"STATION NO."和传送设置旋钮"COM SETTING"（传送速度设置旋钮"B RATE"和占用站数与扩展循环设置旋钮"STATION"）。

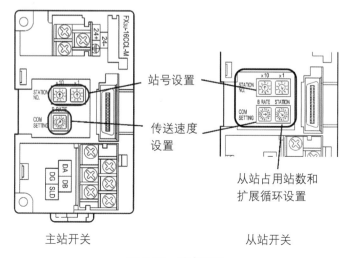

主站开关　　　　　　　　　　　　从站开关

图 7-31　站点开关

① 站号设置。使用2个站号设置开关（"×10"挡和"×1"挡）进行站号设置。左边是"×10"挡，右边是"×1"挡。例如，将"×10"挡旋钮旋到0，"×1"挡旋钮旋到1，设置为站号为1。

② 传送速度设置。FX$_{3U}$-16CCL-M和FX$_{3U}$-64CCL的传送速度见表7-11，最高传送速度可以达到10Mbit/s。在设置传送速度时，应将主站和从站的传送速度设为一致。

表7-11　传送速度设置

设置	内容	设置	内容
0	传送速度156Kbit/s	3	传送速度5Mbit/s
1	传送速度625Kbit/s	4	传送速度10Mbit/s
2	传送速度2.5Mbit/s		

③ 从站占用站数和扩展循环设置。从站占用站数和扩展循环设置见表7-12。不同的占用站数和扩展设置决定了远程缓冲器和寄存器的大小，具体配置见表7-16和表7-17。

表7-12　从站占用站数和扩展循环设置

设置	占用站数	扩展循环设置	主站的设置
0	占用1站	1倍设置	应作为Ver.1智能设备站进行设置
1	占用2站	1倍设置	
2	占用3站	1倍设置	
3	占用4站	1倍设置	
4	占用1站	2倍设置	应作为Ver.2智能设备站进行设置
5	占用2站	2倍设置	
6	占用3站	2倍设置	
7	占用4站	2倍设置	
8	占用1站	4倍设置	
9	占用2站	4倍设置	
A、B	禁止设置	禁止设置	—
C	占用1站	8倍设置	应作为Ver.2智能设备站进行设置
D~F	禁止设置	禁止设置	—

在本例中，主站模块FX$_{3U}$-16CCL-M的站号设置为"00"，传送速度"B RATE"设为2（2.5Mbit/s）。从站FX$_{3U}$-64CCL的站号设为"01"（站号1），传送速度"B RATE"设为2（2.5Mbit/s），从站占用站号"STATION"设为0（占用1站，1倍设置）。

（2）主站常用的BFM

① 主站常用的BFM地址及说明。主站常用的BFM地址及说明见表7-13。

表7-13　主站常用的BFM地址及说明

BFM 编号	项目	内容	初始值
#0H	模式设置	0：远程网Ver.1模式 1：远程网添加模式 2：远程网Ver.2模式	K0
#1H	连接台数	1~16台	K8
#2H	重试次数	1~7	K3
#3H	自动恢复台数	1~10	K1
#AH、#BH	输入/输出信息	读取：b0—异常；b1—链接状态；b6—启动完成；b15—就绪； 写入：b0—刷新；b6—启动请求	—
#20H~#2FH	1~16号站的站信息	b15~b12：站类型；b11~b8：占用站数；b7~b0：站号	—
#E0H~#FFH	远程输入（RX）	存储来自远程站及智能设备站的输入状态	—
#160H~#17FH	远程输出（RY）	存储至远程站及智能设备站的输出状态	—
#1E0H~#21FH	远程寄存器写（RWw）	存储至远程设备站及智能设备站的发送数据	—
#2E0H~#31FH	远程寄存器读（RWr）	存储来自远程设备站及智能设备站的接收数据	—
#680H	远程站链接状态	b0~b15对应1~16站	—

② 主站缓冲器与输入/输出关系。主站缓冲器与输入/输出关系见表7-14。如果从站设定了占用多个站号，则被占用的站号的缓冲区不能被下一个从站使用。例如，从站设定了占用2站，则该从站占用了站号1和2的缓冲区，下一个从站只能使用从站号3开始的缓冲区。

表7-14　主站缓冲器与输入/输出关系

站号	远程输入（RX）		远程输出（RY）	
	BFM 地址	b0~b15	BFM 地址	b0~b15
1	#E0H	RX0~RXF	#160H	RY0~RYF
	#E1H	RX10~RX1F	#161H	RY10~RY1F
2	#E2H	RX20~RX2F	#162H	RY20~RY2F
	#E3H	RX30~RX3F	#163H	RY30~RY3F
…	…	…	…	…
16	#FEH	RX1E0~RX1EF	#17EH	RY1E0~RY1EF
	#FFH	RX1F0~RX1FF	#17FH	RY1F0~RY1FF

（3）从站常用的BFM

① 从站常用的BFM地址及说明。从站常用的BFM地址及说明见表7-15。

表7-15 从站常用的BFM地址及说明

BFM 编号	项目	内容	读写状态
#0~#7	远程输入/输出（RX/RY）	FROM指令时：远程输出(RY) TO指令时：远程输入(RX)	读/写
#25	通信状态	b7—链接执行中	读
#36	单元状态	b15—单元就绪	读
#60~#63	一致性控制	在1→0时，重新开始通信数据和缓冲存储器的刷新 #60—RX；#61—RY；#62—RWw；#63—RWr	读/写

② 从站缓冲器与输入/输出关系。从站为智能设备站时，缓冲器与输入/输出关系见表7-16。从表中可以看出，每占用一站，会占用两个缓冲器地址，也就是占用32个输入/输出，并且最后一个缓冲地址为系统区域，编程时不可使用。缓冲器BFM#0~BFM#7为远程从站位地址使用。

表7-16 从站缓冲器与输入/输出关系

BFM 地址	写入时（TO）	读取时（FROM）	占用 1 站	占用 2 站	占用 3 站	占用 4 站
#0	RX0~RXF	RY0~RYF	可用	可用	可用	可用
#1	RX10~RX1F	RY10~RY1F	系统区域	可用	可用	可用
#2	RX20~RX2F	RY20~RY2F	—	可用	可用	可用
#3	RX30~RX3F	RY30~RY3F	—	系统区域	可用	可用
#4	RX40~RX4F	RY40~RY4F	—	—	可用	可用
#5	RX50~RX5F	RY50~RY5F	—	—	系统区域	可用
#6	RX60~RX6F	RY60~RY6F	—	—	—	可用
#7	RX70~RX7F	RY70~RY7F	—	—	—	系统区域

③ 远程寄存器。远程寄存器的分配见表7-17。从表中可以看出，每个站号的读写寄存器各分配了4个。其中BFM地址为主站缓冲区地址，远程从站的寄存器地址RWw0~RWwF对应的缓冲区为BFM#8~BFM#23，RWr0~RWrF对应的缓冲区地址也是BFM#8~BFM#23。如果从站1占用2个站号，则从站寄存器的读写最多可以使用8个缓冲区地址。

表7-17 远程寄存器的分配

站号	BFM 地址	远程寄存器写（RWw）	BFM 地址	远程寄存器读（RWr）
1	#1E0H~#1E3H	RWw0~RWw3	#2E0H~#2E3H	RWr0~RWr3
2	#1E4H~#1E7H	RWw4~RWw7	#2E4H~#2E7H	RWr4~RWr7
…	…	…	…	…
16	#21CH~#21FH	RWwC~RWwF	#31CH~#31FH	RWrC~RWrF

7.3.2.3 主站编程

（1）设置CC-Link主站参数

打开GX Works2，系列选择"FXCPU"，工程类型选择"结构化工程"，程序语言选择"ST"，单击"确定"按钮，打开工程。

打开"导航"→"工程"→"参数"→"网络参数"选项，双击"CC-Link"选项，进入"网络参数CC-Link一览设置"页面，如图7-32所示。选择"连接块"为"有"、"特殊块号"为"0"、"模式设置"为"远程网络（Ver.1模式）"、"总连接台数"为"1"、"重试次数"为"3"、"自动恢复台数"为"1"、"CPU宕机指定"为"停止"。

单击"站信息设置"的"站信息"，打开如图7-33所示页面。在第1台站号为1后选择"站类型"为"智能设备站"，"占用站数"为"占用2站"。

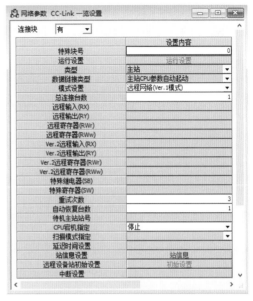

图7-32 CC-Link 主站参数设置

图7-33 CC-Link 站信息

（2）编写功能块

展开导航栏下的程序部件，在"FB/FUN"上使用鼠标右键单击，在弹出的快捷菜单中选择"新建数据"选项。在弹出的对话框中，"数据类型"选择"FB"，数据名命名为"SendRcv"，程序语言选择"ST"，单击"确定"按钮。在功能块SendRcv的"函数/FB标签设置"中建立局部变量，如图7-34所示。

单击"SendRcv程序本体"选项卡，编写ST语言程序如下。

	类	标签名	数据类型	常量
1	VAR_INPUT	wModuleNumber	Word[Signed]	
2	VAR_INPUT	wSendBitAddr	Word[Signed]	
3	VAR_INPUT	wSendBitCount	Word[Signed]	
4	VAR_OUTPUT	wRcvBitAddr	Word[Signed]	
5	VAR_INPUT	wRcvBitCount	Word[Signed]	
6	VAR_INPUT	wSendRegAddr	Word[Signed]	
7	VAR_INPUT	wSendRegCount	Word[Signed]	
8	VAR_OUTPUT	wRcvRegAddr	Word[Signed]	
9	VAR_INPUT	wRcvRegCount	Word[Signed]	
10	VAR_CONSTANT	wRdBitBufStartAddr	Word[Signed]	16#E0
11	VAR_CONSTANT	wRdRegBufStartAddr	Word[Signed]	16#2E0
12	VAR_CONSTANT	wWrBitBufStartAddr	Word[Signed]	16#160
13	VAR_CONSTANT	wWrRegBufStartAddr	Word[Signed]	16#1E0

图7-34 功能块"SendRcv"的局部变量

```
(* 从缓冲区读取 wRcvBitCount 个字长的位到 wRcvBitAddr 开始的位单元中 *)
FROM( TRUE, wModuleNumber , wRdBitBufStartAddr,wRcvBitCount
,wRcvBitAddr );
```

(* 将从 wSendBitAddr 开始的 WendBitCount 个字长的位发送到缓冲区 *)

TO(TRUE, wSendBitAddr, wModuleNumber ,wWrBitBufStartAddr ,
wSendBitCount);

(* 从缓冲区读取 wRcvRegCount 个寄存器数据到从 wRcvRegAddr 开始的寄存器单元
中 *)

FROM(TRUE, wModuleNumber , wRdRegBufStartAddr ,wRcvRegCount,
wRcvRegAddr);

(* 将从 wSendRegAddr 开始的 wSendRegCount 个寄存器单元发送到缓冲区 *)

TO(TRUE, wSendRegAddr , wModuleNumber , wWrRegBufStartAddr
,wSendRegCount);

在程序中，从模块编号为wModuleNumber的位缓冲区读取wRcvBitCount个字长的位
（1个字长16位）到wRcvBitAddr开始的位存储区；将从wSendBitAddr开始的
wSendBitCount个字长的位发送到模块wModuleNumber的位缓冲区；从模块
wModuleNumber的寄存器缓冲区读取wRcvRegCount个寄存器单元的数据到wRcvRegAddr
开始的存储器单元；将从wSendRegAddr开始的wSendRegCount个寄存器单元数据发送到
模块wModuleNumber的寄存器缓冲区。

（3）编写POU程序

双击导航栏下的"Global1"，打开"全局标签设置"，添加全局变量，如图7-35
所示。

	类	标签名	数据类型		常量	软元件	地址
1	VAR_GLOBAL	wReadMessage	Word[Signed]	...		K4M20	%MW19.4.0.20
2	VAR_GLOBAL	wLink Status	Word[Signed]	...		K4M501	%MW19.4.0.501
3	VAR_GLOBAL	xLink Abnormal	Bit	...		M20	%MX0.20
4	VAR_GLOBAL	xLink	Bit	...		M21	%MX0.21
5	VAR_GLOBAL	xReady	Bit	...		M35	%MX0.35
6	VAR_GLOBAL	xSlave1Fault	Bit	...		M501	%MX0.501
7	VAR_GLOBAL	SendBit	Word[Signed]	...		K4M100	%MW19.4.0.100
8	VAR_GLOBAL	RcvBit	Word[Signed]	...		K4M150	%MW19.4.0.150
9	VAR_GLOBAL	SendReg	Word[Signed]	...		D0	%MW0.0
10	VAR_GLOBAL	RcvReg	Word[Signed]	...		D10	%MW0.10
11	VAR_GLOBAL_CONSTANT	wModuleNo	Word[Signed]	...	0		
12	VAR_GLOBAL_CONSTANT	wLinkingStation	Word[Signed]	...	16#680		
13	VAR_GLOBAL_CONSTANT	wMasterMessage	Word[Signed]	...	16#0A		

图7-35　CC-Link 通信的主站全局标签设置

打开程序部件下POU_01的程序本体，编写ST语言程序如下。

FROM(TRUE , wModuleNo , wMasterMessage ,1 , wReadMessage); (* 读
取主站信息 *)

(* 如果主站链接正常、链接中、准备就绪，读取从站链接状态 *)

IF NOT xLinkAbnormal AND xLink AND xReady THEN

    FROM(TRUE , wModuleNo , wLinkingStation, 1 , wLinkStatus);

END_IF;

(* 如果从站 1 链接正常，调用功能块收发数据 *)

```
IF NOT xSlave1Fault THEN
    SendRcv_1(wModuleNumber:= wModuleNo ,
            wSendBitAddr:= SendBit ,
            wSendBitCount:= 3 ,
            wRcvBitAddr:= RcvBit ,
            wRcvBitCount:= 3 ,
            wSendRegAddr:= SendReg ,
            wSendRegCount:= 8 ,
            wRcvRegAddr:=RcvReg ,
            wRcvRegCount:= 8 );
END_IF;
```

在程序中，首先读取主站CC-Link模块的信息到xReadMessage，其第0位（xLinkAbnormal）为模块异常位，模块异常，该位为TRUE；第1位为链接状态位，正在链接，该位为TRUE；第15位为模块就绪位，模块准备好，该位为TRUE。

如果模块不存在异常（xLinkAbnormal为FALSE）、正在链接（xLink为TRUE）且模块准备就绪（xReady为TRUE），读取各从站的数据链接状态到wLinkStatus。如果第0位xSlave1Fault为FALSE，从站1正常，调用功能块SendRcv收发数据。

在编写调用SendRcv功能块时，从导航栏下将功能块SendRcv拖放到编辑区，弹出"标签登录"对话框，单击"应用"按钮，然后单击"关闭"按钮。则在POU_01的局部标签中添加了一个名为SendRcv_1的变量，这个变量实际上就是功能块SendRcv的实例。

7.3.2.4 从站编程

（1）编写功能块

打开GX Works2，系列选择"FXCPU"，工程类型选择"结构化工程"，程序语言选择"ST"，单击"确定"按钮，打开工程。

展开导航栏下的程序部件，在"FB/FUN"上使用鼠标右键单击，在弹出的快捷菜单中选择"新建数据"选项。在弹出的对话框中，数据类型选择"FB"，数据名命名为"SlaveSendRcv"，程序语言选择"ST"，单击"确定"按钮。在功能块"SlaveSendRcv"的"函数/FB标签设置"中建立局部变量，如图7-36所示。

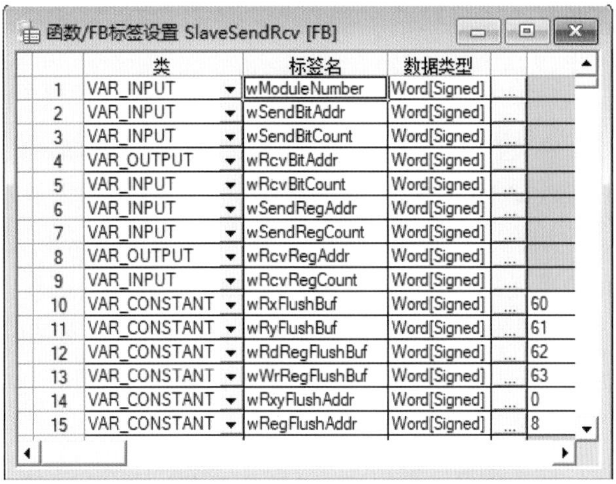

	类	标签名	数据类型	
1	VAR_INPUT	wModuleNumber	Word[Signed]	
2	VAR_INPUT	wSendBitAddr	Word[Signed]	
3	VAR_INPUT	wSendBitCount	Word[Signed]	
4	VAR_OUTPUT	wRcvBitAddr	Word[Signed]	
5	VAR_INPUT	wRcvBitCount	Word[Signed]	
6	VAR_INPUT	wSendRegAddr	Word[Signed]	
7	VAR_INPUT	wSendRegCount	Word[Signed]	
8	VAR_OUTPUT	wRcvRegAddr	Word[Signed]	
9	VAR_INPUT	wRcvRegCount	Word[Signed]	
10	VAR_CONSTANT	wRxFlushBuf	Word[Signed]	60
11	VAR_CONSTANT	wRyFlushBuf	Word[Signed]	61
12	VAR_CONSTANT	wRdRegFlushBuf	Word[Signed]	62
13	VAR_CONSTANT	wWrRegFlushBuf	Word[Signed]	63
14	VAR_CONSTANT	wRxyFlushAddr	Word[Signed]	0
15	VAR_CONSTANT	wRegFlushAddr	Word[Signed]	8

图7-36 功能块"SlaveSendRcv"的局部变量

单击"SlaveSendRcv程序本体"选项卡，编写ST语言程序如下。

(* 将 RX 刷新缓冲写 1，把从 wSendBitAddr 开始的 wSendBitCount 个字发送到 RX 缓冲区，然后刷新缓冲写 0，刷新缓冲区 *)

```
TO( TRUE, 1 , wModuleNumber ,wRxFlushBuf , 1 );
TO( TRUE , wSendBitAddr , wModuleNumber , wRxyFlushAddr , wSendBitCount );
TO( TRUE, 0 , wModuleNumber ,wRxFlushBuf, 1 );
```

(* 将 RY 刷新缓冲写 1，把 Ry 缓冲区数据读取到从 wRcvBitAddr 开始的 wRcvBitCount 个字中，然后刷新缓冲写 0，刷新缓冲区 *)

```
TO( TRUE, 1 , wModuleNumber ,wRyFlushBuf , 1 );
FROM(TRUE, wRxyFlushAddr , wModuleNo , wRcvBitCount, wRcvBitAddr);
TO( TRUE, 0 , wModuleNumber ,wRyFlushBuf, 1 );
```

(* 将 RWw 刷新缓冲写 1，把 RWw 缓冲区数据读取到从 wRcvRegAddr 开始的 wRcvRegCount 个寄存器单元中，然后刷新缓冲写 0，刷新缓冲区 *)

```
TO( TRUE, 1 , wModuleNumber ,wRdRegFlushBuf , 1 );
FROM( TRUE , wModuleNumber, wRegFlushAddr , wRcvRegCount , wRcvRegAddr );
TO( TRUE, 0 , wModuleNumber ,wRdRegFlushBuf , 1 );
```

(* 将 RWr 刷新缓冲写 1，把从 wSendRegAddr 开始的 wSendRegCount 个寄存器单元发送到缓冲区，然后刷新缓冲写 0，刷新缓冲区 *)

```
TO( TRUE, 1 , wModuleNumber ,wWrRegFlushBuf , 1 );
TO( TRUE, wSendRegAddr, wModuleNumber ,wRegFlushAddr, wSendRegCount );
TO( TRUE, 0 , wModuleNumber ,wWrRegFlushBuf , 1 );
```

在程序中，将从wSendBitAddr开始的wSendBitCount个字长的位（1个字长16位）发送到模块wModuleNumber的位缓冲区，刷新缓冲wRxFlushBuf由1→0，刷新输出。

从模块wModuleNumber的位缓冲区读取wRcvBitCount个字长的位到wRcvBitAddr开始的位单元中，刷新缓冲wRyFlushBuf由1→0，刷新输入。

从模块wModuleNumber的寄存器缓冲区读取wRcvRegCount个数据到wRcvRegAddr开始的单元中，刷新缓冲wRdRegFlushBuf由1→0，刷新输入。

将从wSendRegAddr开始的wSendRegCount个单元数据发送到模块wModuleNumber的寄存器缓冲区，刷新缓冲wWrRegFlushBuf由1→0，刷新输出。

（2）编写POU程序

双击导航栏下的"Global1"，打开"全局标签设置"，添加全局变量如图7-37所示。

全局标签设置 Global1

	类	标签名	数据类型		常量	软元件	地址
1	VAR_GLOBAL	wLinkStatus	Word[Signed]	...		K4M0	%MW19.4.0.0
2	VAR_GLOBAL	wUnitStatus	Word[Signed]	...		K4M20	%MW19.4.0.20
3	VAR_GLOBAL	xLinking	Bit	...		M7	%MX0.7
4	VAR_GLOBAL	xUnitReady	Bit	...		M35	%MX0.35
5	VAR_GLOBAL	SendBit	Word[Signed]	...		K4M100	%MW19.4.0.100
6	VAR_GLOBAL	RcvBit	Word[Signed]	...		K4M150	%MW19.4.0.150
7	VAR_GLOBAL	SendReg	Word[Signed]	...		D0	%MW0.0
8	VAR_GLOBAL	RcvReg	Word[Signed]	...		D10	%MW0.10
9	VAR_GLOBAL_CONSTANT	wModuleNo	Word[Signed]	...	0		
10	VAR_GLOBAL_CONSTANT	wLinkBuf	Word[Signed]	...	25		
11	VAR_GLOBAL_CONSTANT	wUnitBuf	Word[Signed]	...	36		

图 7-37 CC-Link 通信的从站全局标签设置

打开程序部件下POU_01的程序本体，编写ST语言程序如下。

```
FROM( TRUE , wModuleNo , wLinkBuf , 1 , wLinkStatus );(* 读取从站的链接状态 *)
FROM( TRUE , wModuleNo , wUnitBuf ,1 , wUnitStatus );(* 读取从站模块的状态 *)
(* 链接正常且模块就绪，调用功能块收发数据 *)
IF xLinking AND xUnitReady THEN
   SlaveSendRcv_1(wModuleNumber:= wModuleNo ,
                  wSendBitAddr:= SendBit ,
                  wSendBitCount:= 3 ,
                  wRcvBitAddr:= RcvBit ,
                  wRcvBitCount:= 3 ,
                  wSendRegAddr:= SendReg ,
                  wSendRegCount:= 8 ,
                  wRcvRegAddr:= RcvReg ,
                  wRcvRegCount:= 8);
END_IF;
```

在程序中，首先读取从站模块的链接状态到wLinkStatus，其第7位xLinking为TRUE，表示正在链接中。然后读取从站单元模块的状态到wUnitStatus，其第15位xUnitReady为TRUE，表示单元模块准备就绪。

如果链接正常且单元模块就绪，调用功能块SlaveSendRcv收发数据。编写从站收发数据的功能块的优点是，如果再有从站，不需要再编写数据收发程序，直接将该功能块复制到从站，指定收发数据的起始地址和收发数据的数量就可以使用。

7.3.2.5 运行监视

单击工具栏中的“下载”按钮，分别将主站和从站下载到对应的PLC中。再单击工具栏中的“全部监视”按钮，对运行状态进行监视。

（1）主站和从站发送和接收位数据

单击主站工具栏中的软元件和缓冲存储器批量监视按钮，打开批量监视，在软元件名中输入M100，如图7-38（a）所示；在从站中，按照同样的操作，打开从站的软元件监视，如图7-38（b）所示。主站和从站的M100~M147为位发送区，M150~M197为位接收区。

修改主站M100~M147的位状态，则从站M150~M197的位状态随其变化，表明从站接收到主站发送的位数据；修改从站M100~M147的位状态，则主站M150~M197的位状态随其变化，表明主站接收到从站发送的位数据。

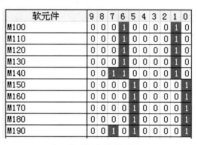

（a）主站的位监视　　　　　　　　（b）从站的位监视

图7-38　主站和从站的位数据收发监视

（2）主站和从站发送和接收寄存器数据

单击主站工具栏中的软元件和缓冲存储器批量监视按钮，打开批量监视，在软元件名中输入D0，如图7-39（a）所示；在从站中，按照同样的操作，打开从站的软元件监视，如图7-39（b）所示。主站和从站的D0~D7为发送区，D10~D17为接收区。

修改主站D0~D8的数据为10~90，则从站D10~D17的数据为10~80，表明已经接收到8个主站数据。D18为0，表示最多发送8个数据，超过8个就接收不到。

修改从站D0~D8的数据为111~999，则主站D10~D17的数据为111~888，表明已经接收到8个从站数据。D18为0，表示最多发送8个数据，超过8个就接收不到。

（a）主站的寄存器监视　　　　　　（b）从站的寄存器监视

图7-39　主站和从站的寄存器收发数据监视

▶ 7.4 PLC与变频器的通信

7.4.1 串行通信概述

串行通信是一种传统的、经济有效的通信方式，可以用于不同厂商产品之间节点少、数据量小、通信速率低、实时性要求不高的场合。串行通信的数据是逐位传送的，按照数据流的方向分成：单工、半双工、全双工三种传输模式；按照传送数据的格式规定分成：同步通信、异步通信两种传输方式。

（1）同步通信

同步通信是以帧为数据传输单位，字符之间没有间隙，也没有起始位和停止位。为保证接收端能正确区分数据流，收发双方必须建立起同步的时钟。

（2）异步通信

异步通信是以字符为数据传输单位。传送开始时，组成这个字符的各个数据位将被连续发送，接收端通过检测字符中的起始位和停止位来判断接收到达的字符，其字符信息格式如图7-40所示。发送的字符由一个起始

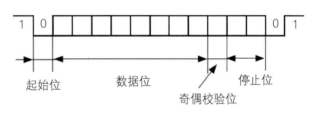

图 7-40 异步通信的字符信息格式

位、7个或8个数据位、1个奇偶校验位（可以没有）、1个或2个停止位组成。传输时间取决于通信端口的波特率设置。

在串行通信中，传输速率（又称波特率）的单位为波特，即每秒传送的二进制位数，其单位为bit/s。

（3）单工与双工通信方式

单工通信方式只能沿单一方向传输数据，双工通信方式的信息可以沿两个方向传输，双方既可以发送数据，也可以接收数据。双工方式又分为全双工方式和半双工方式。

全双工方式数据的发送和接收分别用两组不同的数据线传送，通信的双方都能在同一时刻接收和发送信息，见图7-41（a）。半双工方式用同一组线接收和发送数据，通信的双方在同一时刻只能发送数据或只能接收数据，见图7-41（b）。半双工通信方向的切换需要一定的时间。

（a）全双工方式　　　　　　　　　　（b）半双工方式

图 7-41 通信方式

7.4.2 [实例53] 西门子S7-1200PLC与变频器的USS通信

7.4.2.1 控制要求

有西门子PLC CPU1214C AC/DC/Rly（版本号V4.2）和一台变频器

MM420，通过USS通信实现如下控制要求。

① 按下"启动"按钮I0.0，电动机以设定速度启动运行。

② 读取变频器的输出频率、输出电压和输出电流。

③ 按下"停止"按钮I0.1，电动机停止。

7.4.2.2 相关知识

（1）USS通信的原理

USS协议（Universal Serial Interface Protocol，通用串行接口协议）是西门子公司专为驱动装置开发的通用通信协议，它是一种基于串行总线进行数据通信的协议。USS通信总是由主站发起，USS主站不断轮询各个从站，从站根据收到主站报文，决定是否以及如何响应。USS通信报文格式如图7-42所示。USS通信每个字符由1位开始位、8位数据位、1位偶校验位以及1位停止位组成。

图 7-42 USS 通信报文格式

STX是一个字节的ASCII字符（02H），表示一条信息的开始。

LGE是一个字节，指明这一条信息中后跟的字节数目。最常用的有效数据为固定长度是4个字（8字节）的PKW和2个字（4字节）的PZD，共有12个字节的数据字符，则LGE=12+1（ADR）+1（BBC）=14个字节。

ADR是一个字节，是从站结点（即变频器）的地址。

有效数据区由PKW（参数识别）和PZD（过程数据）组成。

BCC是长度为一个字节的校验和，用于检查该信息是否有效。

USS协议是主从结构的协议，总线上的每个从站都有唯一的从站地址。一个S7-1200 CPU中最多可安装3个CM 1241 RS-422/RS-485模块和一个CB 1241 RS-485板，每个RS-485端口最多控制16台变频器。

（2）串行通信模块与接线

① CM1241 RS-232。RS-232采取不平衡传输，使用单端驱动、单端接收电路，是一种共地的传输方式，容易受到公共地线上的电位差和外部引入的干扰信号的影响，并且接口的信号电平值较高，易损坏接口电路的芯片。RS-232采用负逻辑，在发送TxD和接收RxD数据传送线上，逻辑"1"电压为 −3~−15V；逻辑"0"电压为+3~+15V。最大通信距离为15m，最高传输速率为20Kbit/s，只能进行一对一的通信。CM1241 RS-232串口通信模块提供一个9针D型公接头，通信距离较近时，只需要发送线、接收线和信号地线（图7-43），便可以实现全双工通信。

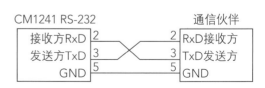

图 7-43 CM1241 RS-232 与通信伙伴接线

② CM1241 RS-422/RS-485。RS-422/RS-485数据信号采用差分传输方式，也称平衡传输。利用两根导线之间的电位差传输信号，这两根导线称为A线和B线。当B线的电压比A线高时，一般认为传输的是逻辑"1"；反之认为传输的是逻辑"0"。逻辑"1"的电压为+2~+6V，逻辑"0"的电压为 − 2~ − 6V。与RS-232相比，RS-422的通信速率和传输距离有了很大的提高。在最大传输速率10Mbit/s时，允许的最大通信距离为12m。传输速率为100Kbit/s时，最大通信距离为1200m。RS-422是全双工，用4根导线传送数据，两对平衡差分信号线分别用于发送和接收。

CM1241 RS-422/RS-485根据接线的方式可以选择RS-422或RS-485模式。使用RS-422接口为四线制通信，引脚2（TxD+）和9（TxD-）是发送信号，引脚3（RxD+）和引脚8（RxD-）是接收信号。使用RS-485接口为两线制通信，引脚3（RxD/TxD+）是信号B线，引脚8（RxD/TxD-）是信号A线，分别用于发送和接收正负信号。RS-422和RS-485网络拓扑都采用总线型结构，RS-422总线上支持最多10个节点，总线上可连接西门子CM1241 RS-422/RS-485通信模块或非西门子设备。CM1241 RS-422网络拓扑连接如图7-44所示，中间站为非西门子设备，在总线的首站和尾站需加终端电阻220Ω和偏置电阻390Ω。偏置电阻用于在复杂的环境下确保通信线上的电平在总线未被驱动时保持稳定；终端电阻用于吸收网络上的反射信号。一个完善的总线型网络必须在两端接偏置电阻和终端电阻。

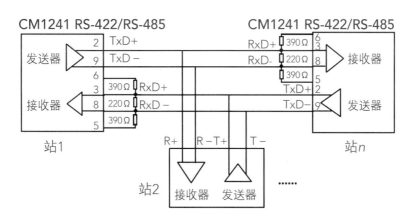

图 7-44　CM1241 RS-422 网络拓扑连接

③ CM1241 RS-485或CB1241 RS-485。RS-485是RS-422的变形，RS-485为半双工，对外只有一对平衡差分信号线，不能同时发送和接收信号。使用RS-485通信接口和双绞线可以组成串行通信网络，构成分布式系统。每个RS-485总线上最多可以有32个站，在总线两端必须使用终端电阻，其总线网络拓扑如图7-45所示。CB1241没有9针连接器，但它提供了用于端接和偏置网络的内部电阻，在使用时，应将首站和尾站的T/RA连接到TA，作为A线；将T/RB连接到TB，作为B线，则内部电阻直接被接入电路中。

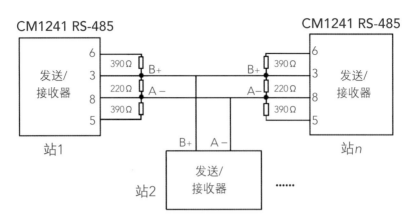

图 7-45　CM1241 RS-485 网络拓扑

（3）硬件接线

为了实现S7-1200与变频器的USS通信，S7-1200需要配备CM 1241 RS-422/RS-485模块或CB1241 RS-485通信板。

CB1241 RS-485通信板与变频器MM420的硬件接线如图7-46所示。RS-485电缆应与其他电缆（特别是电动机的主回路电缆）保持一定的距离，并将RS-485电缆的屏蔽层接地。

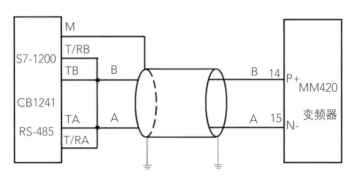

图 7-46　USS 通信的硬件接线

（4）USS通信指令

在程序编辑器中单击"指令"选项卡下的"通信"→"通信处理器"选项，可以看到有两套USS通信指令，一套是"USS通信"，软件版本号为V4.3，适合固件版本高于V2.1的CM1241模块使用，它包含两个函数块FB指令USS_Port_Scan、USS_Drive_Control和两个函数FC指令USS_Read_Param、USS_Write_Param；另一套是"USS"，软件版本号为V1.1，属于早期版本，可以用于CB1241或CM1241，它包含一个函数块FB指令USS_DRV和三个函数FC指令USS_PORT、USS_RPM、USS_WPM。两套指令功能相同，本节要使用CB1241进行USS通信，故仅介绍后一套指令。如果需要使用前一套指令，可参考对应的指令功能。

① USS_DRV指令。USS_DRV指令用于组态要发送给变频器的数据，并显示接收到的数据。在程序编辑器中单击"指令"选项卡下的"通信"→"通信处理器"→"USS"选项，将该指令拖放到程序编辑区时，自动生成背景数据块"USS_DRV_DB"，该指令的

ST语言代码如下。

```
"USS_DRV_DB"(RUN       := _bool_in_,
             OFF2      := _bool_in_,
             OFF3      := _bool_in_,
             F_ACK     := _bool_in_,
             DIR       := _bool_in_,
             DRIVE     := _usint_in_,
             PZD_LEN   := _usint_in_,
             SPEED_SP  := _real_in_,
             CTRL3     := _word_in_,
             CTRL4     := _word_in_,
             CTRL5     := _word_in_,
             CTRL6     := _word_in_,
             CTRL7     := _word_in_,
             CTRL8     := _word_in_,
             NDR       => _bool_out_,
             ERROR     => _bool_out_,
             STATUS    => _word_out_,
             RUN_EN    => _bool_out_,
             D_DIR     => _bool_out_,
             INHIBIT   => _bool_out_,
             FAULT     => _bool_out_,
             SPEED     => _real_out_,
             STATUS1   => _word_out_,
             STATUS3   => _word_out_,
             STATUS4   => _word_out_,
             STATUS5   => _word_out_,
             STATUS6   => _word_out_,
             STATUS7   => _word_out_,
             STATUS8   => _word_out_);
```

USS_DRV指令的参数说明见表7-18。

表7-18   USS_DRV指令的参数说明

参数	声明	数据类型	说明	参数	声明	数据类型	说明
RUN	Input	Bool	为TRUE，以预设速度运行	NDR	Output	Bool	新数据就绪

参数	声明	数据类型	说明	参数	声明	数据类型	说明
OFF2	Input	Bool	为FALSE，电动机自由停止	ERROR	Output	Bool	发送错误
OFF3	Input	Bool	为FALSE，电动机快速停止	STATUS	Output	Word	请求状态
F_ACK	Input	Bool	故障应答位	RUN_EN	Output	Bool	变频器运行状态位，0—变频器停止；1—变频器运行中
DIR	Input	Bool	方向控制位	D_DIR	Output	Bool	变频器运行方向位，0—正向；1—反向
DRIVE	Input	USInt	变频器的USS地址（有效范围1~16）	INHIBIT	Output	Bool	变频器禁止状态位，0—未禁止；1—已禁止
PZD_LEN	Input	USInt	PZD的字数，有效值为2、4、6或8	FAULT	Output	Bool	变频器故障位，0—无故障；1—故障
SPEED_SP	Input	Real	用组态的基准频率的百分数表示的速度设定值	SPEED	Output	Real	以组态速度百分数表示的驱动器当前速度值
CTRL3~CTRL8	Input	Word	写入驱动器上用户组态的参数中的值	CTRL1~CTRL8	Output	Word	变频器返回的状态字

  每台变频器需要调用一条USS_DRV指令，在背景数据块中初始化USS地址（DRIVE参数）指定的变频器，USS_PORT、USS_RPM、USS_WPM指令共同调用USS_DRV指令的背景数据块。初始化后，USS_PORT指令可按此变频器地址编号开始与变频器进行通信。

  DIR用于控制变频器的旋转方向。DIR和SPEED_SP参数共同控制电动机的旋转方向。当DIR为"1"时，SPEED_SP为正数时，电动机正转；负数时，电动机反转。当DIR为"0"时，SPEED_SP为正数时，电动机反转；负数时，电动机正转。

  ②USS_PORT指令。每个RS-485通信端口只允许有一条USS_PORT指令，展开"指令"选项卡下的"通信"→"通信处理器"→"USS"选项，将该指令拖放到程序编辑区，该指令的ST语言代码如下。

```
USS_PORT("PORT" := _port_in_,
        BAUD   := _dint_in_,
        ERROR  => _bool_out_,
        STATUS => _word_out_,
        USS_DB := _param_fb_inout_);
```

USS_PORT指令的参数说明如下：

PORT是端口硬件标识符。安装并组态CM或CB通信设备后，端口标识符将出现在PORT功能框连接的下拉列表中，可以在PLC变量表的"系统常量"中查询端口符号名称。

　　BAUD是用于USS通信的波特率，可选1200~115200bit/s。波特率需要与通信模块、变频器设置一致。

　　USS_DB是指向USS_DRV指令的背景数据块。

　　ERROR是错误位。如果为TRUE，表示发生错误。

　　STATUS是错误代码。

　　③ USS_RPM指令。指令USS_RPM用于从变频器读取参数数据，USS_WPM用于修改变频器的参数，应在循环程序中调用这两条指令，USS_RPM指令的代码如下。

```
USS_RPM(REQ    := _bool_in_,
        DRIVE  := _usint_in_,
        PARAM  := _uint_in_,
        INDEX  := _uint_in_,
        DONE   => _bool_out_,
        ERROR  => _bool_out_,
        STATUS => _word_out_,
        VALUE  => _variant_out_,
        USS_DB := _param_fb_inout_);
```

　　如果参数REQ的值为TRUE，则表示期望执行一个新的读请求。DRIVE为变频器地址（1~16），PARAM为变频器参数的编号（0~2047）。INDEX为参数的索引号（或称下标）。参数USS_DB指向USS_DRV的背景数据块。参数DONE为TRUE时，将读取到的参数值保存到VALUE。

　　④ USS_WPM指令。USS_WPM指令的代码如下。

```
USS_WPM(REQ    := _bool_in_,
        DRIVE  := _usint_in_,
        PARAM  := _uint_in_,
        INDEX  := _uint_in_,
        EEPROM := _bool_in_,
        VALUE  := _variant_in_,
        DONE   => _bool_out_,
        ERROR  => _bool_out_,
        STATUS => _word_out_,
        USS_DB := _param_fb_inout_);
```

　　如果参数REQ的值为TRUE，则表示期望执行一个新的写请求。DRIVE为变频器地址（1~16）。PARAM为变频器参数的编号（0~2047）。INDEX为参数的索引号（或称下标）。参数USS_DB指向USS_DRV的背景数据块。

USS_WPM指令的VALUE为要写入变频器的参数值。参数EEPROM如果为TRUE，表示写入变频器的值保存在变频器的EEPROM中。如果为FALSE，写入的值仅临时保存，下次启动变频器时将丢失。

（5）变频器参数设置

通过USS通信实现调速的变频器参数设置见表7-19。序号1和2用来恢复变频器参数为出厂设置，如果第一次使用变频器，可以略过。序号6~10为与电动机有关的参数，应根据电动机铭牌上的参数进行设置。P0700和P1000的设置值为5，表示选择控制源和频率源来自COM链路的USS通信。P2009[0]的设置值为0，选择不对COM链路上的USS通信设定值规格化，即设定值将是运转频率的百分比形式。P2010[0]的设置值为7，选择USS通信的波特率为19200bit/s。P2011[0]的设置值为2，指定变频器的USS通信地址为2。P2012[0]的设置值为2，指定用户数据的PZD为2个字。P2013[0]的设置值为4，指定用户数据的PKW为4个字。P2014[0]的设置值为0，指定对通信超时不发出故障信号。

表7-19　USS通信控制的变频器参数设置

序号	参数代号	出厂值	设置值	说明	序号	参数代号	出厂值	设置值	说明
1	P0010	0	30	调出出厂设置参数	13	P1120	10.00	2.00	加速时间（s）
2	P0970	0	1	恢复出厂值	14	P1121	10.00	2.00	减速时间（s）
3	P0003	1	3	参数访问级：3专家级	15	P3900	0	1	结束快速调试
4	P0010	0	1	1启动快速调试	16	P0003	1	3	参数访问专家级
5	P0100	0	0	工频选择（0~50Hz）	17	P0004	0	20	访问通信参数
6	P0304	400	按电动机铭牌设置	电动机额定电压（V）	18	P2009[0]	0	0	变频器频率为百分比形式
7	P0305	1.90		电动机额定电流（A）	19	P2010[0]	6	7	COM链路的波特率为19200
8	P0307	0.75		电动机额定功率（kW）	20	P2011[0]	0	2	变频器地址2
9	P0310	50.00		电动机额定频率（Hz）	21	P2012[0]	2	2	USS协议的PZD长度
10	P0311	1395		电动机额定速度（r/min）	22	P2013[0]	127	4	USS协议的PKW长度
11	P0700	2	5	控制源来自COM链路的USS通信	23	P2014[0]	0	0	USS报文的停止传输时间
12	P1000	2	5	频率源来自COM链路的USS通信	24	P0971	0	1	上述参数保存到EEPROM

7.4.2.3　西门子博途软件编程

打开西门子博途V16，新建一个项目，添加新设备CPU1214C AC/DC/Rly，版本号V4.2，生成了一个站点"PLC_1"。

打开设备视图，展开右边的硬件目录窗口的"通信板"→"点到点"→"CB1241（RS-485）"选项，将订货号"6ES7 241-1CH30-1XB0"拖放到CPU的面板中。选中该通信模块，依次单击下面巡视窗口的"属性"→"常规"→"IO_Link"→"IO-Link"选项，在右边的窗口中设置波特率为19.2Kbit/s、无校验、8位数据位、1位停止位。

（1）编写函数块"InverterUSS"

函数块"InverterUSS"用于PLC与变频器的USS通信。展开在"项目树"下的程序块，双击"添加新块"命令，添加一个"函数块FB"，命名为"InverterUSS"，语言选择"SCL"。打开该函数，创建接口参数如图7-47所示。

	名称	数据类型	默认值
InverterUSS			
1	▼ Input		
2	xStart	Bool	false
3	xStop	Bool	false
4	iPreSpeed	Int	0
5	usDriveNo	USInt	0
6	▼ Output		
7	rlFrequency	Real	0.0
8	rlVoltage	Real	0.0
9	rlCurrent	Real	0.0
10	▶ InOut		
11	▼ Static		
12	xRun	Bool	false
13	▶ USS_DRV_Instance	USS_DRV	
14	iStep	Int	0
15	▼ Temp		
16	rlSpeedTemp	Real	
17	xDone1	Bool	
18	xError1	Bool	
19	wStatus1	Word	
20	xDone2	Bool	
21	xError2	Bool	
22	wStatus2	Word	
23	xDone3	Bool	
24	xError3	Bool	
25	wStatus3	Word	
26	▶ Constant		

图 7-47　函数块"InverterUSS"的接口参数

在函数块的编辑区编写ST语言代码如下。

```
(********** USS 通信函数块
输入：xStart—启动，1=启动；xStop-1=停止；iPreSpeed—设定速度，单位
r/min；usDriveNo—变频器号
输出：rlFrequency—变频器的输出频率；rlVoltage—输出电压；rlCurrent—输
出电流
*)
// 启动停止控制
IF #xStart THEN
    #xRun := TRUE; // 启动
    #iStep := 1;    // 执行步1
ELSIF #xStop THEN
    #xRun := FALSE; // 停止
    #iStep := 0;    // 步0，停止时不读取
END_IF;
// 速度转换为百分比
#rlSpeedTemp := NORM_X(MIN := 0, VALUE := #iPreSpeed, MAX :=
1430) * 100.0;
// 对变频器的控制
#USS_DRV_Instance(RUN       := #xRun,
                OFF2      := TRUE,
                OFF3      := #xRun,
                DIR       := TRUE,
                DRIVE     := #usDriveNo,
                PZD_LEN   := 2,
                SPEED_SP  := #rlSpeedTemp);
CASE #iStep OF
    1:  // 步1
        // 读取变频器参数 r0024，即读取输出频率
        USS_RPM(REQ    := 1,
                DRIVE  := #usDriveNo,
                PARAM  := 24,
                INDEX  := 0,
                DONE   => #xDone1,
                ERROR  => #xError1,
                STATUS => #wStatus1,
```

```
                VALUE  => #rlFrequency,
                USS_DB := #USS_DRV_Instance);
        IF #xDone1 THEN
           #iStep := 2;  // 读取完成，转移到步 2
        END_IF;
    2:   // 步 2
        // 读取变频器参数 r0025，即读取输出电压有效值
        USS_RPM(REQ    := 1,
                DRIVE  := #usDriveNo,
                PARAM  := 25,
                INDEX  := 0,
                DONE   => #xDone2,
                ERROR  => #xError2,
                STATUS => #wStatus2,
                VALUE  => #rlVoltage,
                USS_DB := #USS_DRV_Instance);
        IF #xDone2 THEN
           #iStep := 3;  // 读取完成，转移到步 3
        END_IF;
    3:   // 步 3
        // 读取变频器参数 r0027，即读取输出电流
        USS_RPM(REQ    := 1,
                DRIVE  := #usDriveNo,
                PARAM  := 27,
                INDEX  := 0,
                DONE   => #xDone3,
                ERROR  => #xError3,
                STATUS => #wStatus3,
                VALUE  => #rlCurrent,
                USS_DB := #USS_DRV_Instance);
        IF #xDone3 THEN
           #iStep := 1; // 读取完成，转移到步 1
        END_IF;
END_CASE;
```

在程序中，首先是启动停止控制。当xStart为TRUE时，运行标志xRun为TRUE，步变量iStep赋值1，进入步1；当xStop为TRUE时，xRun为FALSE，步变量iStep赋值0。然后将

设定速度iPreSpeed线性转换为速度的百分比。

展开指令表下的"通信"→"通信处理器"→"USS选项"，将USS_DRV拖放到编辑区，弹出"调用选项"对话框，单击"多重实例"选项，再单击"确定"按钮，然后设定对应的参数即可。USS_DRV用于对变频器的控制，每个变频器要求有一个USS_DRV。

读取参数指令USS_RPM使用了轮询编程，开始时，iStep为1，运行步1，读取变频器号usDriveNo的参数r0024（变频器输出频率）到rlFrequency，该指令的参数USS_DB要使用对应的USS_DRV的背景数据块。如果读取完成，xDone1为TRUE，iStep赋值2，进入步2，执行下一个USS_RPM指令，读取变频器号usDriveNo的参数r0025（变频器输出电压）到rlVoltage。如果读取完成，xDone2为TRUE，iStep赋值3，进入步3，执行下一个USS_RPM指令，读取变频器号usDriveNo的参数r0027（变频器输出电流）到rlCurrent。如果读取完成，xDone3为TRUE，iStep赋值1，进入步1，执行第一个USS_RPM指令，进入下一个循环。

（2）在循环程序中调用函数块

双击"项目树"下的"添加新变量表"命令，添加一个变量表，创建BOOL类型的变量"xStartM"（地址I0.0）和"xStopM"（地址I0.1）。在"项目树"下，双击"添加新块"命令，添加一个全局数据块Motor1，创建变量如图7-48所示，并输入变量"usDriveNumber"起始值为2，也就是要与地址为2的变频器进行通信。

打开OB1，从"项目树"下将函数块"InverterUSS"拖放到程序区，弹出"调用选项"对话框，单击"确定"按钮，添加了该函数块的实例InverterUSS_DB。单击PLC变量表和数据块Motor1，从"详细视图"中将变量拖放到函数块InverterUSS对应的位置。编写后的代码如下。

```
(*              循环组织块            *)
"InverterUSS_DB"(xStart      := "xStartM",
              xStop       := "xStopM",
              iPreSpeed   := "Motor1".iSetSpeed,
              usDriveNo   := "Motor1".usDriveNumber,
              rlFrequency => "Motor1".rlReadFreq,
              rlVoltage   => "Motor1".rlReadVolt,
              rlCurrent   => "Motor1".rlReadCurrent);
```

在程序中，当xStartM为TRUE时，将设定速度iSetSpeed写入地址为usDriveNumber的变频器中并启动运行，分别读取变频器的输出频率、输出电压和输出电流到rlReadFreq、rlReadVolt和rlReadCurrent中。

（3）调用循环中断组织块OB30

为了防止变频器超时，用户程序执行USS_PORT指令的次数必须足够多。通常从循环中断OB中调用USS_PORT以防止变频器超时，并确保USS_DRV调用时使用最新的USS数据更新内容。在S7-1200系统手册的第13.4.2节"使用USS协议的要求"的"计算时间要求"的表格中可以查到，在波特率为19200bit/s时，USS_Port_Scan的最小调用间隔为68.2ms，每个驱动器的最长调用间隔为205ms，S7-1200与变频器通信的时间间隔应在二者之间。

双击"项目树"下的"添加新块"命令，选择"Cyclic interrupt"选项，循环时间设置为100ms，添加一个循环中断组织块OB30。将USS_PORT指令拖放到程序区，编写的ST语言代码如下。

```
USS_PORT("PORT" := "Local~CB_1241_(RS485)",
        BAUD    := 19200,
        ERROR   => #xError,
        STATUS  => #wStatus,
        USS_DB  := "InverterUSS_DB".USS_DRV_Instance);
```

单击"项目树"下的默认变量表，从"详细视图"中将端口"Local~CB_1241_(RS-485)"拖放到"PORT"。通信波特率"BAUD"设置为"19200bit/s"。单击"InverterUSS_DB选项"，从"详细视图"中将USS_DRV_Instance拖放到USS_DB。

7.4.2.4 运行监视

在"项目树"下，单击站点"PLC_1"，再单击工具栏中的"编译"按钮，编译结果应显示没有错误。单击工具栏中的"下载"按钮，将站点"PLC_1"下载到PLC中，连接好通信电缆。

单击数据块Motor1工具栏中的"监视"按钮，双击变量"iSetSpeed"的监视值，修改为"1000"，如图7-48所示。按下"启动"按钮xStartM，电动机以设定速度启动运行。读取到的输出频率为35Hz，输出电压的有效值为240V，输出电流为0.25A。

		名称	数据类型	起始值	监视值
1		▼ Static			
2		iSetSpeed	Int	0	1000
3		usDriveNumber	USInt	2	2
4		rlReadFreq	Real	0.0	34.96399
5		rlReadVolt	Real	0.0	239.8625
6		rlReadCurrent	Real	0.0	0.2516824

图 7-48　数据块"Motor1"的运行监视

7.4.3　[实例54]　三菱PLC与变频器的通信

7.4.3.1 控制要求

三菱PLC FX$_{3U}$与三菱变频器FR-D740通过无协议通信实现电动机的控制，控制要求如下。

▶扫一扫　看视频◀

① 当按下"启动"按钮时，电动机通电以一定频率正转启动。

② 当按下"停止"按钮时，电动机断电停止。

③ 电动机运行时，获取电动机的运行状态、频率、电流和电压。

FX3U与三菱变频器FR-D740通过无协议通信实现电动机控制的PLC I/O分配，见表7-20。

表7-20　三菱PLC与变频器通信的I/O端口分配表

输入点	输入器件	作用
X0	SB1常开触点	启动
X1	SB2常开触点	停止

7.4.3.2　相关知识

（1）通信板FX3U-485-BD

PLC通信是通过硬件和软件结合来实现的，三菱FX系列PLC的通信板FX3U-485-BD如图7-49所示，可以直接安装到FX3U的左侧面使用。

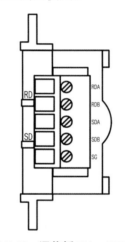

图 7-49　通信板 FX3U-485-BD

FX3U-485-BD通过RS-485通信接口和双绞线组成串行通信网络，具有传输速度高、传输距离远、组网简便和性能稳定等特点，其特性见表7-21。

表7-21　FX3U-485-BD特性

项目	内容
传输标准	RS-485和RS-422
传输距离	最大50m
LED指示	SD、RD在发送或接收数据时高速闪烁
通信方式	半双工
波特率	并联链接：19200bit/s；N：N网络：38400bit/s
通信协议	专用协议、无协议、并联链接、N：N网络

续表

项目	内容
电源	DC5V/60mA
绝缘性	无绝缘

（2）变频器通信的有关指令

① 变频器的运行监视指令IVCK。变频器的运行监视指令IVCK用于读取变频器的运行状态，其ST语言指令格式如下。

```
IVCK( ?BOOL_EN? , ?ANY16_s1? , ?ANY16_s2? , ?ANY16_n? , ?ANY16_
d? );
```

指令中的参数BOOL_EN为使能输入；参数ANY16_s1为16位数据类型的变频器站号；参数ANY16_s2为16位数据类型的变频器指令代码，具体的指令代码请参阅变频器的有关手册；参数ANY16_n为16位数据类型的通信通道，取值1为通道CH1，取值2为通道CH2；参数ANY16_d为16位数据类型的读出值保存地址。

IVCK指令的功能是，当BOOL_EN有效时，通过通道ANY16_n，根据指令代码ANY16_s2将变频器站号ANY16_s1的16位数据读取到指定的地址单元ANY16_d中。

② 变频器的运行控制指令IVDR。变频器的运行控制指令IVDR用于将变频器运行所需的控制值写入变频器，其ST语言指令格式如下。

```
IVDR( ?BOOL_EN? , ?ANY16_s1? , ?ANY16_s2? , ?ANY16_s3? , ?ANY16_
n? );
```

指令中的参数BOOL_EN为使能输入；参数ANY16_s1为16位数据类型的变频器站号；参数ANY16_s2为16位数据类型的变频器指令代码，具体的指令代码请参阅变频器的有关手册；参数ANY16_s3为16位数据类型的写入变频器中的值；参数ANY16_n为16位数据类型的通信通道，取值1为通道CH1，取值2为通道CH2。

IVDR指令的功能是，当BOOL_EN有效时，通过通道ANY16_n，根据指令代码ANY16_s2将ANY16_s3中的数据写入指定的变频器ANY16_s1中。

（3）变频器参数设置

具体的变频器参数设置操作详见D700用户手册，设置的变频器参数见表7-22。

表7-22　三菱PLC与变频器通信的变频器参数设置

序号	参数代号	初始值	设置值	说明
1	Pr.1	120.0	50.00	输出频率的上限（Hz）
2	Pr.7	5.0	1	电动机加速时间（s）
3	Pr.8	5.0	1	电动机减速时间（s）
4	Pr.9	2.50	根据电动机铭牌设置	电动机的额定电流（A）

续表

序号	参数代号	初始值	设置值	说明
5	Pr.160	9999	0	扩展功能显示选择（显示所有参数，开放隐藏参数）
6	Pr.80	9999	根据电动机铭牌设置	电动机容量（kW）
7	Pr.117	0	2	变频器地址2
8	Pr.118	192	192	通信波特率19200bps
9	Pr.119	1	0	8位，停止位1位
10	Pr.120	2	0	无校验
11	Pr.121	1	3	重试次数
12	Pr.122	0	9999	不进行通信校验
13	Pr.123	9999	9999	通信等待时间用通信数据设定
14	Pr.340	0	10	启动时为网络运行模式
15	Pr.342	0	1	写入RAM中
16	Pr.549	0	0	三菱通信协议
17	Pr.79	0	0	PU/NET模式切换

7.4.3.3 三菱GX Works2编程

打开GX Works2，单击左上角的"新建工程"按钮，系列（S）选择"FXCPU"，机型（T）选择"FX3U/FX3UC"，工程类型（P）选择"结构化工程"，程序语言（G）选择"ST"，单击"确定"按钮。

（1）设置通信端口

双击导航栏下的"PLC参数"，打开"FX参数设置"对话框，如图7-50所示。单击"PLC系统设置（2）"选项卡，选择通道号为"CH1"，勾选"进行通信设置"复选

图7-50 通信端口设置

框。选择“协议”为“无顺序通信”，“数据长度”选择“8bit”，“奇偶校验”选择“无”，“停止位”选择“1bit”，“传送速度”选择“19200”，“H/W类型”选择“RS-485”。

（2）编写功能块“InverterComm”

功能块“InverterComm”用于PLC与变频器的通信，控制电动机的启动停止和调速，同时获取运行状态、频率、电流和电压。在“FB/FUN”上使用鼠标右键单击，在弹出的快捷菜单中选择“新建数据”选项，在弹出的对话框中选择数据类型为“FB”，数据名命名为“InverterComm”，选择程序语言为“ST”，单击“确定”按钮，则添加了一个功能块。

单击“函数/FB标签设置InverterComm”选项卡，创建该功能块的接口变量如图7-51所示。

函数/FB标签设置 InverterComm [FB]

	类	标签名	数据类型
1	VAR_INPUT	xStart	Bit
2	VAR_INPUT	xStop	Bit
3	VAR_INPUT	iPreSpeed	Word[Signed]
4	VAR_INPUT	iDriverNo	Word[Signed]
5	VAR_INPUT	xDone	Bit
6	VAR_OUTPUT	xRun	Bit
7	VAR_OUTPUT	rlFrequency	FLOAT (Single Precision)
8	VAR_OUTPUT	rlVoltage	FLOAT (Single Precision)
9	VAR_OUTPUT	rlCurrent	FLOAT (Single Precision)
10	VAR	iWriteControl	Word[Signed]
11	VAR	iWriteFrequency	Word[Signed]
12	VAR	iStep	Word[Signed]
13	VAR	iCurrentAux	Word[Signed]
14	VAR	iVoltageAux	Word[Signed]
15	VAR	iFrequencyAux	Word[Signed]
16	VAR	iControlAux	Word[Signed]
17			

图7-51 功能块“InverterComm”的接口参数

单击“[FB]程序本体”选项，使用ST语言编写的代码如下。

```
(* 将设定速度 0~1430 转换为 0~5000*)
iWriteFrequency:= REAL_TO_INT( INT_TO_REAL(iPreSpeed)*5000.0/1430.0);
IF xStart THEN
   iWriteControl:=16#02 ;(* 启动 *)
   iStep:=1;   (* 启动进入步 1*)
ELSIF xStop THEN
   iWriteControl:=16#0;  (* 停止 *)
   END_IF;
CASE iStep OF
```

```
1:    (* 步 1, 写入运行频率 *)
      IVDR( TRUE , iDriverNo, 16#ED , iWriteFrequency , 1 );
      IF xDone THEN
         iStep:=2;
      END_IF;
2:  (* 步 2, 写入控制命令 *)
      IVDR( TRUE , iDriverNo , 16#FA , iWriteControl, 1 );
      IF xDone THEN
         iStep:=3;
      END_IF;
3:    (* 步 3, 读取运行状态 *)
      IVCK( TRUE , iDriverNo , 16#7A , 1 , iControlAux );
      IF xDone THEN
         iStep:=4;
      END_IF;
4:    (* 步 4, 读取输出频率 *)
      IVCK( TRUE , iDriverNo , 16#6F , 1 , iFrequencyAux );
      IF xDone THEN
         iStep:=5;
      END_IF;
5:  (* 步 5, 读取输出电流 *)
      IVCK( TRUE , iDriverNo , 16#70 , 1 , iCurrentAux );
      IF xDone THEN
         iStep:=6;
      END_IF;
6:  (* 步 6, 读取输出电压 *)
      IVCK( TRUE , iDriverNo , 16#71 , 1 ,iVoltageAux);
      IF xDone THEN
         iStep:=1;
      END_IF;
END_CASE;
   (* 取运行状态的第 1 位 *)
WAND( TRUE, iControlAux, 16#02, iControlAux );
(* 如果运行状态的第 1 位为 TRUE, 则电动机运行 *)
IF iControlAux =16#02 THEN
   xRun:=TRUE;
```

```
ELSE
    xRun:=FALSE;
END_IF;
(* 将读取到的输出频率（单位0.01Hz），换算为单位Hz*)
rlFrequency:= INT_TO_REAL(iFrequencyAux)/100.0;
(* 将读取到的输出电流（单位0.01A），换算为单位A*)
rlCurrent:=INT_TO_REAL(iCurrentAux)/100.0;
(* 将读取到的输出电压（单位0.1V），换算为单位V*)
rlVoltage:=INT_TO_REAL(iVoltageAux)/10.0;
```

在程序中，首先将设定速度iPreSpeed（范围0~1430r/min）换算为0~5000的值，保存在iWriteFrequency中。如果xStart为TRUE，将16#02赋值给iWriteControl，对电动机进行启动控制，同时iStep赋值为1，进入步1；如果按下"停止"按钮，将16#0赋值给WriteControl，对电动机进行停止控制。

在步1中，16#ED为写入频率命令，将iWriteFrequency通过通道1写入地址为iDriverNo的变频器中，如果写入完成，进入步2。

在步2中，16#FA为写入控制命令，将iWriteControl通过通道1写入地址为iDriverNo的变频器中，如果写入完成，进入步3。

在步3中，16#7A为读取运行状态命令，从地址为iDriverNo的变频器中通过通道1读取变频器的运行状态到iControlAux中，如果读取完成，进入步4。

在步4中，16#6F为读取输出频率命令，从地址为iDriverNo的变频器中通过通道1读取变频器的输出频率到iFrequencyAux中，如果读取完成，进入步5。

在步5中，16#70为读取输出电流命令，从地址为iDriverNo的变频器中通过通道1读取变频器的输出电流到iCurrentAux中，如果读取完成，进入步6。

在步6中，16#71为读取输出电压命令，从地址为iDriverNo的变频器中通过通道1读取变频器的输出电压到iVoltageAux中，如果读取完成，进入步1，进入下一个循环。

然后对输出进行处理，将运行状态iControlAux与16#02相与，判断其第1位是否为"1"。如果其第1位是否为"1"，电动机运行，输出xRun为TRUE；否则为FALSE。

由于读取到的输出频率单位为0.01Hz，所以将iFrequencyAux除以100，换算为单位Hz的频率输出。

由于读取到的输出电流单位为0.01A，所以将iCurrentAux除以100，换算为单位A的电流输出。

由于读取到的输出电压单位为0.1V，所以将iVoltageAux除以10，换算为单位V的电压输出。

（3）在循环程序中调用功能块

① 创建变量。双击导航栏下的"Global1"选项，打开"全局标签设置"，创建变量如图7-52所示。

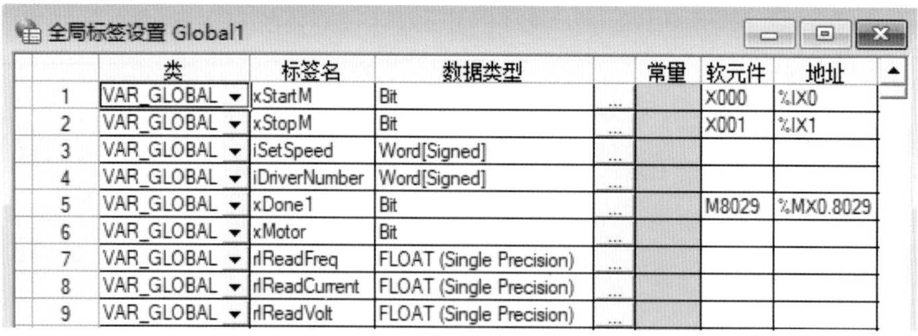

全局标签设置 Global1

	类	标签名	数据类型		常量	软元件	地址
1	VAR_GLOBAL	xStartM	Bit	...		X000	%IX0
2	VAR_GLOBAL	xStopM	Bit	...		X001	%IX1
3	VAR_GLOBAL	iSetSpeed	Word[Signed]	...			
4	VAR_GLOBAL	iDriverNumber	Word[Signed]	...			
5	VAR_GLOBAL	xDone1	Bit	...		M8029	%MX0.8029
6	VAR_GLOBAL	xMotor	Bit	...			
7	VAR_GLOBAL	rlReadFreq	FLOAT (Single Precision)	...			
8	VAR_GLOBAL	rlReadCurrent	FLOAT (Single Precision)	...			
9	VAR_GLOBAL	rlReadVolt	FLOAT (Single Precision)	...			

图 7-52　三菱 PLC 与变频器通信的全局标签设置

② 编写循环控制程序。在导航栏下双击“POU_01”的“程序本体”，将功能块“InverterComm”拖放到编辑区，弹出“标签登录/选择”对话框，默认标签名为InverterComm_1，单击“应用”按钮，在“从已登录的标签选择”下添加了一个功能块的标签实例InverterComm_1，然后单击“关闭”按钮。然后为功能块的引脚连接对应的实参即可，在编辑区生成的代码如下。

```
InverterComm_1(xStart:=xStartM ,              (* 启动 *)
               xStop:= xStopM ,               (* 停止 *)
               iPreSpeed:= iSetSpeed ,        (* 设置速度，范围
0~1430r/min*)
               iDriverNo:= iDriverNumber ,    (* 变频器地址编号 *)
               xDone:= xDone1 ,               (* 变频器读写命令完成，
地址 M8029*)
               xRun:= xMotor ,                (* 运行状态 *)
               rlFrequency:= rlReadFreq,      (* 变频器输出频率 *)
               rlVoltage:= rlReadVolt ,       (* 变频器输出电压 *)
               rlCurrent:= rlReadCurrent );   (* 变频器输出电流 *)
```

在程序中，xStartM和xStopM分别为启动和停止控制；iSetSpeed为设定速度，范围0~1430r/min；iDriverNumber为变频器地址编号，通信时要将其设为2；xDone1为变频器读写命令执行是否完成位，地址为M8029，如果读写完成，xDone1为TRUE；xMotor为电动机运行状态位，电动机运行时，该位为TRUE；rlReadFreq、rlReadVolt、rlReadCurrent分别为变频器的输出频率、电压和电流。

7.4.3.4 运行监视

① 单击工具栏中的“编译+转换”按钮，对编写的程序进行编译，编译结果应显示没有错误。

② 单击工具栏中的“PLC写入”按钮，将程序和PLC参数下载到PLC中。

③ 单击“POU_01程序本体”选项卡，再单击工具栏中的“监视开始”按钮进行监视，程序监视如图7-53所示。

④双击变量"iSetSpeed"，打开"当前值更改"对话框，将其值修改为1430；单击变量"iDriverNumber"，将其值修改为2。

⑤按下"启动"按钮SB1，xStartM为TRUE，电动机启动运行，xMotor为TRUE。读取到变频器的输出频率为50Hz，输出电压为400V左右，输出电流为0.37A。

⑥按下"停止"按钮SB2，xStopM为TRUE，电动机停止。输出频率、电压和电流均为0。

图7-53 三菱PLC与变频器通信的POU_01监视

[1] 崔坚. TIA博途软件-STEP7 V11编程指南. 北京：机械工业出版社，
    2017.
[2] 赵春生. 西门子PLC编程全实例精解. 北京：化学工业出版社，2020.
[3] 赵春生. 活学活用PLC编程190例（西门子S7-200系列）. 北京：中国电
    力出版社，2016.
[4] 赵春生. 西门子S7-1200 PLC从入门到精通. 北京：化学工业出版社，
    2021.
[5] 廖常初. S7-1200/1500 PLC应用技术. 北京：机械工业出版社，2018.
[6] 廖常初. S7-1200 PLC编程及应用. 第3版. 北京：机械工业出版社，
    2017.